普通高等学校"十四五"规划机械类专业精品教材

机械设计基础

（第二版）

主　编　魏春梅　魏　兵　赵　迪
副主编　杨保健　朱烈祥　左惟炜
主　审　王　为

U0172575

华中科技大学出版社
中国·武汉

内 容 简 介

本书是根据教育部新规定的高等学校工科《机械设计基础课程教学要求》编写的。从工程教育专业认证体现工程界对人才的需求出发，对教材内容进行整合，以"理论上够用为度，篇幅上适应"为原则，探索案例式教学法，以实际工程案例来讲述机械设计领域的相关知识。

全书除绪论外共 11 章。绪论从认识机器入手分析机器的组成，介绍机械设计中常用材料的选用原则，以及机械零件设计的基本要求、程序和"三化"；第 1 章介绍机构运动简图的绘制和平面机构的自由度计算方法；第 2、3、4、5、6 章介绍常用机构的工作原理、特性及其设计方法；第 7、8 章介绍常用机械传动的应用及其设计计算；第 9 章介绍机械中常用的连接方法及其设计选用；第 10、11 章介绍轴、联轴器及轴承等轴系结构的设计计算。另外将"工程力学"课程的相关知识以附录的形式放在最后，还提供了线上学习资源供读者学习时参考。

本书可作为机械类和非机械类专业"机械设计基础"课程的教材，也可供有关工程技术人员参考使用。

图书在版编目(CIP)数据

机械设计基础/魏春梅，魏兵，赵迪主编. —2 版. —武汉：华中科技大学出版社，2023.8
ISBN 978-7-5680-9904-2

Ⅰ.①机… Ⅱ.①魏… ②魏… ③赵… Ⅲ.①机械设计-高等学校-教材 Ⅳ.①TH122

中国国家版本馆 CIP 数据核字(2023)第 150984 号

机械设计基础(第二版)　　　　　　　　　　　　　　魏春梅　魏　兵　赵　迪　主编
Jixie Sheji Jichu(Di-er Ban)

策划编辑：万亚军
责任编辑：万亚军
封面设计：原色设计
责任监印：周治超
出版发行：华中科技大学出版社（中国·武汉）　　电话：(027)81321913
　　　　　武汉市东湖新技术开发区华工科技园　　邮编：430223
录　　排：华中科技大学惠友文印中心
印　　刷：武汉科源印刷设计有限公司
开　　本：787mm×1092mm　1/16
印　　张：16.5
字　　数：433 千字
版　　次：2023 年 8 月第 2 版第 1 次印刷
定　　价：49.80 元

华中出版

前　言

为了推动工程教育改革的深入发展,进一步提高人才培养质量,2006年,我国启动了工程教育认证工作。工程教育认证体现工程界对人才需求的取向,作为以能力为导向的评价体系,将受教育人员的素质和潜在技能表现作为衡量教学成果的评价依据,以促进其持续改进作为最终目标。

本书为《机械设计基础》(魏兵主编,华中科技大学出版社出版)第二版,是在根据近年来各校教材使用经验基础上修订的。在编写过程中,尽力体现工程教育认证中能力导向的基本原则,满足机械设计基础课程教学基本要求。

与第一版相比,本次改版在满足近机械类及非机械类专业对课程要求的基础上,强调内容的实用性、适应性,不强调理论的全面性、过程的完整性,对计算公式不进行详细推导,根据课程改革要求对教材内容进行了整合和更新。具体包括:

(1) 从满足教学基本要求、贯彻少而精的原则出发,力求做到精选内容、适当拓宽知识面、反映学科成就,深度适中,篇幅不大,保持简明的特色。

(2) 在原有内容上作了更新、删减和增补。根据当前颁布的国家标准对教材中的标准给予了更新,删除了蜗杆传动、离合器、制动器和弹簧等零件设计,机械系统的动力学分析与设计,其他常用机构的设计等内容,并将轴与联轴器整合为一章、将滑动轴承与滚动轴承整合为一章,删除了滑动轴承的设计。另外,增加了机械设计需要用到的《工程力学》的相关内容,作为附录放在教材最后,教学中可根据需要酌情取舍。

(3) 引入了二维码技术,读者只需用智能手机扫描插图旁边的二维码,就可以观看相应机构的动画,增强学生的感性认识。每章中的二维码链接有该章的知识重难点及学习指导、本章相关内容在工程中的应用实例图片和动图。采用形象的可视化的方法,既能帮助学生掌握知识和拓宽知识面,又能将理论学习和实践结合起来。

参加本次改版工作的人员有:湖北工业大学魏春梅、魏兵、赵迪、左惟炜、任军、严国平、杨怀玉、张昌汉,五邑大学杨保健,汉口学院朱烈祥,宁波第二技师学院陈华。由魏春梅、魏兵、赵迪任主编,杨保健、朱烈祥、左惟炜任副主编,全书由魏兵和魏春梅统稿。

本书承蒙湖北工业大学王为教授精心审阅,王为教授提出了许多宝贵的修改意见,在此表示衷心的感谢!

在改版的过程中,我们参考了一些同类著作,特向其作者表示诚挚的谢意!

限于编者水平,书中难免有疏漏及不足之处,恳请同行教师和广大读者批评指正。

编　者

2023 年 3 月

目　　录

绪　　论

学 习 导 引

何为机械？何为机械设计基础？"机械设计基础"是一门什么性质的课程？为什么要学习"机械设计基础"？"机械设计基础"研究哪些内容？怎样学习"机械设计基础"这门课程？学习"机械设计基础"可以培养哪些方面的能力？

在人们的日常生活和生产中广泛使用着大量不同类型、用途各异的机器，如汽车、电风扇、洗衣机、电动机、起重机、机床、钟表等。使用机器进行生产的水平已经成为衡量一个国家的技术水平和现代化程度的标志之一。

近代机械的发展是以蒸汽机的发明和广泛应用为基础的，这使人类从手工生产进入到机械化生产的时代。

在我国，机械的发明和使用在夏商时代已有记录；东汉时期，张衡利用杠杆原理制造了世界第一台地震仪；杜诗发明了用水作动力，带动水盘运转，驱动风箱炼铁的连杆机械装置（图 0-1），这已经具备了现代机械的雏形；此外，还有西汉时期出现的带有齿轮机构的指南车、元朝时期出现的纺织机械等。

从 20 世纪中期开始，随着电子、计算机、原子能、通信等技术的飞速发展，大量的新机器也从传统的纯机械系统发展成为光机电一体化的机械设备。机械的设计、制造手段也都

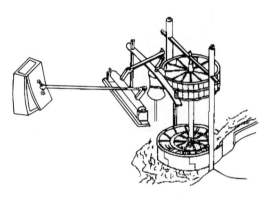

图 0-1　驱动风箱炼铁的连杆机械装置

发生了巨大变化，计算机以及数字和通信技术被广泛运用在现代机械设计和制造过程中。更加科学合理的设计方法不断出现，机电关系越来越密切，中间传动装置被大为简化甚至被取消，机械产品向着高速、精密、重载、智能等方向发展。

0.1　机器的组成及特征

图 0-2 所示为一台单缸四冲程内燃机，它是汽车、飞机、轮船、装载机等各种机械最常用的动力装置。它是由汽缸体（机架）1、曲轴 2、连杆 3、活塞 4、进气阀 5、排气阀 6、推杆 7、凸轮 8 及齿轮 9、齿轮 10 等组成的。燃气燃烧后膨胀，推动活塞往复运动，通过连杆 3 使曲轴 2 连续转动。凸轮和顶杆是用来按一定的运动规律启闭进气阀 5 和排气阀 6 的。为了保证曲轴每转两周进气阀、排气阀各启闭一次，曲轴与凸轮轴之间安装了齿数比为 1∶2 的齿轮。这样，当燃气推动活塞运动时，各实体协调地动作，进气阀、排气阀有规律地启闭，加上气化、点火等装置的配合，就把燃气燃烧产生的热能转换为曲轴转动的机械能。

由此可以知道,内燃机可分为 3 个部分:

(1) 原动部分:火花塞点火使燃气燃烧产生推动活塞的压力,是将燃气燃烧时产生的热能转变为机械能的部分。

(2) 主运动传动部分:将活塞的往复移动转换成曲轴的连续转动,从而输出并传递能量(力和运动)的部分。

(3) 协调控制部分:使进气阀门和排气阀门定时开闭和适时点火的部分。

图 0-3 所示为牛头刨床。它由电动机 1、小齿轮 2、大齿轮 3、滑块 4、杆 5、滑块 6、牛头 7、刀架 8、工作台 9、螺杆 10 和床身 11 组成。电动机 1 的旋转运动通过皮带传动,使小齿轮 2 带动大齿轮 3 转动(同时传力);大齿轮 3 上用销子铰接了一个滑块 4,它可在杆 5 的槽中滑动,杆 5 下端的槽中有一个与床身 11 铰接的滑块 6,当大齿轮 3 上的销子作圆周运动时,滑块 4 在杆 5 的槽中滑动,同时推动杆 5 绕滑块 6 的中心作往复摆动;杆 5 的上端用销子和牛头 7 铰接,推动牛头 7 在刨床床身的导轨中往复滑动;牛头 7 上装有刀架 8,牛头在工作行程中切削工件,回程时,刀架稍抬起后与牛头一起快速退回。在再次切削行程前,大齿轮 3 通过连杆和棘轮(图中未画处)及螺杆 10 使工作台 9(工件)横向移动一个进刀的距离,以进行下一次切削。由此可知,牛头刨床也可分为 3 个部分:

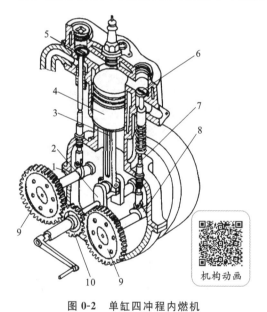

图 0-2　单缸四冲程内燃机

1—汽缸体(机架);2—曲轴;3—连杆;

4—活塞;5—进气阀;6—排气阀;7—推杆;

8—凸轮;9、10—齿轮

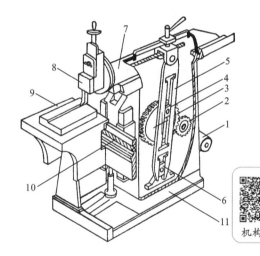

图 0-3　牛头刨床

1—电动机;2—小齿轮;3—大齿轮;

4、6—滑块;5—杆;7—牛头;

8—刀架;9—工作台;10—螺杆;11—床身

(1) 原动部分:电动机将电能转化为机械能;

(2) 主运动传动部分:电动机的转动变为牛头的往复移动;

(3) 协调控制部分:齿轮转动变为工作台适时的间歇运动。

以上两台机器都是由原动部分、主运动传动部分、协调控制部分组成的,虽然它们的构造、用途和性能各不相同,但从其组成、运动确定性以及功能关系来看,均具有以下共同的特征:

(1) 它们都是人为的实物组合体;

(2) 各实体之间具有确定的相对运动;

（3）能够用来完成有用功，变换或传递能量、物料与信息，以减轻或代替人的劳动。

所以，同时具有以上三个特征的实物组合体就称为机器。国家标准对机器的定义为：机器是执行机械运动的装置，用来变换或传递能量、物料与信息。

根据机器用途的不同，机器一般可以分为动力机器、工作机器和信息机器三类。

动力机器的功用是实现机械能和其他形式的能量之间的转换。例如，内燃机、压气机、涡轮机、电动机、发电机等都属于动力机器。

工作机器的功用是完成有用的机械功或搬运物品。例如，各种机床、轧钢机、汽车、飞机、起重机、洗衣机等都属于工作机器。

信息机器的功用是完成信息的传递和变换。例如，复印机、打印机、绘图机、传真机、照相机等都属于信息机器。

进一步分析以上两个实例可以看出，各个实物组合体具有确定运动是它们成为机器的基本要求。在机器的各种运动中，有些是传递回转运动的（如齿轮传动、链传动等）；有些是把转动变为往复移动的；有些是利用实物本身的轮廓曲线实现预期运动规律的。在工程实际中，人们常常根据实现这些运动形式的实物的外形特点，把相应的一些实物的组合称为机构。如图0-2 所示，2-3-4-1 称为曲柄滑块机构，它在内燃机中的运动功能是将滑块（即活塞）4 的往复移动变换为曲柄 2 的连续转动；9-10-1 称为齿轮机构，其功能是实现转速的变化，即齿轮 10 每转两圈，齿轮 9 转一圈；7-8-1 称为凸轮机构，它是将凸轮 8 的旋转运动变换为推杆 7 的往复移动，且推杆在凸轮廓线的控制下实现预期的运动规律。

由此可以看出，机构虽然具有机器的前两个特征，但其功能和机器有所不同：

（1）它们都是人为的实物组合体；

（2）各实体之间具有确定的相对运动；

（3）可以用来传递和转换运动和力。

通过以上分析可知，机器是由各种各样的机构组成的，它可以完成能量转换、做有用功或处理信息；而机构则是机器的运动部分，机构在机器中仅仅起着运动传递和运动形式转换的作用。

一部机器可能是多种机构的组合体，例如上述的内燃机和牛头刨床，就是由齿轮机构、凸轮机构和连杆机构等组合而成的；也可能只含有一个最简单的机构，例如人们所熟悉的发电机，就只含有一个由定子和转子所组成的基本机构。

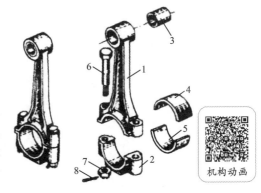

图 0-4　连杆
1—连杆体；2—连杆盖；3—轴套；4—上轴瓦；
5—下轴瓦；6—螺栓；7—螺母；8—开口销

从实现运动的结构组成观点来看，机构和机器之间并无区别。因此，人们常用"机械"作为机器和机构的总称。而组成机械的相对运动单元称为构件，机械中不可拆卸的制造单元称为零件。构件可以是单一的零件，如图0-2 中的曲轴 2；也可以是由几个零件组成的刚性结构，如图0-4 所示的内燃机的连杆是由连杆体 1、连杆盖 2、轴套 3、上轴瓦 4 和下轴瓦 5、螺栓 6、螺母 7 和开口销 8 组成的刚性体。构件与零件的区别在于：构件是机器的运动单元，而零件则是机器的制造单元。

各种机械中普遍使用的机构称为常用机构，如连杆机构、凸轮机构、齿轮机构、步进传动机构等。

各种机械中普遍使用的零件称为通用零件,如螺钉、轴、轴承、齿轮、弹簧等。只在某一类型机器中使用的零件称为专用零件,如内燃机的活塞、曲轴,汽轮机的叶片等。

0.2　本课程的性质、内容和任务

本课程是一门综合性质的技术基础课,在教学中具有承上启下的作用,内容涵盖了常用机构及机械设计基础知识等。

本课程的主要内容如下:

(1)常用机构。主要讲述机械中常用的机构及其工作原理、运动特性和结构特点等。

(2)机械设计的基础知识。主要讨论机械零件及失效形式、强度计算和设计方法,包括确定主要尺寸和结构。同时还简单介绍了常用设备的使用、保养和维护等。

本课程的任务是:

(1)使学生了解常用机构及通用零件、部件的工作原理、运动特性、结构特点及应用等基本知识。

(2)使学生掌握通用零部件的受力分析、失效分析、设计准则以及设计方法。

(3)使学生具有运用机械设计手册、图册、标准规范等有关技术资料设计简单机械及传动装置的能力。

总之,通过本课程的学习,应使学生具备使用、维护和改进机械设备的基本知识和分析设备事故的基本能力。培养学生能运用手册设计简单机械传动装置的能力,为今后的技术改造和技术革新创造条件,并为学习有关专业机械设备课程奠定必要的基础。

0.3　机械设计的基本要求和一般程序

机械设计的基本要求是:在完成规定功能的前提下,性能好、效率高、成本低;在规定使用期间内安全可靠、操作方便、维护简单和造型美观等。一般应满足以下几方面要求:

(1)使用要求:使用要求是对机械产品的首要要求,是指机械产品必须满足用户对所需要的功能的要求,这是机械设计最根本的出发点。

(2)可靠性和安全性要求:机械产品在规定的使用条件下,在规定的时间内应具有完成规定功能的能力。安全可靠是机械产品的必备条件。

(3)经济性和社会性要求:经济性要求是指所设计的机械产品在设计、制造方面周期短、成本低;在使用方面效率高、能耗少、生产率高、维护与管理的费用少等。此外,机械产品应操作方便、安全,具有宜人的外形和色彩,符合国家环境保护和劳动法规的要求。

(4)其他特殊要求:有些机械产品由于工作环境和要求不同,对设计提出了某些特殊要求。例如对航空飞行器有质量小、飞行阻力小和运载能力大的要求;流动使用的机械(如塔式起重机、钻探机等)要便于安装、拆卸和运输;对机床有长期保持精度的要求;对食品、印刷、纺织、造纸机械等则有保持清洁、不得污染产品的要求等。

一部机器的诞生,从感到某种需要、萌生设计念头、明确设计要求开始,经过设计、制造、鉴定直到产品定型,是一个复杂细致的过程。图 0-5 所示为机械设计的一般程序。

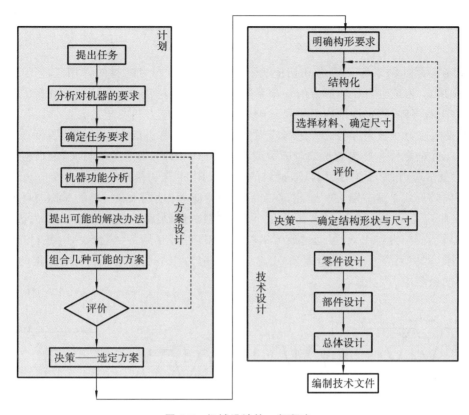

图 0-5　机械设计的一般程序

0.4　机械零件的工作能力和计算准则

1. 机械零件的工作能力

零件由于某种原因不能正常地工作称为失效,失效与工作能力有关。零件的工作能力是指在一定的运动、载荷和环境情况下,在预定的使用期限内不发生失效的安全工作限度。衡量零件工作能力的指标称为零件的工作能力准则,主要准则有强度、刚度、耐磨性、振动稳定性和耐热性。它们是计算并确定零件基本尺寸的主要依据,故称为计算准则。对于具体的零件,应根据它们的主要失效形式,采用相应的计算准则。

2. 机械零件的计算准则

1)强度准则

强度是保证机械零件工作能力的最基本要求。若零件的强度不够,不仅因为零件的失效使机械不能正常工作,还可能导致安全事故。

零件的强度分为体积强度和表面接触强度。零件在载荷作用下,如果产生的应力在较大的体积内,则这种应力状态下的零件强度称为体积强度(通常简称强度)。若两零件在受载前后由点、线接触变为小表面积接触,且其表面产生很大的局部内力(称为接触应力),这时零件的强度称为表面接触强度(简称接触强度)。

若零件的强度不够,就会出现整体断裂、表面接触疲劳或塑性变形等失效而丧失工作能力。所以,设计零件时,必须满足强度要求,而强度的计算准则为

$$\sigma \leqslant [\sigma], \quad \tau \leqslant [\tau] \tag{0-1}$$

$$[\sigma] = \frac{\sigma_{\lim}}{S}, \quad [\tau] = \frac{\tau_{\lim}}{S_\tau} \tag{0-2}$$

式中:σ 和 τ 为零件的工作正应力和切应力(MPa);$[\sigma]$ 和 $[\tau]$ 为材料的许用正应力和切应力(MPa);S 和 S_τ 为正应力和切应力的安全系数;$\sigma_{\lim}$ 和 $\tau_{\lim}$ 为材料的极限正应力和极限切应力。

由式(0-2)可知,确定许用应力主要是确定材料的极限应力和安全系数。

(1)极限应力。极限应力的确定与应力的种类有关。常见的应力种类如图 0-6 所示。在静应力下工作的零件主要失效形式是断裂或塑性变形。因此,对于塑性材料,取材料的屈服极限 σ_s 作为极限应力;对于脆性材料,取材料的强度极限 σ_b 作为极限应力。在变应力下工作的零件主要失效形式是疲劳断裂。因此,在对称循环变应力作用下,取材料的对称循环疲劳极限 σ_{-1} 作为极限应力;在脉动循环变应力作用下,取材料的脉动循环疲劳极限 σ_0 作为极限应力。在非对称循环变应力作用下,可通过疲劳试验或极限应力图(见各《机械设计》教材)确定材料的疲劳极限,即极限应力。作简化计算时,在一般变应力作用下可近似取与之相近的 σ_{-1} 或 σ_0 作为材料的极限应力。

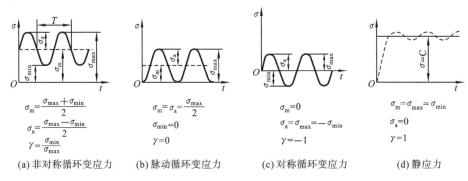

图 0-6 应力的种类

(2)安全系数。安全系数可以用查表法或部分系数法来确定。

查表法的取值在本书以后各章具体表格中均有说明。这类表格是不同的机械制造部门,经过长期生产实践,总结制订出的适合本行业的安全系数(或许用应力)表格,具有简单、具体、可靠等优点。

部分系数法一般用在无可靠资料直接确定安全系数的情况下。此时可取总的安全系数等于各个影响因素系数的连乘积,即

$$S = S_1 S_2 S_3 \tag{0-3}$$

式中:S_1 为考虑载荷及应力计算的准确性系数,$S_1 = 1 \sim 1.5$;S_2 为考虑材料的均匀性系数(对于锻钢或轧钢零件,$S_2 = 1.2 \sim 1.5$;对于铸铁零件,$S_2 = 1.5 \sim 2.5$);S_3 为考虑零件重要程度的系数,$S_3 = 1 \sim 1.5$。

有关接触强度的计算将在本书第 8 章中叙述。

2)刚度准则

刚度是指零件在载荷作用下抵抗弹性变形的能力。当零件刚度不够时,弯曲挠度或扭转角超过允许限度后将会影响机械的正常工作。例如,机床主轴或丝杠弹性变形过大,会影响加工精度;齿轮轴的弯曲挠度过大,会影响一对齿轮的正确啮合。有些零件,如机床主轴、电动机轴等,其基本尺寸是根据刚度要求确定的。刚度的计算准则为

$$y \leqslant [y], \quad \theta \leqslant [\theta], \quad \varphi \leqslant [\varphi] \tag{0-4}$$

式中：y、θ 和 φ 分别为零件工作时的挠度、偏转角和扭转角；$[y]$、$[\theta]$ 和 $[\varphi]$ 分别为零件的许用挠度、许用偏转角和许用扭转角。

实践证明，能满足刚度要求的零件，一般来说，其强度总是足够的。

提高刚度的有效措施是：适当增大或改变剖面形状尺寸以增大其惯性矩，减小支承跨距，合理增添加强肋等。若仅将材料由普通钢改换为合金钢，由于弹性模量 E（或切变模量 G）并未提高，故对提高刚度并无效果。

此外，也有一些零件要求有一定的柔性，如弹簧等。

3）耐磨性准则

耐磨性是指作相对运动的零件的工作表面抵抗磨损的能力。当零件的磨损量超过允许值后，将改变其尺寸和形状，削弱其强度，降低机械的精度和效率。因此，机械设计中，总是力求提高零件的耐磨性，减少磨损。

关于磨损的计算，目前尚无可靠、定量的计算方法，常采用条件性计算：一是验算压强 p 不超过许用值，以保证工作表面不致由于油膜破坏而产生过度磨损；二是对于滑动速度 v 比较大的摩擦表面，为防止胶合破坏，要考虑 p、v 及摩擦系数 f 的影响，即限制单位接触表面上单位时间产生的摩擦功不能过大。当 f 为常数时，可验算 pv 值，其验算式为

$$p \leqslant [p], \quad pv \leqslant [pv] \tag{0-5}$$

式中：p 为工作表面的压强（MPa）；$[p]$ 为材料的许用压强（MPa）；$[pv]$ 为 pv 的许用值（MPa·m/s）。

4）振动和噪声准则

随着机械向高速发展和人们对环境舒适性要求的提高，对机械的振动和噪声的要求也愈来愈高。当机械或零件的固有振动频率 f 等于或趋近于受激振源作用引起的强迫振动频率 f_P 时，将产生共振。这不仅影响机械正常工作，甚至造成破坏性事故。而振动又是产生噪声的主要原因。因此，对于高速机械或对噪声有严格限制的机械，应进行振动分析和计算，即分析系统和零件的固有振动频率、强迫振动频率。研究系统的动力特性，分析其噪声源，并采取措施降低振动和噪声。

具体到每一类型的零件，并不是都需要进行上述计算，而是从实际受载和工作条件出发，分析其主要失效形式，再确定其计算准则，必要时再按其他要求进行校核计算。例如机床主轴，首先根据刚度确定尺寸，再校核其强度和振动稳定性。

0.5　机械设计中常用材料的选用原则

机械设计中常用的材料有钢、铸铁、有色合金（如铝合金、铜合金等）和非金属材料（如尼龙、工程塑料、橡胶等）。常用材料的牌号、性能及热处理的基本知识，相关课程中已作介绍，本书在有关章节（如齿轮传动、轴和滑动轴承等）中，还将结合具体零件的设计分别介绍。下面仅介绍常用材料的选用原则。

1. 满足使用要求

满足使用要求是选用材料的最基本原则和出发点。所谓使用要求，是指用所选材料做成的零件，在给定的工况条件下和预定的寿命期限内能正常工作。而不同的机械，其侧重点又有差别。例如，当零件受载荷大并要求质量轻、尺寸小时，可选强度较高的材料；滑动摩擦下工作

的零件,应选用减摩性能好的材料;高温下工作的零件,应选用耐热材料;当承受静应力时,可选用塑性或脆性材料;而承受冲击载荷时,必须选用冲击韧度较好的材料;等等。

2. 符合工艺要求

所谓工艺要求,是指所选材料的冷、热加工性能好,热处理工艺性好。例如,结构复杂而大批量生产的零件宜用铸件,单件生产宜用锻件或焊接件。简单盘状零件(齿轮或带轮),其毛坯是采用铸件、锻件还是焊接件,主要取决于它们的尺寸大小、结构复杂程度及批量的大小:单件小批生产,宜用焊接件;尺寸小、批量大、结构简单,宜用模锻;结构复杂、大批量生产,则宜用铸件。

3. 综合经济效益要求

综合经济效益好是一切产品追求的最终目标,故在选择零件材料时,应尽可能选择能满足上述两项要求而价格低廉的材料。不能只考虑材料的价格,还应考虑加工成本及维修费用,即考虑综合经济效益。

0.6　机械零件的结构工艺性和"三化"

设计机械零件时,不仅应使其满足使用要求,即具备所要求的工作能力,同时还应当满足生产要求,使所设计的零件具有良好的结构工艺性。

所谓机械零件的结构工艺性,是指零件的结构在满足使用要求的前提下,能用生产率高、劳动量小、材料消耗少和成本低的方法制造出来。凡符合上述要求的零件结构被认为具有良好的工艺性。

机械制造包括毛坯生产、切削加工和装配等生产过程。设计时,必须使零件的结构在各个生产过程中都具有良好的工艺性。对工艺性的要求如下:

(1) 合理选择毛坯零件,毛坯可直接利用型材、铸造、锻造、冲压和焊接等方法获得。毛坯的选择与生产的批量、生产的技术条件以及材料的性能等有关。

(2) 结构简单合理。机械零件的结构形状,最好采用最简单的表面,即平面、柱面及其组合面,尽量减少加工面数和加工面积。

(3) 合理确定制造精度及表面粗糙度。零件的加工费用随精度的提高而增加。尤其是在精度较高的情况下,更为显著。因此,在设计零件时不要一味地追求高精度,要从需要、生产条件和降低制造成本出发,合理地选择零件的精度及相应的表面粗糙度。

下面列举一些常见的工艺结构,供设计时参考。

1. 铸造零件的工艺结构

1) 拔模斜度

用铸造的方法制造零件毛坯时,为了便于在砂型中取出模样,一般沿模样拔模方向做成约1:20的斜度,称为拔模斜度,也称起模斜度。因此,铸件上要有相应的拔模斜度,这种斜度在图上可以不予标注,也不一定画出,如图0-7所示;必要时,可以在技术要求中用文字说明。

2) 铸造圆角

当零件的毛坯为铸件时,因铸造工艺的要求,铸件各表面相交的转角处都应做成圆角(图0-8)。铸造圆角可防止铸件浇铸时转角处出现落砂现象,避免金属冷却时产生缩孔和裂纹。铸造圆角的大小一般取 $R=3\sim 5$ mm,可在技术要求中统一注明。

3) 铸件厚度

当铸件的壁厚不均匀一致时,铸件在浇铸后,因各处金属冷却速度不同,将产生裂纹和缩

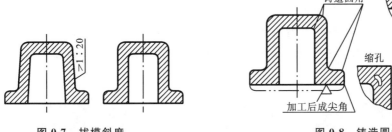

图 0-7　拔模斜度　　　　　　　　　　　　　图 0-8　铸造圆角

孔现象。因此,铸件的壁厚应尽量均匀;当必须采用不同壁厚连接时,应采用逐渐过渡的方式(图 0-9)。

(a) 壁厚均匀　　　　　(b) 逐渐过渡　　　　　(c) 产生缩孔和裂纹

图 0-9　铸件厚度

2. 零件上的机械加工结构

1) 倒角和倒圆

为了去除零件的毛刺、锐边和便于装配,在轴和孔的端部,一般加工成倒角;为了避免应力集中产生裂痕,在轴肩处往往加工成过渡形式,称为倒圆(图 0-10)。

2) 退刀槽和砂轮越程槽

在零件切削加工时,为了便于退出刀具及保证装配时相关零件的接触面靠紧,在被加工表面台阶处应预先加工出退刀槽或砂轮越程槽(图 0-11)。

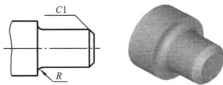

图 0-10　倒角和倒圆

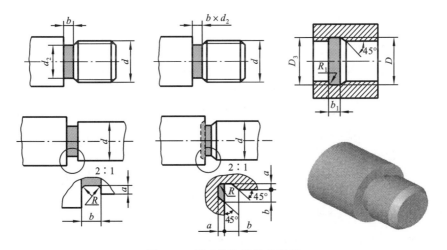

图 0-11　退刀槽和砂轮越程槽

3) 钻孔结构

用钻头钻出的盲孔,在底部有一个120°的锥角,钻孔深度指的是圆柱部分的深度,不包括锥坑。在阶梯形钻孔的过渡处,也存在锥角120°圆台,其画法及尺寸注法如图 0-12 所示。用钻头钻孔时,要求钻头轴线尽量垂直于被钻孔的端面,以保证钻孔准确,避免钻头折断。

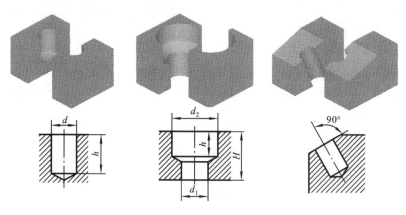

图 0-12　钻孔的结构

4) 凸台和凹坑

零件上与其他零件的接触面,一般都要加工。为了减少加工面积,并保证零件表面之间有良好的接触,常常在铸件上设计出凸台、凹坑或凹槽的结构(图 0-13)。

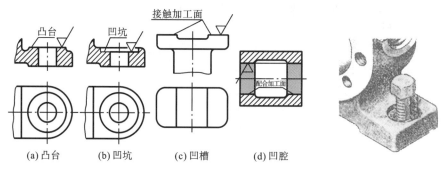

(a) 凸台　　　(b) 凹坑　　　(c) 凹槽　　　(d) 凹腔

图 0-13　凸台和凹坑结构

3. 便于装拆和维修

设计机械零件的结构时,还应注意便于装拆和维修。例如布置螺栓、螺钉和确定被连接件的结构尺寸时,要留出装入螺纹连接件和扳手操作的空间。图 0-14(a)所示的零件,因侧壁内凹处高度不够,无法装入螺钉,应改成图 0-14(b)所示的结构。图 0-15(a)所示的零件,因螺钉中心过于接近侧壁和底壁,无法操作扳手,应改成图 0-15(b)所示的结构。

对于具有配合要求的零件,应避免同时存在两组以上的表面接合。图 0-16(a)所示的结构是轴向同时有两组表面接合,图 0-16(c)所示的结构是径向同时有两组表面接合。对于这样的结构,应分别改成图 0-16(b)和图 0-16(d)所示的结构。

对于容易磨损的零件,应便于维修。如图 0-17 所示齿轮,其孔与轴之间有相对转动,若采用图 0-17(a)所示的整体式结构,则孔磨损后需要更换整个齿轮;若改用图 0-17(b)所示的镶有铜套的组合结构,不仅工作时可减小摩擦磨损,而且在孔磨损后仅需更换铜套。

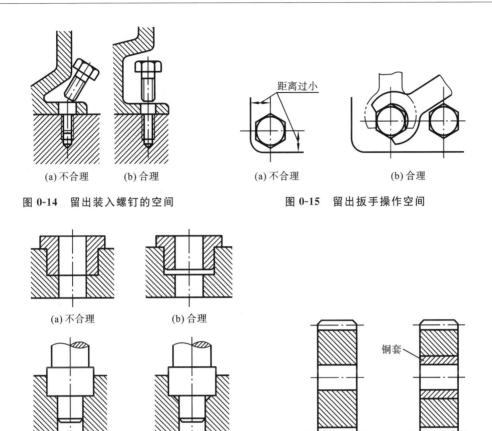

(a) 不合理　(b) 合理

图 0-14　留出装入螺钉的空间

(a) 不合理　(b) 合理

图 0-15　留出扳手操作空间

(a) 不合理　(b) 合理

(c) 不合理　(d) 合理

图 0-16　接合面不宜过多

(a) 整体结构　(b) 组合结构

图 0-17　便于维修

4. 机械零件的“三化”

标准化、系列化、通用化简称为机械产品的“三化”。“三化”是我国现行的一项很重要的技术政策，在机械设计中要认真贯彻执行。

标准化就是对产品（特别是零部件）的尺寸、结构要素、材料性能、检验方法、设计方法和制图要求等方面的技术指标制定出各种大家共同遵守的标准。实行标准化，能以最先进的技术在专门化工厂中对应用面极广、数量巨大的已标准化的零件（称为标准件）进行大量的、集中的制造，以提高质量、降低成本；采用标准结构和标准件，可以简化设计工作，缩短设计周期，提高设计质量；此外，实行标准化还统一了材料和零件的性能指标，使其能够进行比较，提高了零件性能的可靠性。

现已发布的与机械零部件设计有关的标准，从使用范围上来讲，分为国家标准（GB）、行业标准（如机械行业标准 JB）和企业标准三个等级。国家标准分为强制性国家标准，其代号为 GB××××（标准序号）—××××（批准年代）；推荐性国家标准，其代号为 GB/T ××××—××××。强制性国家标准只占整个国家标准中的极少数，但必须严格遵照执行，否则就是违法。推荐性国家标准占到整个国家标准中的绝大多数，如无特殊理由和需要，也应当遵守这些标准，以期获得良好的效果。目前，我国的某些标准正在迅速向国际标准化组织（ISO）的标准靠拢。

有的零件使用范围广泛，工作条件多种多样，对标准件的材料、尺寸、结构等方面都会有不同的要求。为了解决这一问题,常将一种产品的主要参数系列化,称为产品系列化。例如:齿轮的模数有规定的系列;同一型号、同一内径的滚动轴承可以有不同的宽度和直径系列。

通用化是指在不同类型产品或不同规格产品中采用具有相同结构尺寸的零部件。在生产过程中可减少新零部件的加工,简化生产管理过程,缩短生产周期。

贯彻"三化"的好处主要是:

(1) 由专业化工厂大量生产标准件,能保证质量、降低成本、提高生产率。

(2) 选用标准件可以简化设计工作,缩短产品的生产周期。

(3) 选用参数标准化的零件,在制造中可以减少刀具和量具的规格数量,降低加工成本。

(4) 提高了互换性,便于机器的安装和维修,缩短了检修期。

(5) 便于国家的宏观管理与调控以及内、外贸易。

(6) 便于评价产品质量、解决经济纠纷等。

学习课件

思考与练习

0-1 机器、机械与机构有何不同? 零件与构件又有何区别?

0-2 请指出自行车的动力部分、传动部分、执行部分以及它的控制系统和辅助系统。

0-3 机械设计的基本要求是什么?

0-4 什么是机械零件的工作能力? 常用的计算准则有哪几种?

0-5 在机械设计中采用哪些措施可提高刚度? 表达强度、刚度及耐磨性的计算准则公式各有什么含义?

0-6 机械设计中常用材料的选用原则是什么?

0-7 机械零件设计对其工艺性有何要求?

0-8 何谓"三化"? 贯彻"三化"有什么意义?

第1章 平面机构的自由度

学 习 导 引

本课程的研究对象是机构,就必须知道机构是怎样组成的,为了对机构进行分析,要用简单的图形把机构的结构状况表示出来。另外,机构是用来传递运动和动力的,它必须具有确定的运动,这就要知道在什么条件下它的运动才是确定的。本章将介绍有关知识。

1.1 运动副的分类及其表示方法

1. 运动副的分类

机构是由构件组成的,而机构最主要的特征是各构件之间具有确定的相对运动。这就要求组成机构的各构件必须按一定的方式进行连接,并使各构件之间仍有确定的相对运动。这种使两个构件直接接触并能产生某种相对运动的连接称为运动副。如图 1-1 所示的轴 1 与轴承 2 的连接、图 1-2 所示的滑块 1 与导轨 2 的连接和图 1-3 所示的两轮 1、2 轮齿的啮合等均为运动副。

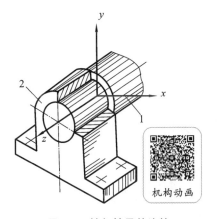

图 1-1 轴与轴承的连接

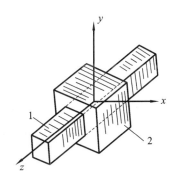

图 1-2 滑块与导轨的连接

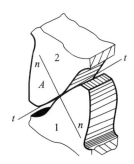

图 1-3 两轮轮齿的啮合

两构件参与构成运动副的接触表面称为运动副元素。如图 1-1、图 1-2、图 1-3 所示,它们的运动副元素分别是圆柱面和圆孔面、棱柱面和棱孔面及两齿廓曲面的啮合线。

根据构成运动副的两构件接触方式进行分类,接触方式不外乎点接触、线接触、面接触三种。按照运动副元素,通常把运动副分为低副和高副两类。

1) 低副

两构件以面接触组成的运动副称为低副。根据它们之间的相对运动形式,又可分为转动副和移动副。

(1) 转动副。组成运动副的两构件只能绕某一轴线作相对转动的运动副称为转动副,或称为铰链,如图 1-1 所示。日常所见的门窗活页、折叠椅等均为转动副。

（2）移动副。组成运动副的两构件只能作相对直线移动的运动副称为移动副，如图 1-2 所示。日常生活中所见的推拉门、导轨式抽屉等均为移动副。

2）高副

两构件以点或线接触组成的运动副称为高副。图 1-3 中的轮齿 1 与轮齿 2、图 1-4(a)中的火车车轮 1 与钢轨 2、图 1-4(b)所示凸轮机构中的凸轮 3 与从动件 4 分别在接触处 A 组成高副。

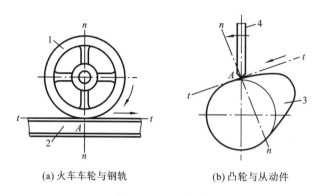

(a) 火车车轮与钢轨　　　　　(b) 凸轮与从动件

图 1-4　平面高副

1—火车车轮；2—钢轨；3—凸轮；4—从动件

此外，根据组成运动副两构件间的相对运动的空间形式进行分类，把构成运动副的两构件之间的相对运动为平面运动的运动副称为平面运动副，如图 1-1 至图 1-4 所示。两构件之间的相对运动为空间运动的运动副称为空间运动副，如图 1-5(a)所示的球面副和图 1-5(b)所示的螺旋副，它们都属于空间运动副。空间运动副已超出本章讨论范围，故在此不再赘述。

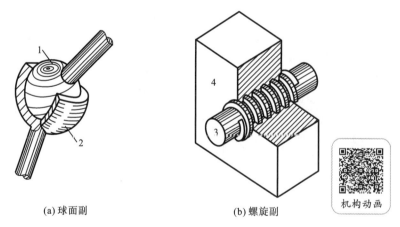

(a) 球面副　　　　　(b) 螺旋副　　　　机构动画

图 1-5　空间运动副

1—球体；2—球孔；3—螺杆；4—螺母

应用最多的是平面运动副，它只有转动副、移动副（统称为低副）和平面高副三种形式。

2. 运动副的表示方法

（1）转动副的画法如图 1-6 所示。其中带斜线的为固定构件（又称机架）。

（2）移动副的画法如图 1-7 所示。

（3）高副的表示方法如图 1-8 所示，即绘出其接触处的廓线形状。图 1-8(a)所示为凸轮副，图 1-8(b)所示为齿轮副（也可用一对相切的圆来表示）。

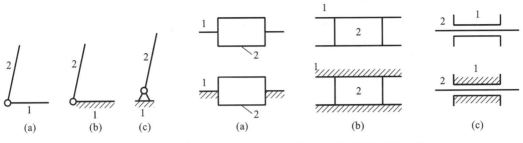

图 1-6　转动副的表示方法　　　　　　　　　图 1-7　移动副的表示方法

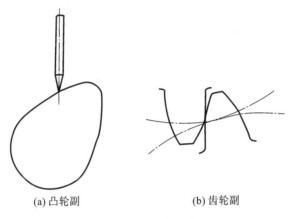

(a) 凸轮副　　　　　　　　　(b) 齿轮副

图 1-8　高副的表示方法

1.2　平面机构运动简图

1. 构件的分类及其表示方法

1）构件的分类

构件是机构中具有独立运动的单元体，是组成机构的基本要素。根据构件在机构中的运动情况的不同，可将其分为三类：

（1）机架：机构中作为参考系的构件，机架相对地面可以是固定的，也可以是运动的（如在汽车、飞机等中的机架）。

（2）原动件：机构中按给定的已知运动规律独立运动的构件，或称为主动件。

（3）从动件：机构中随原动件而运动的其他活动构件，其运动规律取决于原动件的运动规律和机构的组成情况。

任何一部机器中，都必有一个机架，一个或几个原动件，其余的都是从动件。

2）构件的表示方法

实际构件的外形和结构可以是各种各样的。表示构件的原则是：撇开那些与运动无关的构件外形（凸轮机构的凸轮除外）、端面尺寸、组成构件的零件数目及固定方式，仅把机构的运动尺寸（确定各运动副相对位置的尺寸）用简单的线条表示出来。

（1）一个构件上具有两个运动副，其表示方法如图 1-9 所示，图（a）为具有两个转动副的构件，图（b）为有两个移动副的构件，图（c）为有一个移动副和一个转动副的构件。

（2）一个构件上具有三个运动副，其表示方法如图 1-10 所示。图（a）是用三角形表示。

为了表明这是一个单一的构件,故在三角形内角上涂以焊缝符号。图(b)也是用三角形表示,只是将整个三角形画上斜线以表示是一个构件。如果三个运动副共线,可按图(c)所示,用一条直线将其连接,但在中间的转动副处画上半圆的跨越符号,以表示上、下两线段属于同一构件。

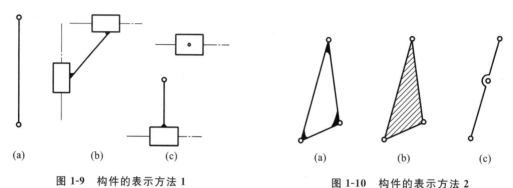

图 1-9　构件的表示方法 1   图 1-10　构件的表示方法 2

其他常用零部件的表示方法可参看 GB/T 4460—2013《机械制图 机构运动简图用图形符号》。

2. 平面机构运动简图

1) 机构运动简图与机构示意图

在研究平面机构运动特性时,为了使问题简化,只考虑与运动有关的运动副的数目、类型及相对位置,不考虑构件和运动副的实际结构和材料等与运动无关的因素。用简单线条表示构件,用规定符号表示运动副的类型,并按一定的比例确定运动副的相对位置及与运动有关的尺寸,这种表示机构组成和各构件间运动关系的简单图形,称为机构运动简图。机构运动简图保持了其实际机构的运动特征,它简明地表达了实际机构的运动情况。

有时,如果只是为了表示机构的结构状况及运动原理,也可以不要求严格地按比例绘制简图,通常把这样的简图称为机构示意图。

常用构件和运动副的简图符号在国家标准 GB/T 4460—2013 中已有规定,表 1-1 给出了部分最常用的构件和运动副的简图符号,可供参考。

表 1-1　部分常用机构运动简图符号(GB/T 4460—2013)

名　称		简图符号	名　称		简图符号
构件	轴、杆	———————————	机架	基本符号	⧨⧨⧨⧨⧨⧨⧨
	三副元素构件			机架是转动副的一部分	
	构件的永久连接			机架是移动副的一部分	

名　称	简图符号	名　称	简图符号
平面低副　转动副		平面高副　齿轮副 外啮合 内啮合	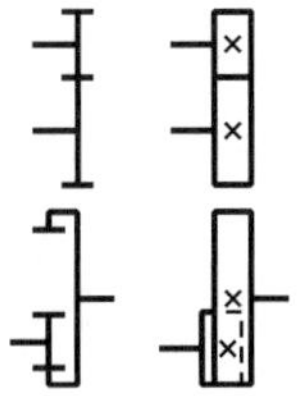
移动副	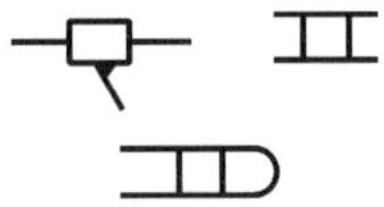	凸轮副	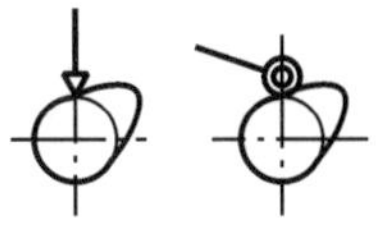

2）平面机构运动简图的绘制

在绘制机构运动简图时，首先必须分析该机构的实际构造和运动情况，分清机构中的原动件（输入构件）及从动件；然后从原动件开始，顺着运动传递路线，仔细分析各构件之间的相对运动情况；从而确定组成该机构的构件数、运动副数及性质。在此基础上按一定的比例及特定的构件和运动副符号正确绘制出机构运动简图。绘制时应撇开与运动无关的构件的复杂外形和运动副的具体构造。同时应当注意，绘制机构运动简图时，原动件的位置选择不同，所绘制的机构运动简图的图形也不同。当原动件的位置选择不恰当时，构件会相互重叠或交叉，使图形不易辨认。为了清楚表达各构件间的相互关系，绘图时应选择合适的原动件位置。

绘制平面机构运动简图可按以下步骤进行：

（1）首先弄清楚机械的实际构造和运动情况，找出机构的机架和原动件，按照运动的传递路线搞清楚机械原动部分的运动如何传递到工作部分。

（2）弄清楚机械由多少个构件组成，并根据两构件间的接触情况及相对运动的性质确定各个运动副的类型。

（3）恰当地选择投影面，并将机构停留在适当的位置，避免构件重叠。一般选择与多数构件的运动平面相平行的面为投影面，必要时也可以就机械的不同部分选择两个或两个以上的投影面，然后展开到同一平面上。

（4）选择适当的长度比例尺 μ_l，确定出各运动副之间的相对位置，用规定的符号表示各运动副，并将同一构件参与构成的运动副符号用简单线条连接起来，即可绘制出机构的运动简图。

$$\mu_l = \frac{构件的实际尺寸（m）}{构件的图样尺寸（mm）} \tag{1-1}$$

总之，绘制机构运动简图要以正确、简单、清晰为原则。

下面通过一个实例说明运动简图的绘制过程。

例 1-1　图 1-11（a）所示为牛头刨床执行机构的结构图，试绘制机构运动简图。

解　（1）机构分析。牛头刨床执行机构由小齿轮 1、大齿轮 2、机架 7、滑块 3、导杆 4、摇块 5 和滑枕 6 共 7 个构件组成，转动的小齿轮 1 为原动件，移动的滑枕 6 为工作构件。

（2）确定运动副类型。原动件小齿轮 1、大齿轮 2 分别与机架 7 铰接成转动副；滑块 3 通过销子与大齿轮铰接成转动副；滑块 3 与导杆 4 用导轨连接成移动副；摇块 5 与机架 7 铰接成

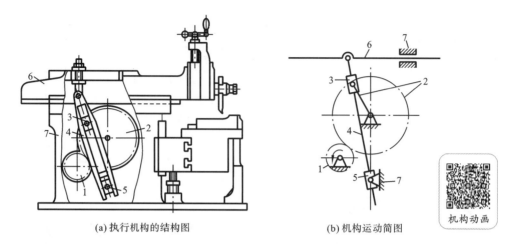

(a) 执行机构的结构图   (b) 机构运动简图

图 1-11 牛头刨床主体运动机构

1—小齿轮；2—大齿轮；3—滑块；4—导杆；5—摇块；6—滑枕；7—机架

转动副；摇块 5 与导杆 4 用导轨连接成移动副；导杆 4 与滑枕 6 铰接成转动副；滑枕 6 与机架 7 用导轨连接成移动副。整个机构中有 5 个转动副和 3 个移动副，共 8 个运动副。

（3）根据机构实际尺寸和图纸大小确定适当的长度比例尺 μ_1。

（4）绘制机构运动简图。①按各运动副间的图示距离和相对位置，选择适当的瞬时位置，用规定的符号表示各运动副；②用直线将同一构件上的运动副连接起来，并标上构件号、运动副名称和原动件的运动方向，即得所求的机构运动简图，如图 1-11(b) 所示。

注意：运动简图绘制完成后，可通过机构运动简图应满足的条件检查绘制图形是否正确。

机构运动简图应满足的条件：①简图中构件数目与实际相同；②简图中运动副的性质、数目与实际相符；③简图中运动副之间的相对位置正确，尺寸与实际的尺寸成比例。

1.3 平面机构自由度的计算

1. 构件的自由度

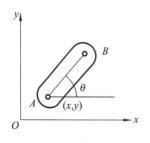

图 1-12 构件的自由度

在平面运动中，每一个自由的构件有三个独立的运动（图 1-12），即沿 x 轴和 y 轴的移动及在 Oxy 平面内的转动。构件的这三种独立运动称为其自由度。构件的位置可以用其上任意一点 A 的 x 坐标、y 坐标及其上任意直线 AB 的倾角 θ 来决定。x、y 及 θ 为三个独立的参数。由上述可知：作平面运动的自由构件的自由度数等于构件的独立运动参数数目。

2. 运动副的约束

当两构件通过运动副连接，任一构件的运动将受到限制，从而使其自由度减少，这种对件独立运动所加的限制称为约束。每引入一个约束，构件就减少一个自由度。有运动副就要引入约束。运动副的类型不同，引入的约束数目也不同。如图 1-1 所示的转动副中，构件 2 沿 x 轴和 y 轴方向的两个移动都受到限制，而只能在坐标平面中绕 z 轴转动，构件的自由度为 1。

如图 1-2 所示,移动副也有两个约束。如图 1-3 所示的高副,构件 2 相对于构件 1 在其接触点法线 $n—n$ 方向的运动受到约束,在切线 $t—t$ 方向可移动,绕垂直于平面的轴可以转动。由上述可知:在平面机构中,一个低副将引入两个约束,仅保留一个自由度;一个高副将引入一个约束,保留了两个自由度。

3. 平面机构的自由度

1)平面机构自由度的计算公式

机构相对于机架所具有的独立运动数目,称为机构的自由度,通常以符号 F 表示。

如前所述,作平面运动的自由构件有 3 个自由度。因此,平面机构的每个活动构件,在未用运动副连接之前,都有 3 个自由度。设一个平面机构由 N 个构件组成,除去固定构件机架,则机构中的活动构件数 $n = N-1$。这 n 个活动构件在没有通过运动副连接时,共有 $3n$ 个自由度,当用运动副将构件连接起来组成机构之后,则自由度就要减少。引入一个低副,自由度就减少两个;引入一个高副,自由度就减少一个。如果机构中引入了 P_L 个低副,P_H 个高副,则自由度减少的总数就为 $2P_L + P_H$,则该机构所剩的自由度数 F 为

$$F = 3n - 2P_L - P_H \tag{1-2}$$

这就是计算平面机构自由度的一般公式。由公式(1-2)可知,机构的自由度与组成机构的活动构件数目、运动副的数目及运动副的性质有关。

例 1-2　计算图 1-13 中凸轮机构和图 1-14 中曲柄滑块机构的自由度。

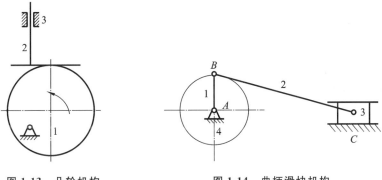

图 1-13　凸轮机构　　　　　　　图 1-14　曲柄滑块机构

解　在图 1-13 的凸轮机构中,有 2 个活动件,即 $n=2$;有 2 个低副,其中 1 个转动副,1 个移动副,即 $P_L=2$;有 1 个高副,即 $P_H=1$。根据公式(1-2)得

$$F = 3n - 2P_L - P_H = 3 \times 2 - 2 \times 2 - 1 = 1$$

在图 1-14 的曲柄滑块机构中,有 3 个活动件,即 $n=3$;有 4 个低副,其中 3 个转动副,1 个移动副,即 $P_L=4$;没有高副,即 $P_H=0$。根据公式(1-2)得

$$F = 3n - 2P_L - P_H = 3 \times 3 - 2 \times 4 = 1$$

2)机构具有确定运动的条件

机构的自由度就是机构具有确定运动时所必须给定的独立运动参数的数目。由前述内容可知,从动件是靠原动件来带动的,本身是不能独立运动的,只有原动件才能独立运动。通常原动件和机架相连,所以每个原动件只能有一个独立的运动参数,因此,机构的自由度必定与原动件数目相等。机构的原动件的独立运动都是外界给定的,如给出的原动件数不等于机构的自由度,或者机构的自由度数小于或等于 0,将会发生什么情况呢?

（1）如图 1-15 所示，其自由度 $F=3n-2P_L-P_H=3\times4-2\times5=2$，只有活动构件 1 为原动件，即 $F>$ 原动件数。当给定原动件 1 的位置角 φ_1 时，从动件 2、3、4 的位置不能确定，不具有确定的相对运动。

（2）如图 1-16 所示，其自由度 $F=3n-2P_L-P_H=3\times3-2\times4=1$，活动构件 1 和活动构件 3 为原动件，即 $F<$ 原动件数。如果要同时满足原动件 1 和原动件 3 的给定运动，则机构中最薄弱的构件或运动副可能被破坏。

（3）如图 1-17 所示，其自由度 $F=3n-2P_L-P_H=3\times4-2\times6=0$，即 $F=0$，说明各构件间是不能产生相对运动的，它是一个静定桁架。

综上所述，机构具有确定运动的条件为：机构的自由度必须大于零，且原动件的数目必须等于自由度数。

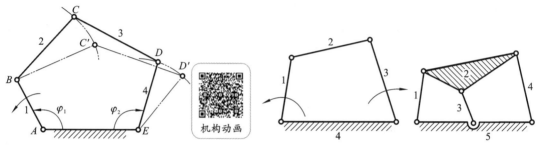

图 1-15　原动件数$<F$　　　图 1-16　原动件数$>F$　　图 1-17　$F=0$ 的构件组合

例 1-3　计算图 1-11(b)中牛头刨床执行机构的自由度，并判断机构是否具有确定相对运动。

解　由前面的分析可知，牛头刨床有 6 个活动件，即 $n=6$；有 8 个低副，其中 5 个转动副，3 个移动副，即 $P_L=8$；1 个高副，即 $P_H=1$。根据公式(1-2)得

$$F = 3n-2P_L-P_H = 3\times6-2\times8-1 = 1$$

该机构的原动件数也为 1，所以该机构具有确定相对运动。

3）计算平面机构自由度应注意的事项

应用式(1-2)计算平面机构自由度时，必须正确了解和处理下列几种特殊情况，否则将不能算出与实际情况相符的机构自由度。

（1）复合铰链。

两个以上构件在同一处以转动副相连接便构成复合铰链。如图 1-18(a)所示的构件 1、2和 3 在 A 处构成的复合铰链。由图 1-18(b)可知，此三构件共组成两个共轴线的转动副，它可看作是以构件 1 为基础，构件 2 和构件 3 分别与构件 1 组成转动副。依次类推，当有 k 个构件在同一处构成复合铰链时，就构成 $k-1$ 个转动副。在计算机构自由度时，应仔细观察是否有复合铰链存在，以免算错运动副的数目。

(a)　　　　　　　　　　　　(b)

图 1-18　复合铰链

例 1-4　计算图 1-19 所示惯性筛机构的自由度。

解　此机构中有 5 个活动构件，即 $n=5$；C 处是由构件 3、4、5 三个构件组成的复合铰链，具有两个转动副，A、B、D、E 处各有一个转动副，F 处有一个移动副，即 $P_L=7$；没有高副，即 $P_H=0$。根据公式(1-2)得

$$F = 3n - 2P_L - P_H = 3 \times 5 - 2 \times 7 - 0 = 1$$

$F=1$ 与原动件数相等。当原动件 2 绕轴 A 转动时，滑块 6 将确定沿机架滑动。

（2）局部自由度。

在有些机构中，某些构件所产生的局部运动并不影响其他构件的运动，将这种局部运动的自由度称为局部自由度。如图 1-20(a)所示的凸轮机构中，当主动凸轮 1 绕点 O 转动时，通过滚子 4 使从动件 2 沿机架 3 移动，其活动构件数 $n=3$，低副数 $P_L=3$，高副数 $P_H=1$，按式(1-2)得

$$F = 3n - 2P_L - P_H = 3 \times 3 - 2 \times 3 - 1 = 2$$

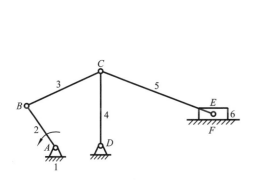

图 1-19　惯性筛机构

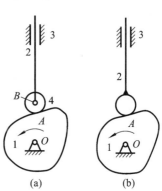

图 1-20　局部自由度

这说明此机构应有两个原动件，实际上此机构只有一个原动件。这是因为此机构中有一个局部自由度——滚子 4 绕点 B 的转动，它与从动件 2 的运动无关，只是为了减少从动件与凸轮间的磨损而增加了滚子。由于局部自由度与机构运动无关，故计算机构自由度时应去掉局部自由度。如图 1-20(b)所示，假设把滚子与从动杆焊在一起，这时机构的运动并不改变，则图中 $n=2$，$P_L=2$，$P_H=1$，由式(1-2)得

$$F = 3n - 2P_L - P_H = 3 \times 2 - 2 \times 2 - 1 = 1$$

即说明只要一个原动件，机构运动就能确定，这与实际情况完全相符。

（3）虚约束。

在机构中，有些运动副引入的约束与其他运动副引入的约束相重复，因而这种约束形式上存在，但实际上对机构的运动并不起独立限制作用，这种约束称为虚约束。如图 1-21(a)所示机构中，$AB/\!/CD$，称为平行四边形机构，该机构中，连杆 2 作平动，其上各点的轨迹均为圆心在 AD 线上而半径等于 AB 的圆弧，根据式(1-2)得该机构的自由度为

$$F = 3 \times 3 - 2 \times 4 = 1$$

如图 1-21(b)所示，该机构的自由度为

$$F = 3 \times 4 - 2 \times 6 = 0$$

即表明此机构是不能动的，这显然和实际情况不符。这就是由于引入了虚约束的结果。由于构件 1、3、5 相互平行且长度相等，所以，点 B、C、E 轨迹都是等半径的圆周，如去掉构件 5，则构件 2 上点 E 的运动轨迹不变。但加上构件 5 后，多了三个自由度，而引入两个转动副 E、F，

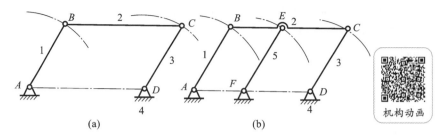

图 1-21　虚约束 1

引入四个约束,所以,结果相当于对机构多引入一个约束。如上所述,这个约束对机构的运动并没有约束作用,所以它是一个虚约束。计算自由度时,应将虚约束除去不计,故该机构的自由度实际上仍为 1。

虚约束是机构的几何尺寸满足某些特殊条件的产物,机构中的虚约束常发生在下述情况。

① 轨迹重合。机构中两构件相连,连接前被连接件上连接点的轨迹和连接件上连接点的轨迹重合,如图 1-21(b)所示。

② 两构件同时在几处接触并构成多个移动副,且各移动副的导路互相平行或重合。如图 1-22 所示,只算一个移动副,其余是虚约束。

③ 两构件在几处构成转动副且各转动副轴线重合时,只能算一个转动副,其余为虚约束,如图 1-23 所示。

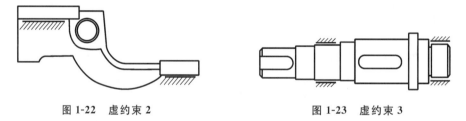

图 1-22　虚约束 2　　　　　　　　　　图 1-23　虚约束 3

④ 两构件在多处组成平面高副,且高副元素接触处的公法线互相重合。如图 1-24 所示,构件 2 和构件 3 同时在 B 处和 B' 处组成平面高副,且接触处的公法线 n—n 相重合。计算机构自由度时,应只考虑其中一处的平面高副(B 处或 B' 处),其余视为虚约束。

⑤ 机构中对传递运动不起独立作用的对称部分。如图 1-25 所示轮系,中心轮 1 经过两个对称布置的小齿轮 2 和 2′驱动内齿轮 3,其中有一个小齿轮对传递运动不起约束作用,实际上只需要一个小轮就能满足运动要求。

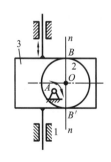

图 1-24　多处组成平面高副

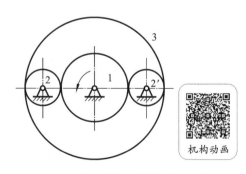

图 1-25　虚约束 4

还有一些类型的虚约束需要通过复杂的数学证明才能判别,在此不再赘述。在实际机构中,虚约束虽然不影响机构的运动,但可以增加构件的刚性,改善其受力状况,或保证机构顺利通过某些特殊位置等,因而在设计中被广泛使用。虚约束要求较高的制造和装配精度,如果加工误差较大,满足不了某些特殊的几何条件,虚约束就会变成实际约束,使机构失去运动的可能性。在计算机构的自由度时,应先分析一下,如有局部自由度和虚约束,可先除去,然后用式(1-2)计算。

例 1-5 计算图 1-26 所示大筛机构的自由度,若有复合铰链、局部自由度或虚约束,请明确指出,并判断机构运动是否确定。

解 (1)工作原理分析。机构中标有箭头的凸轮和曲轴 AB 为原动件,分别绕点 O 和点 A 转动,迫使工作构件滑块带动筛子抖动筛料。

(2)处理特殊情况。机构中的滚子 F 处有一个局部自由度。顶杆 DF 与机架在 E 和 E' 组成两个导路平行的移动副,其中之一为虚约束。C 处是复合铰链。现将滚子 F 与顶杆 DF 焊成一体,去掉移动副 E',并在 C 点注明转动副的个数,如图 1-27 所示。

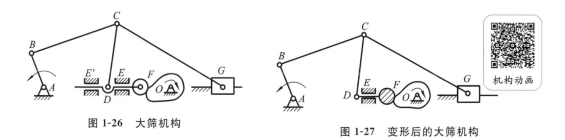

图 1-26 大筛机构   图 1-27 变形后的大筛机构

机构动画

(3)计算机构自由度。机构有 7 个活动构件,7 个转动副、2 个移动副、1 个高副,即 $n=7$、$P_L=9$、$P_H=1$,按式(1-2)计算得

$$F = 3n - 2P_L - P_H = 3 \times 7 - 2 \times 9 - 1 = 2$$

(4)判断机构运动是否确定。因为此机构的自由度等于 2,有 2 个原动件,原动件数等于机构的自由度数,故机构运动是确定的。

例 1-6 试计算图 1-28 所示平面机构的自由度,若有复合铰链、局部自由度或虚约束,请明确指出,并判断机构运动是否确定。

解 (1)处理特殊情况。机构中的滚子 $2'$ 有一个局部自由度。构件 4 与机架 5 在 E 和 E' 组成两个导路平行的移动副,其中之一为虚约束。现将滚子 $2'$ 与杆 2 焊成一体,去掉虚约束 E'。

(2)计算机构自由度。机构有 4 个活动构件、3 个转动副、2 个移动副、1 个高副,即 $n=4$,$P_L=5$,$P_H=1$,按式(1-2)计算得

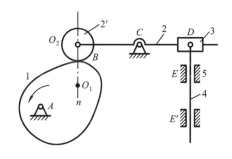

图 1-28 平面机构

$$F = 3n - 2P_L - P_H = 3 \times 4 - 2 \times 5 - 1 = 1$$

(3)判断机构运动是否确定。因为此机构的自由度等于 1,有 1 个原动件,原动件数等于机构的自由度数,故机构运动是确定的。

思考与练习

学习指导

学习课件

1-1 什么是高副？什么是低副？在平面机构中高副和低副各引入几个约束？

1-2 什么是机构运动简图？绘制机构运动简图的目的和意义是什么？绘制机构运动简图的步骤是什么？

1-3 什么是机构的自由度？计算自由度应注意哪些问题？

1-4 机构具有确定运动的条件是什么？若不满足这一条件,机构会出现什么情况？

1-5 绘制图 1-29 所示平面机构的机构运动简图。

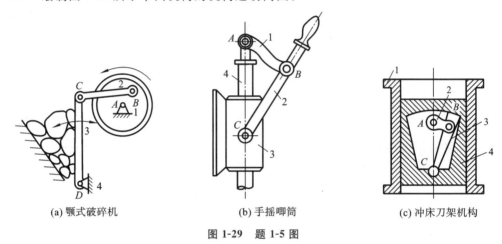

(a) 颚式破碎机　　　　　　(b) 手摇唧筒　　　　　　(c) 冲床刀架机构

图 1-29　题 1-5 图

1-6 计算图 1-30 所示平面机构的自由度(机构中如有复合铰链、局部自由度以及虚约束,请予以指出),并判断机构运动是否确定。

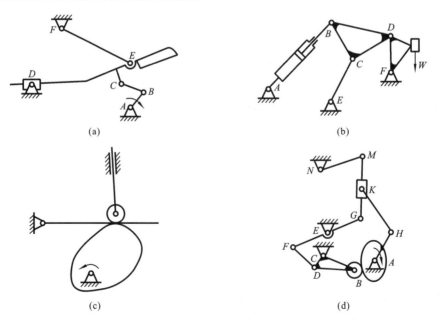

(a)　　　　　　　　　　　　(b)

(c)　　　　　　　　　　　　(d)

图 1-30　题 1-6 图

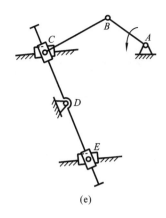

(e)

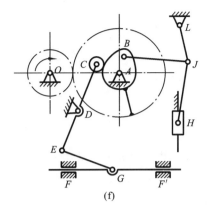

(f)

续图 1-30

第2章 平面连杆机构

学 习 导 引

平面连杆机构是由若干刚性构件用低副连接组成的平面机构,又称为平面低副机构。平面连杆机构广泛应用于各种机械和仪表中。诸如活塞发动机的曲柄滑块机构、飞机起落架机构和汽车车门的关闭机构等。人造卫星太阳能板的展开机构、机械手的传动机构、折叠伞的收放机构以及人体的假肢机构等等,也都用到连杆机构。最简单的平面连杆机构是由四个构件组成的,简称平面四杆机构,是组成多杆机构的基础。平面四杆机构为何能以简单的结构实现复杂的运动规律? 其基本特性怎样? 又有哪些常用的设计方法?

2.1 平面连杆机构的基本类型及其应用

1. 铰链四杆机构

全部用转动副组成的平面四杆机构称为铰链四杆机构,如图 2-1 所示。在此机构中,固定构件 4 称为机架,与机架用转动副相连接的杆 1 和杆 3 称为连架杆,不与机架直接连接的杆 2 称为连杆。在连架杆中,能作整周回转的称为曲柄;仅能在某一角度内摆动的连架杆,称为摇杆。若组成转动副的两构件能作整周相对运动,则该转动副又称为整转副;不能作整周相对运动的则称为摆转副。对于铰链四杆机构来说,机架和连杆总是存在的,因此可按照连架杆的运动形式将铰链四杆机构分为三种基本形式:曲柄摇杆机构、双曲柄机构和双摇杆机构。

1)曲柄摇杆机构

在铰链四杆机构中,若两个连架杆中一个为曲柄,另一个为摇杆,则此铰链四杆机构称为曲柄摇杆机构。在这种机构中,当曲柄为原动件、摇杆为从动件时,可将曲柄的连续转动转化成摇杆的往复摆动。该机构应用广泛,如图 2-2 所示的汽车前窗刮雨器就是曲柄摇杆机构;当主动曲柄 AB 回转时,从动摇杆 CD 作往复摆动,利用摇杆的延长部分实现刮雨动作。

图 2-3 所示为调整雷达天线俯仰角的曲柄摇杆机构。曲柄 1 缓慢地匀速转动,通过连杆 2 使摇杆 3 在一定角度范围内摆动,从而调整天线俯仰角的大小。

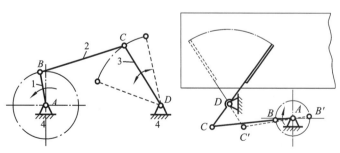

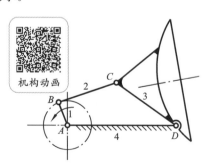

图 2-1　铰链四杆机构　　　图 2-2　汽车前窗刮雨器　　　图 2-3　雷达天线俯仰角调整机构

2）双曲柄机构

两连架杆均为曲柄的铰链四杆机构称为双曲柄机构。

如图 2-4 所示惯性筛中的四杆机构 ABCD 便是双曲柄机构。此机构中主动曲柄 BC 等速转动，从动曲柄 AD 作变速转动，通过连杆 DE 带动滑块 E（筛）作水平往复移动，并使筛子 6 具有所要求的加速度，从而靠惯性作用筛分筛中的物料。

在双曲柄机构中，若两曲柄长度相等，连杆和机架的长度也相等且彼此平行，则该机构称为平行四边形机构。平行四边形机构的运动特点是：主动曲柄和从动曲柄的瞬时角速度相等，连杆始终作平动。如图 2-5 所示的机车驱动轮联动机构即为平行四边形机构，它能保证被联动的各车轮与主动轮都具有完全相同的运动。

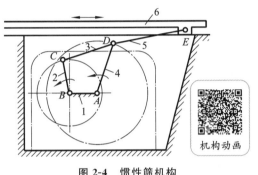

图 2-4　惯性筛机构

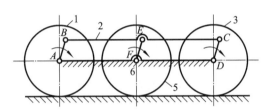

图 2-5　机车驱动轮联动机构

在平行四边形机构中，当两曲柄同时转到与机架重合的位置时，会产生运动不确定情况。如图 2-6 所示，原动件曲柄 AB 转到 AB_1 位置时，四个铰链中心处于同一直线上，AB 继续转动到 AB_2 位置时，从动曲柄 CD 可能仍按原来方向转动而保持平行四边形 AB_2C_2D，也可能朝相反方向转动而呈现状态 $AB_2C_2'D$。为了克服这种运动不确定性，通常可在主、从动曲柄上错开一定角度再增加一辅助连杆 EF，如图 2-7 所示；或者增加辅助曲柄，如图 2-5 所示的机车车轮联动机构就是增加辅助曲柄的实例。

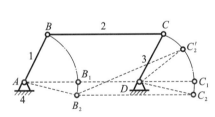

图 2-6　平行四边形的运动不确定

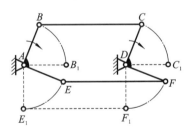

图 2-7　增加辅助连杆

3）双摇杆机构

两连架杆均为摇杆的铰链四杆机构称为双摇杆机构。如图 2-8 所示的电风扇摇头机构，即为双摇杆机构。

在双摇杆机构中，若两摇杆的长度相等，则称为等腰梯形机构。如图 2-9 所示的汽车前轮的转向机构即为等腰梯形机构。汽车转弯时，与前轮轴固连的两个摇杆的摆角 β 和 δ 不等；如果在任意位置都能使两前轮轴线的交点 P 落在后轮轴线的延长线上，则当整个车身绕点 P 转动时，四个车轮都能在地面上纯滚动，避免轮胎因滑动而损伤。等腰梯形机构就能近似地满足这一要求。

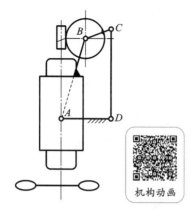

图 2-8　电风扇摇头机构

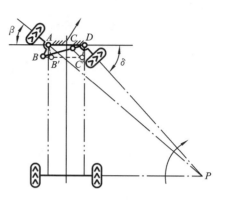

图 2-9　汽车前轮转向机构$(\beta \neq \delta)$

2. 含有一个移动副的四杆机构

在实际机械中,平面连杆机构的形式是多种多样的,但其中绝大多数是在铰链四杆机构的基础上发展和演化而成的。若用一个移动副取代铰链四杆机构中的一个转动副,就可将铰链四杆机构演化为含有一个移动副的四杆机构。该类机构根据选择不同的构件为机架又可分为曲柄滑块机构、导杆机构、摇块机构和定块机构。

1) 曲柄滑块机构

如图 2-10(a)所示的曲柄摇杆机构,杆 1 是曲柄,杆 3 是摇杆。因为摇杆 3 上点 C 的轨迹是以点 D 为圆心、以摇杆的长度为半径所作的圆弧,所以可在机架上制出弧形导槽,并将摇杆 3 制成弧形块与弧形导槽密切配合,如图 2-10(b)所示,显然运动性质不变。若 CD 增至无穷大,则点 D 在无穷远处,此时弧形导槽就演化为直槽,弧形块 3 演化为直块,该直块称为滑块。于是转动副 D 演化为移动副,机构演化为如图 2-10(c)所示的曲柄滑块机构。根据滑块的导路是否通过曲柄的回转中心,可分为对心曲柄滑块机构(图 2-11)和偏置曲柄滑块机构(图 2-12)。曲柄滑块机构能把回转运动转换为往复直线运动,或将往复直线运动转换为回转运动,因此广泛应用于内燃机、空压机和冲压机等机器上。

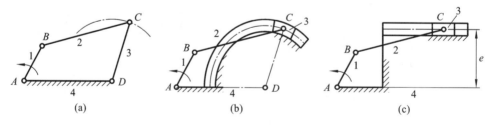

(a)　　　　　　　　　　　(b)　　　　　　　　　　　(c)

图 2-10　曲柄摇杆机构的演化

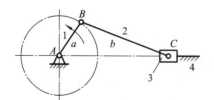

图 2-11　对心曲柄滑块机构

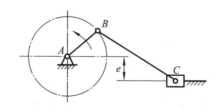

图 2-12　偏置曲柄滑块机构

2）导杆机构

导杆机构可以看作是在曲柄滑块机构中选取不同构件为机架演化而成的。

如图 2-13(a)所示的曲柄滑块机构，其各构件间具有不同的相对运动，因而当取不同构件作机架(图 2-13(b)、(c)、(d))或改变构件长度时，将得到不同运动特点的机构。如图 2-13(b)所示，当取曲柄滑块机构中的曲柄作机架，则演变为导杆机构。杆 4 称为导杆，滑块 3 相对导杆滑动并一起绕点 A 转动，通常取杆 2 为原动件。当 $l_1 < l_2$ 时(图 2-13(b))，杆 2 和杆 4 均可整周回转，称为曲柄转动导杆机构，简称转动导杆机构；当 $l_1 > l_2$ 时(图 2-14)，杆 4 只能往复摆动，称为曲柄摆动导杆机构，简称摆动导杆机构。

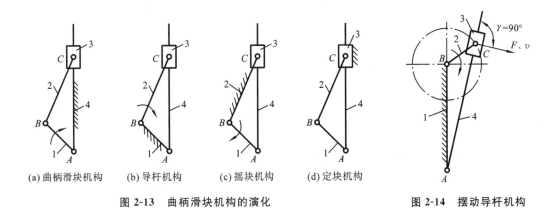

(a) 曲柄滑块机构	(b) 导杆机构	(c) 摇块机构	(d) 定块机构

图 2-13　曲柄滑块机构的演化　　　　　　　　图 2-14　摆动导杆机构

3）摇块机构

如图 2-13(a)所示曲柄滑块机构中，若取杆 2 为固定构件，即可得图 2-13(c)所示曲柄摇块机构。该机构中杆 1 绕点 B 整周回转的同时，杆 4 相对于滑块 3 滑动，并与滑块 3 一起绕点 C 摆动。这种机构广泛应用于摆缸式内燃机和液压驱动装置中。例如在图 2-15 所示卡车车厢自动翻转卸料机构中，油缸 3 中的压力油推动活塞杆 4 运动，带动杆 1 绕转动副 B 翻转；当达到一定角度时，物料就自动卸下。

4）定块机构

在图 2-13(a)所示曲柄滑块机构中，若取滑块 3 为固定件，即可得图 2-13(d)所示的定块机构。这种机构常用于如图 2-16 所示的抽水唧筒机构中。

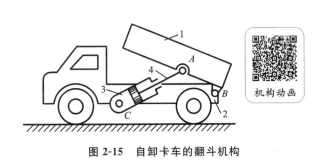

图 2-15　自卸卡车的翻斗机构

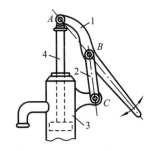

图 2-16　抽水唧筒机构

3. 偏心轮机构

图 2-17(a)所示为偏心轮机构。构件 1 为圆盘，其几何中心为 B。因运动时该圆盘绕偏心

A 转动,故称偏心轮。A、B 之间的距离 e 称为偏心距。按照相对运动关系,可画出该机构的运动简图,如图 2-17(b)所示。由图可知,偏心轮是转动副 B 扩大到包括转动副 A 而形成的,偏心距 e 即是曲柄 AB 的长度。

同理,图 2-17(c)所示偏心轮机构可用图 2-17(d)来表示。当曲柄长度很小时,通常都把曲柄做成偏心轮,这样不仅增大了轴颈的尺寸,提高偏心轴的强度和刚度,而且当轴颈位于中部时,还可安装整体式连杆,使结构简化。因此,偏心轮广泛应用于剪床、冲床、颚式破碎机、内燃机等机械中。

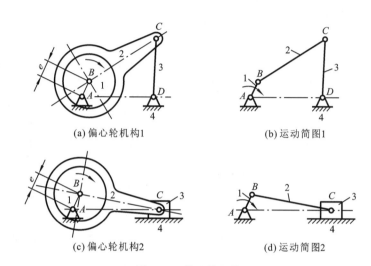

(a) 偏心轮机构1　　　　　　　　　　　(b) 运动简图1

(c) 偏心轮机构2　　　　　　　　　　　(d) 运动简图2

图 2-17　偏心轮机构

2.2　平面四杆机构的基本特性

在平面四杆机构的设计中,通常需要考虑它的某些基本特性,因为这些特性不仅关系到机构的运动性质和受力情况,而且还是一些机构设计的主要依据。

1. 曲柄存在条件

由上述可知,铰链四杆机构运动形式的不同,主要在于机构中是否存在曲柄。而机构在什么条件下存在曲柄,则与其各构件相对尺寸的大小及取哪个构件作机架有关。下面首先来分析各杆的相对尺寸与曲柄存在的关系。

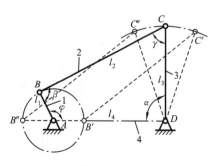

如图 2-18 所示的曲柄摇杆机构中,杆 1 为曲柄,杆 2 为连杆,杆 3 为摇杆,杆 4 为机架,各杆长度以 l_1、l_2、l_3、l_4 表示。为了保证曲柄 1 整周回转,曲柄 1 必须能顺利通过与机架 4 共线的两个位置 AB' 和 AB''。

当曲柄处于 AB' 位置时,形成 $\triangle B'C'D$。根据三角形两边之和必大于(极限情况下等于)第三边的定律,可得

图 2-18　曲柄存在条件的分析

$$l_2 \leqslant (l_4 - l_1) + l_3$$
$$l_3 \leqslant (l_4 - l_1) + l_2$$

即
$$l_1 + l_2 \leqslant l_3 + l_4 \tag{2-1}$$
$$l_1 + l_3 \leqslant l_2 + l_4 \tag{2-2}$$

当曲柄处于 AB'' 位置时,形成 $\triangle B''C''D$。可写出以下关系式:
$$l_1 + l_4 \leqslant l_2 + l_3 \tag{2-3}$$

将以上三式两两相加可得
$$l_1 \leqslant l_2, \quad l_1 \leqslant l_3, \quad l_1 \leqslant l_4$$

上述关系说明:

(1) 在曲柄摇杆机构中,曲柄是最短杆;

(2) 最短杆与最长杆长度之和小于或等于其余两杆长度之和。

下面进一步分析各杆间的相对运动。图 2-19 中最短杆 1 为曲柄,φ、β、γ 和 α 分别为相邻两杆间的夹角。当曲柄 1 整周转动时,曲柄与相邻两杆的夹角 φ、β 的变化范围为 $0° \sim 360°$;而摇杆与相邻两杆的夹角 γ、α 的变化范围小于 $360°$。根据相对运动原理可知,连杆 2 和机架 4 相对曲柄 1 也是整周转动;而相对于摇杆 3 作小于 $360°$ 的摆动。因此,当各杆长度不变而取不同杆为机架时,可以得到不同类型的铰链四杆机构。如:

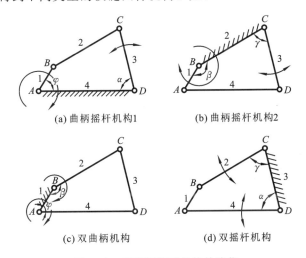

(a) 曲柄摇杆机构1　　　　　　(b) 曲柄摇杆机构2

(c) 双曲柄机构　　　　　　(d) 双摇杆机构

图 2-19　变更机架后机构的演化

(1) 取最短杆相邻的构件(杆 2 或杆 4)为机架时,最短杆 1 为曲柄,而另一连架杆 3 为摇杆,故图 2-19(a)、(b)所示的两个机构均为曲柄摇杆机构。

(2) 取最短杆为机架,其连架杆 2 和 4 均为曲柄,故图 2-19(c)所示为双曲柄机构。

(3) 取最短杆的对边(杆 3)为机架,则两连架杆 2 和 4 都不能作整周转动,故图 2-19(d)所示为双摇杆机构。

综上所述,铰链四杆机构曲柄存在的条件是:

(1) 最短杆与最长杆长度之和小于或等于其他两杆长度之和;

(2) 连架杆或机架是最短杆。

最短杆和最长杆长度之和小于或等于其余两杆长度之和是铰链四杆机构存在曲柄的必要条件。如果铰链四杆机构中的最短杆与最长杆长度之和大于其余两杆长度之和,则该机构中不可能存在曲柄,无论取哪个构件作为机架,都只能得到双摇杆机构。

2. 急回特性

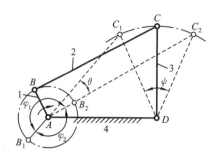

图 2-20　曲柄摇杆机构的急回特性

如图 2-20 所示为一曲柄摇杆机构,曲柄 AB 在转动一周的过程中,有两次与连杆 BC 共线。在这两个位置,铰链中心 A 与 C 之间的距离 AC_1 和 AC_2 分别为最短和最长,因而摇杆 CD 的位置 C_1D 和 C_2D 分别为两个极限位置。摇杆在两极限位置间的夹角 ψ 称为摇杆的摆角。

当曲柄由位置 AB_1 顺时针转到位置 AB_2 时,曲柄转角 $\varphi_1 = 180 + \theta$,这时摇杆由极限位置 C_1D 摆到极限位置 C_2D,摇杆摆角为 ψ,铰链 C 的平均速度是 $\overline{v_1} = \overset{\frown}{C_1 C_2}/t_1$;而当曲柄顺时针再转过角度 $\varphi_2 = 180 - \theta$ 时,摇杆由位置 C_2D 摆回到位置 C_1D,其摆角仍然是 ψ,点 C 的平均速度是 $\overline{v_2} = \overset{\frown}{C_1 C_2}/t_2$。虽然摇杆来回摆动的摆角相同,但对应的曲柄转角却不等($\varphi_1 > \varphi_2$),显然,$t_1 > t_2$,所以 $\overline{v_2} > \overline{v_1}$。这种返回行程速度大于工作行程速度的特性为急回特性。牛头刨床、往复式运输机等机械通常利用这种急回特性来缩短非生产时间,提高生产效率。

为了表示机构往复运动时的急回程度,常用 v_2 与 v_1 的比值 K 来描述,K 称为行程速比系数,即

$$K = \frac{\overline{v_2}}{\overline{v_1}} = \frac{\overset{\frown}{C_1 C_2}/t_2}{\overset{\frown}{C_1 C_2}/t_1} = \frac{t_1}{t_2} = \frac{\varphi_1}{\varphi_2} = \frac{180° + \theta}{180° - \theta} \tag{2-4}$$

式中,θ 为摇杆处于两极限位置时,对应的曲柄所夹的锐角,称为极位夹角。

将上式整理后,可得极位夹角的计算公式:

$$\theta = 180° \frac{K-1}{K+1} \tag{2-5}$$

由以上分析可知:极位夹角 θ 越大,K 值越大,急回运动的性质也越显著。但机构运动的平稳性也越差。因此在设计时,应根据工作要求,恰当地选择 K 值,在一般机械中 $1 < K < 2$。

具有急回特性的四杆机构除曲柄摇杆机构外,还有偏置曲柄滑块机构(图 2-12)和摆动导杆机构(图 2-14)等。

3. 压力角和传动角

在生产中,不仅要求所设计的连杆机构能实现预期的运动规律,而且还希望在传递动力时有良好的传力性能,即驱动力应能尽量发挥有效作用。图 2-21 所示的曲柄摇杆机构,如不考虑构件惯性力和转动副中的摩擦力等影响,则连杆 BC 为二力杆,它作用于从动摇杆 3 上的力 **F** 是沿 BC 方向的。作用在从动件上的驱动力 **F** 与该力作用点绝对速度 v_C 之间所夹的锐角 α 称为压力角。由图可见,力 **F** 在 v_C 方向的有效分力为 $F_1 = F\cos\alpha$,即压力角越小,有效分力就越大,也即是说,压力角可作为判断机构传力性能的标志。

在连杆机构中,为了度量方便,习惯用压力角 α 的余角 γ 来判断其传力性能的好坏,γ 称为传动角。因 $\gamma = 90° - \alpha$,所以 α 越小,γ 越大,机构传力性能越好;反之,α 越大,γ 越小,机构传力越费劲,传动效率越低。

由于传动角 γ 容易观察(大小上等于连杆与从动摇杆间所夹的锐角),因此,工程上常用传动角 γ 的大小及其变化来衡量连杆机构的传力性能。为了使传动角 γ 不致过小,工程上常要求 $\gamma_{min} \geqslant [\gamma]$。$[\gamma]$ 一般取为 40°,当传递功率较大时,$[\gamma]$ 可取 50°。

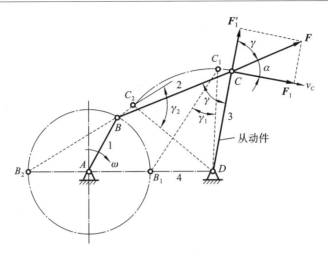

图 2-21　连杆机构的压力角和传动角

为了便于检验,必须找出机构在什么位置可能出现最小传动角 γ_{min}。分析图 2-21 可知,曲柄摇杆机构的最小传动角 γ_{min} 将出现在曲柄与机架共线的两个位置之一。

由图 2-14 可见,摆动导杆机构的传动角始终等于 $90°$,具有很好的传力性能,故常用于牛头刨床、插床和回转式油泵之中。

4. 死点位置

对于图 2-20 所示的曲柄摇杆机构,如以摇杆 3 为原动件,而曲柄 1 为从动件,则当摇杆摆到极限位置 C_1D 和 C_2D 时,连杆 2 与曲柄 1 处于共线位置。若不计各杆的质量,则这时连杆加给曲柄的力将通过其铰链中心 A,此力对 A 点不产生力矩,因此机构在此位置启动时,不论驱动力多大也不能使从动曲柄转动。机构的这种位置称为死点位置。死点位置会使机构的从动件出现卡死或运动不确定现象。为了消除死点位置的不良影响,可以对从动曲柄施加外力,或利用飞轮自身的惯性作用,使机构通过死点位置。

图 2-22 所示为缝纫机的踏板机构。踏板 1(原动件)往复摆动,通过连杆 2 驱使曲柄 3(从动件)作整周转动,再经过带传动使机头主轴转动。在实际使用中,缝纫机有时会出现踏不动或倒车现象,这就是由机构处于死点位置引起的。此时可借助安装在机头主轴上的飞轮(即小带轮)的惯性作用,使缝纫机踏板机构的曲柄冲过死点位置。

也可采用机构错位排列的方法,如图 2-23 所示的机车车轮联动机构是由两组曲柄滑块机构 EFG 和 $E'F'G'$ 组成的,两组机构的曲柄位置错开 $90°$,一组机构处于死点时,另一组可以正常工作,保证机车车轮能连续运转。

死点位置对传递运动虽然不利,但在工程实践中,

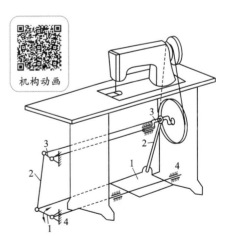

图 2-22　缝纫机踏板机构

也常常利用机构的死点位置来实现一定的工作要求,如某些夹紧装置可用于防松。例如图 2-24 所示的铰链四杆机构,当工件被夹紧时,应使连杆 BC 与摇杆 AB 成一直线,即处于死点位置。此时,扳紧力 F 去掉之后,工件对机构的反作用力 F_Q 不论多大,由于通过连杆 BC 使摇杆 AB 运动的力总是沿着 ABC 方向,故不可能使摇杆 AB

摆动而自动松开。当需要取出工件时,只有向上扳动 BC 杆,才能松开夹具。

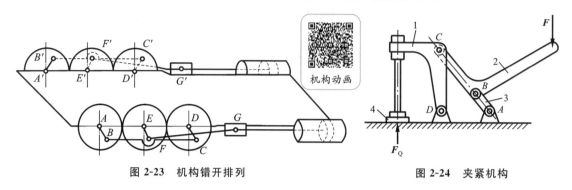

图 2-23　机构错开排列　　　　　　　　图 2-24　夹紧机构

2.3　平面四杆机构的设计

平面四杆机构的设计是指根据工作要求选定机构的类型,根据给定的运动要求确定机构的几何尺寸。其设计方法有作图法、解析法和实验法。本节只介绍作图法。

1. 按给定连杆位置设计铰链四杆机构

设已知连杆 BC 的长度 b 和它的三个位置 B_1C_1、B_2C_2、B_3C_3,如图 2-25 所示,试设计该铰链四杆机构。

由于在铰链四杆机构中,连架杆 AB 绕固定铰链 A 转动,所以连杆上点 B 的三个位置 B_1、B_2、B_3 应位于以固定铰链 A 为圆心的圆周上,因此,分别连接 B_1、B_2 及 B_2、B_3,并作两连线各自的中垂线,其交点即为固定铰链 A。同理,可求得连架杆 CD 的固定铰链 D。连线 AD 即为机架的长度。AB_1C_1D 即为所要求的铰链四杆机构。

如果只给定连杆的两个位置,则点 A 和点 D 可分别在 B_1B_2 和 C_1C_2 各自的中垂线上任意选择,因此有无穷多解。为了得到确定的解,可根据具体情况添加辅助条件,例如给定最小传动角或提出其他结构上的要求等。

例 2-1　试设计图 2-26 所示的加热炉门启闭机构。图中 Ⅰ 为炉门关闭位置,使用要求:在门完全开启后,门背朝上水平放置并略低于炉口下沿,见图中 Ⅱ 位置。

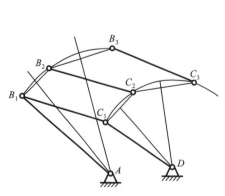

图 2-25　按给定连杆位置设计铰链四杆机构

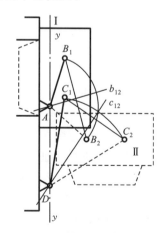

图 2-26　加热炉门四杆机构设计

解　把炉门当作连杆 BC,已知其两个位置 B_1C_1 和 B_2C_2,B 和 C 为两个铰点,分别作直线

段 B_1B_2、C_1C_2 的垂直平分线 b_{12} 和 c_{12}，铰点 A 和 D 就分别在这两条垂直平分线上。为确定点 A、D 的位置，根据实际安装需要，希望 A、D 两铰链均安装在炉的正壁面上，即图中 yy 位置，则 yy 直线分别与 b_{12}、c_{12} 相交的点 A 和 D 即为所求。

2. 按照给定的行程速比系数 K 设计四杆机构

设计具有急回特性的四杆机构，一般是根据运动要求先选定行程速比系数 K，然后根据机构在极限位置时的几何特点，结合其他辅助条件进行设计。

分析：设计该曲柄摇杆机构的关键是确定固定铰链点 A 的位置。假想图 2-27 中 AB_1C_1D 为已有的曲柄摇杆机构，当摇杆 CD 处于夹角为 φ 的两极限位置 C_1D 和 C_2D 时，曲柄 AB 则应处于与连杆 BC 共线的两个位置 AB_1 和 AB_2，且其夹角为 θ。根据机构在极限位置时的几何关系，可知知点 A、C_1、C_2 三点应该在同一圆 m 所确定的圆周上，线段 C_1C_2 是圆 m 的弦，弧 C_1C_2 所对应的圆周角必为 θ，中心角为 2θ。因此，只要已知点 C_1、C_2 和极位夹角 θ，就能作出圆 m，结合辅助条件即可确定固定铰链点 A 在圆 m 上的位置。

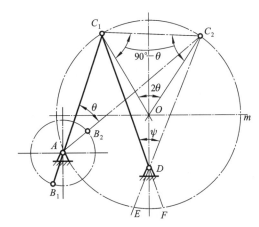

图 2-27　曲柄摇杆机构的设计

设计步骤如下：

（1）由公式 $\theta = \dfrac{K-1}{K+1} \times 180°$ 计算出极位夹角 θ。

（2）根据实际尺寸确定适当长度比例尺，任选固定铰链中心 D 的位置，按摇杆长度 l_{CD} 及摆角 φ，作出两极限位置 C_1D 和 C_2D。

（3）由 C_1、C_2 作 $\angle C_1C_2O = \angle C_2C_1O = 90°-\theta$，得交点 O。

（4）以交点 O 为圆心、OC_1 为半径作圆 m，则圆弧 C_1C_2 所对应的圆周角为 θ。显然，在弧 C_1E 和弧 C_2F 上任一点均可作曲柄 AB 的固定铰链中心 A，其解有无数多个，根据曲柄长、连杆长、机架长以及 $\gamma_{\min}$ 等附加条件即可确定铰链中心 A。

（5）连接 C_1A 和 C_2A，则 C_1A 和 C_2A 分别为曲柄与连杆共线的两个极限位置，故 $\overline{AC_1} = \overline{B_1C_1} - \overline{AB_1} = l_{BC} - l_{AB}$，$\overline{AC_2} = \overline{B_2C_2} + \overline{AB_2} = l_{BC} + l_{AB}$，两式相减得，$l_{AB} = \dfrac{\overline{AC_2} - \overline{AC_1}}{2}$；两式相加得，$l_{BC} = \dfrac{\overline{AC_2} + \overline{AC_1}}{2}$。

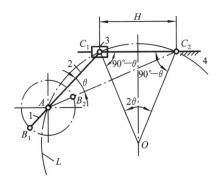

图 2-28　按行程速比系数 K 设计曲柄滑块机构

例 2-2　给定行程速比系数 K、偏距 e 和滑块的行程 H，试设计曲柄滑块机构。

解　首先，按式（2-5）求出极位夹角 θ。

然后，作 C_1C_2 等于滑块的行程 H（图 2-28）。从 C_1、C_2 两点分别作 $\angle C_1C_2O = \angle C_2C_1O = 90°-\theta$，得 C_1O 与 C_2O 的交点 O。这样，得 $\angle C_1OC_2 = 2\theta$。以 O 为圆心、OC_1 为半径作圆 L。再根据偏距 e 的值，将 C_1C_2 平移距离 e，其与圆 L 的交点即为点 A。

当点 A 确定后，连接 AC_1 和 AC_2。根据式 $a = \dfrac{\overline{AC_2} - \overline{AC_1}}{2}$ 计算出曲柄 1 的长度 a。以 A 为圆心，a 为半径作圆，该圆即为曲柄 AB 上点 B 的轨迹圆。

思考与练习

学习指导

学习课件

2-1　何谓连杆机构？它有哪些优点？

2-2　什么是曲柄？什么是摇杆？铰链四杆机构有哪几种基本形式？

2-3　试述铰链四杆机构各种基本形式的存在条件。

2-4　何谓连杆机构的传动角和压力角？压力角的大小对连杆机构的工作有何影响？

2-5　何谓行程速比系数 K？$K=1$ 的曲柄滑块机构的结构特征是什么？$K=1$ 的铰链四杆机构的结构特征是什么？

2-6　何谓死点位置？试画出曲柄滑块机构的死点位置。曲柄滑块机构以哪个构件为原动件时才可能出现死点？汽车发动机在启动和运行时各以什么方法通过它的死点位置？

2-7　试判断如图 2-29 所示的各机构的类型(单位:mm)。

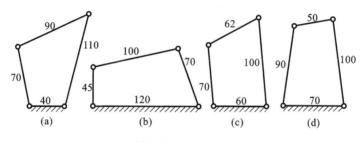

图 2-29　题 2-7 图

2-8　如图 2-30 所示,若四杆机构各杆长度为 $l_{AB}=45$ mm,$l_{BC}=100$ mm,$l_{CD}=70$ mm,$l_{AD}=120$ mm,试问:

(1) 当取 AD 为机架时,是否有曲柄存在？

(2) 若各杆长不变,如何获得双曲柄机构或双摇杆机构？

2-9　如图 2-31 所示的铰链四杆机构中,已知 $l_{BC}=50$ mm,$l_{CD}=35$ mm,$l_{AD}=30$ mm,AD 为机架,试求解下列问题:

(1) 若要得到曲柄摇杆机构,且 AB 为曲柄,求 l_{AB} 的最大值；

(2) 若要得到双曲柄机构,求 l_{AB} 的最小值；

(3) 若要得到双摇杆机构,求 l_{AB} 的取值范围。

2-10　试设计一脚踏轧棉机的曲柄摇杆机构,如图 2-32 所示。要求踏板 CD 在水平位置上下各摆动 10°,已知连杆 CD 的长度 $l_{CD}=500$ mm,机架 AD 的长度 $l_{AD}=1000$ mm。试用图解法求曲柄的长度 l_{AB} 和连杆的长度 l_{BC}。

2-11　已知机构的行程速比系数 $K=1.25$,摇杆 CD 的长度为 400 mm,摆角 $\psi=30°$,试用作图法设计一个曲柄摇杆机构,并且检验机构的最小传动角是否满足 $\gamma_{\min} \geqslant 40°$。

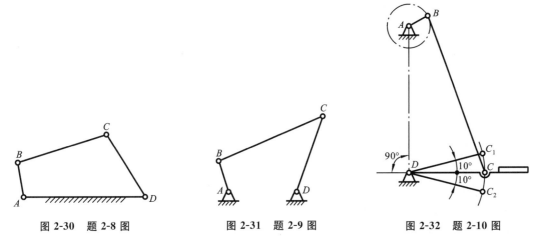

图 2-30　题 2-8 图　　　　　图 2-31　题 2-9 图　　　　　图 2-32　题 2-10 图

2-12　设计偏置曲柄滑块机构,已知滑块的行程速比系数 $K=1.4$,滑块的行程 $H=40$ mm,滑块导路偏于原动曲柄转动中心 A 的下方,且偏距 $e=15$ mm。试:

（1）用图解法确定曲柄的长度 l_{AB} 和连杆的长度 l_{BC};

（2）若滑块由左向右运动为其工作行程,在图中标出曲柄的转动方向;

（3）在图中标出机构的最大压力角 $\alpha_{\max}$;

（4）若滑块为原动件,确定机构的死点位置。

2-13　设计一曲柄摇杆机构(图 2-33),已知行程速比系数 $K=1.5$,其摇杆长度 $l_{CD}=75$ mm,机架长度 $l_{AD}=100$ mm,摇杆的一极限位置与机架间的夹角 $\varphi=45°$。求曲柄长度 l_{AB} 和连杆长度 l_{BC},并比较两个设计结果的传动效果。

2-14　设计一导杆机构,已知机架长度为 80 mm,行程速比系数 $K=1.5$,求曲柄长度。

2-15　设计一震实式造型机工作台的翻转机构。已知连杆长度 $l_{BC}=100$ mm,如图 2-34 所示,工作台在两极限位置时 $\overline{B_1B_2}=400$ mm,且 B_1 和 B_2 在同一水平线上,要求 A、D 在另一水平线上,且点 C_1 至 A、D 所在水平线的距离为 150 mm。

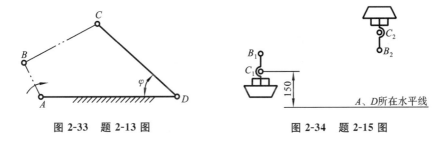

图 2-33　题 2-13 图　　　　　　　图 2-34　题 2-15 图

第 3 章 凸 轮 机 构

学 习 导 引

　　凸轮机构是一种常用的高副机构,通常用于将主动件作的连续等速转动(也有作往复摆动或往复直线移动的)转换为从动件的往复变速运动或间歇运动,它广泛应用于自动化机器、仪器、装配线和控制系统等装置中。在设计机械时,当要求从动件准确地实现某种预期的运动规律时,常采用凸轮机构。凸轮机构要准确地实现运动规律,其轮廓曲线该如何设计?其基本特性是怎样的?本章将学习有关知识。

3.1　凸轮机构的应用及类型

1. 凸轮机构的应用

　　凸轮机构是含有凸轮的一种高副机构,在自动机械和自动控制装置中得到了广泛的应用。

　　图 3-1 所示为内燃机的配气机构,图中具有曲线轮廓的构件 1 称为凸轮。当它等速转动时,其曲线轮廓通过与气阀 2 的平底接触推动气阀有规律地开启和闭合。气阀的动作程序是按照工作要求严格预定的,其速度和加速度也有严格的控制,这些都是由凸轮 1 的曲线轮廓所决定的。

　　图 3-2 所示为自动送料机构,图中具有曲线凹槽的构件 1 称为凸轮。当带有凹槽的凸轮 1 转动时,槽中的滚子驱动从动件推杆 2 作往复移动。凸轮每回转一周,推杆即从储料器中推出一个毛坯送到加工位置。推杆的运动规律完全取决于凸轮 1 上曲线凹槽的形状。

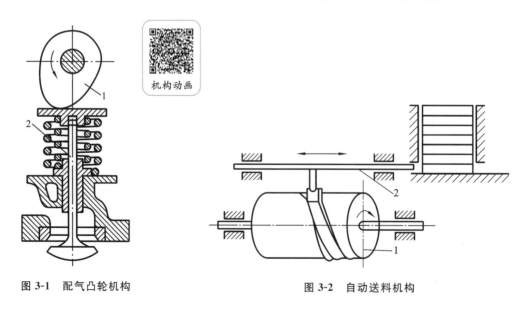

机构动画

图 3-1　配气凸轮机构　　　　　　　　图 3-2　自动送料机构

图 3-3 所示为绕线机的排线机构,当绕线轴 3 快速转动时,经蜗杆传动带动凸轮 1 缓慢转动,通过凸轮高副驱使从动件 2 往复摆动,从而使线均匀地缠绕在绕线轴上。

图 3-4 所示为录音机的卷带机构,凸轮 1 随放音键上下移动,放音时,凸轮 1 处于最低位置,在弹簧 6 的作用下,摩擦轮 4 紧靠卷带轮 5,从而将磁带卷紧。停止放音时,凸轮 1 随按键上移,其轮廓迫使从动件 2 顺时针摆动,使摩擦轮与卷带轮分离,从而停止卷带。

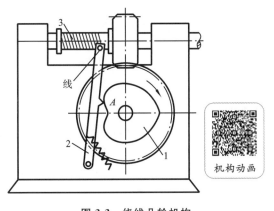

图 3-3　绕线凸轮机构

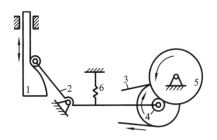

图 3-4　卷带凸轮机构

从以上诸例可看出:凸轮是一个具有曲线轮廓或凹槽的构件。当它为原动件时,通常作等速连续转动或移动,从动件则按任意预定的工作要求作连续或间歇的往复摆动、移动或平面复杂运动。

凸轮机构是由凸轮、从动件和机架这三个主要构件所组成的一种高副机构。

凸轮机构的最大优点是:只要设计出适当的凸轮轮廓,即可使从动件实现任意预期的运动规律,并且结构简单、紧凑、工作可靠。

凸轮机构的缺点是:凸轮轮廓与从动件之间为点、线接触的高副,压强较大,容易磨损,所以多用在传力不大的场合;另外,凸轮轮廓加工比较困难,费用较高。

现代机械日益向高速发展,凸轮机构的运动速度也愈来愈高。因此,高速凸轮的设计及其动力学问题的研究已引起普遍重视,人们提出了许多适合在高速条件下采用的从动件运动规律,以及一些新型的凸轮机构。另一方面,随着计算机技术的发展,凸轮机构的计算机辅助设计和制造已获得普遍应用,提高了设计和加工的速度及质量,这也为凸轮机构的更广泛应用创造了条件。

2. 凸轮机构的类型

工程实际中所使用的凸轮机构是多种多样的,常用的分类方法有以下几种:

1) 按凸轮的形状分

(1) 盘形凸轮。它是凸轮最基本的形式,是一个具有变化向径的盘状构件。当其绕固定轴转动时,可推动从动件在垂直于凸轮转轴的平面内运动,如图 3-1、图 3-3 所示。

(2) 移动凸轮。当盘形凸轮的转轴位于无穷远处时,凸轮相对机架作直线运动,这种凸轮称为移动凸轮,如图 3-4 所示。

以上两种凸轮机构中,凸轮与从动件之间的相对运动均为平面运动,故又统称为平面凸轮机构。

（3）圆柱凸轮。如图 3-2 所示,凸轮的轮廓曲线做在圆柱体上,它可以看作是把上述移动凸轮卷成圆柱体演化而成的,在这种凸轮机构中,凸轮与从动件之间的运动不在同一平面内,因此是一种空间凸轮机构。

此外,空间凸轮机构还有圆锥凸轮、弧面凸轮和球面凸轮等。

2）按从动件的形状分

（1）尖顶从动件。如图 3-3 所示,从动件的尖顶能与任意复杂的凸轮轮廓保持接触,从而能实现任意预定的运动规律。这种从动件结构最简单,但尖端处易磨损,故只适用于速度较低和传力不大的场合。

（2）滚子从动件。为了克服尖顶从动件的缺点,减少摩擦磨损,在尖顶从动件的端部装上一个滚轮,如图 3-2 和图 3-4 所示,这样就把从动件与凸轮之间的滑动摩擦变成了滚动摩擦,因此摩擦磨损较小,可用来传递较大的动力,故这种形式的从动件应用很广。

（3）平底从动件。如图 3-1 所示,从动件与凸轮轮廓之间为线接触,接触处易形成楔形油膜,润滑状况好。此外,在不计摩擦时,凸轮对从动件的作用力始终垂直于从动件的平底,故受力平稳,传动效率高,常用于高速场合。其缺点是与之配合的凸轮轮廓必须全部为外凸形状。

3）按从动件的运动形式分

无论凸轮和从动件的形状如何,就从动件的运动形式来讲,只有两种:把作往复直线运动的从动件称为直动从动件,如图 3-1、图 3-2 所示;作往复摆动的从动件称为摆动从动件,如图 3-3 和图 3-4 所示。在直动从动件中,若其轴线通过凸轮的回转中心,则称为对心直动从动件,否则称为偏置从动件。

4）按凸轮与从动件保持接触的方式（锁合方式）分

（1）力锁合。利用重力、弹簧力或其他外力使组成凸轮高副的两构件始终保持接触,如图3-1、图 3-3 和图 3-4 所示。

（2）形锁合。利用特殊几何形状使组成凸轮高副的两构件始终保持接触。

① 沟槽凸轮机构:如图 3-2 所示,凸轮轮廓做成凹槽,从动件的滚子置于凹槽中,利用凸轮凹槽两侧壁间的法向距离恒等于滚子的直径,使从动件与凸轮在运动过程中始终保持接触。这种锁合方式结构简单,其缺点是加大了凸轮的外廓尺寸和质量。

② 等宽凸轮机构:如图 3-5 所示,其从动件做成矩形框架形状,而凸轮轮廓上任意两条平行切线间的距离恒等于框架内侧宽度 L。因此,凸轮轮廓和平底可始终保持接触。其缺点是从动件运动规律的选择受到一定的限制,即当第一个 180° 范围内的凸轮轮廓根据从动件的运动规律确定之后,其余 180° 内的凸轮轮廓必须根据等宽的原则来确定。

③ 等径凸轮机构:如图 3-6 所示,从动件上装有两个滚子,凸轮轮廓同时与两个滚子相接触。由于两滚子中心之间的距离 D 始终保持不变,故可使凸轮轮廓与两滚子始终保持接触。其缺点与等宽凸轮相同,即当第一个 180° 范围内的凸轮轮廓根据从动件的运动规律确定之后,其余 180° 内的凸轮轮廓必须根据等径的原则来确定。

④ 主回凸轮机构:如图 3-7 所示,为了克服等宽凸轮、等径凸轮的缺点,使从动件的运动规律可在 360° 范围内任意选取,可用彼此固连在一起的一对凸轮控制一个具有两个滚子的从动件。一个凸轮(主凸轮)推动从动件完成正行程的运动;另一个凸轮(回凸轮)推动从动件完成反行程的运动,又称为“共轭凸轮机构”。其缺点是结构复杂、制造精度要求较高。

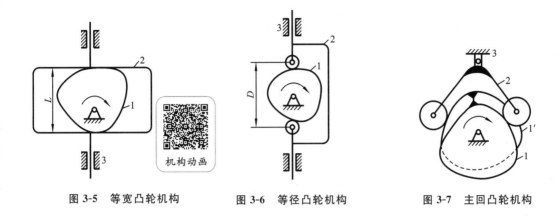

图 3-5　等宽凸轮机构　　　　图 3-6　等径凸轮机构　　　　图 3-7　主回凸轮机构

3.2　从动件的常用运动规律

1. 凸轮机构的基本名词术语

图 3-8(a) 所示的一尖顶直动从动件盘形凸轮机构中，凸轮的轮廓由 AB、BC、CD 及 DA 四段曲线组成，而且 BC、DA 两段为圆弧。

(1) 基圆：以凸轮的回转中心 O 为圆心、以凸轮轮廓最小向径 r_0 为半径所作的圆称为凸轮的基圆，r_0 为基圆半径。

(2) 推程运动角：当尖顶与凸轮轮廓上的点 A 相接触时，从动件位于上升的起始位置。当凸轮以等角速度 ω_1 逆时针方向转过角度 Φ 时，向径渐增的轮廓 AB 使从动件以一定的运动规律由离回转中心最近的位置 A 到达最远的位置 B'，这一过程称为推程。在此阶段，凸轮转过的转角 Φ 称为推程运动角，从动件上升的最大位移称为升程 h。

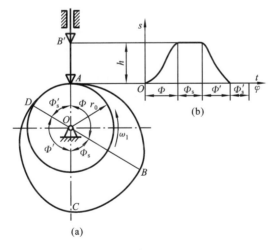

(b)

(a)

图 3-8　凸轮机构的工作原理图

(3) 远休止角：当凸轮继续回转 Φ_s 时，以 O 为中心的圆弧轮廓 BC 与尖顶相接触，从动件在离凸轮轴心最远的位置休止，其对应的凸轮转角 Φ_s 称为远休止角。

(4) 回程运动角：当凸轮再继续转过 Φ' 角时，从动件将沿着凸轮的 CD 段轮廓从最高位置回到最低位置，这一过程称为回程，凸轮的相应转角 Φ' 称为回程运动角。

（5）近休止角：同理，当凸轮继续回转 Φ_s' 角时，以 O 为中心的圆弧轮廓 DA 与尖顶相接触，从动件在离凸轮轴心最近的位置休止，Φ_s' 称为近休止角。

当凸轮连续回转时，从动件即重复上述升—停—降—停的运动循环。

2. 从动件的常用运动规律

从动件位移 s 随凸轮转角 φ 的变化情况如图 3-8(b)所示，图中横坐标代表凸轮转角 φ，纵坐标代表从动件位移 s。从动件的位移 s、速度 v 和加速度 a 随凸轮转角 φ(或时间 t)的变化规律称为从动件的运动规律。

下面介绍几种从动件常用运动规律：

（1）等速运动规律。当凸轮以等角速度 ω 转动时，从动件的运动速度为常数。在运动的起点和终点处速度产生突变，加速度理论上为无穷大，产生无穷大的惯性力，机构将产生极大的冲击，称为刚性冲击。因此，这种运动规律只适用于低速运动的场合。

（2）等加速等减速运动规律。当凸轮以等角速度 ω 转动时，从动件的加速度为常数。在运动的起点、终点和中间位置处加速度产生突变，产生较大的惯性力，由此而引起的冲击称为柔性冲击。因此，这种运动规律只适用于中、低速运动场合。

（3）余弦加速度运动规律，又称简谐运动规律。其加速度按余弦规律变化，由加速度曲线可见，当从动件有停歇时，这种运动规律在推程或回程的起始点及终止点仍产生柔性冲击，因此它只适用于中低速工作的场合。如果从动件做无停歇的往复运动，则得到连续余弦曲线，运动中完全消除了柔性冲击，在这种情况下可用于高速运动场合。

（4）正弦加速度运动规律，又称摆线运动规律。从动件在整个运动过程中速度和加速度皆连续无突变，避免了刚性冲击和柔性冲击。因此，这种运动规律适用于高速运动场合。

表 3-1 中列出了从动件常用运动规律的运动方程和运动线图。

上述各种运动规律是凸轮机构从动件运动规律的基本形式，它们各有优缺点。为了扬长避短或满足某些特殊要求，近代高速凸轮机构从动件运动规律还可将几种基本的运动规律拼接组合起来，构成组合型运动规律。如图 3-9 所示的运动线图便是用摆线运动规律和等速运动规律组合而成的，既可使从动件大部分行程保持匀速运动，又能避免刚性冲击和柔性冲击。

表 3-1　从动件常用运动规律

运动规律		运动方程	推程运动线图	冲击
等速运动	推程	$s = \dfrac{h}{\Phi}\varphi$ $v = v_0 = \dfrac{h}{\Phi}\omega$ $a = 0$	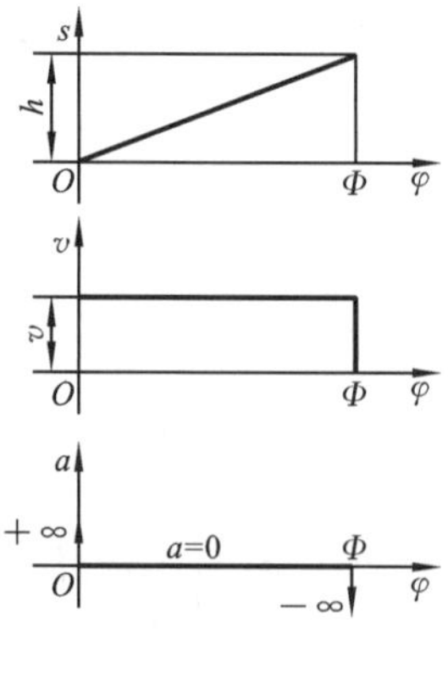	刚性
	回程	$s = h\left(-\dfrac{\varphi}{\Phi'}\right)$ $v = v_0 = -\dfrac{h}{\Phi'}\omega$ $a = 0$		

续表

运动规律	运动方程			推程运动线图	冲击
等加速等减速运动	推程	前半行程	$s = \dfrac{2h}{\Phi^2}\varphi^2$ $v = \dfrac{4h\omega}{\Phi^2}\varphi$ $a = a_0 = \dfrac{4h\omega^2}{\Phi^2}$		柔性
		后半行程	$s = h - \dfrac{2h}{\Phi^2}(\Phi - \varphi)^2$ $v = \dfrac{4h\omega}{\Phi^2}(\Phi - \varphi)$ $a = a_0 = -\dfrac{4h\omega^2}{\Phi^2}$		
	回程	前半行程	$s = h - \dfrac{2h\varphi}{\Phi'^2}$ $v = -\dfrac{4h\omega\varphi}{\Phi'^2}$ $a = a_0 = -\dfrac{4h\omega^2}{\Phi'^2}$		
		后半行程	$s = \dfrac{2h}{\Phi'^2}(\Phi' - \varphi)^2$ $v = -\dfrac{4h\omega}{\Phi'^2}(\Phi' - \varphi)$ $a = a_0 = \dfrac{4h\omega^2}{\Phi'^2}$		
余弦加速度运动	推程		$s = \dfrac{h}{2}\left(1 - \cos\dfrac{\pi}{\Phi}\varphi\right)$ $v = \dfrac{h\pi\omega}{2\Phi}\sin\dfrac{\pi}{\Phi}\varphi$ $a = \dfrac{h\pi^2\omega^2}{2\Phi^2}\cos\dfrac{\pi}{\Phi}\varphi$		柔性
	回程		$s = \dfrac{h}{2}\left(1 + \cos\dfrac{\pi\phi}{\Phi'}\right)$ $v = -\dfrac{h\pi\omega}{2\Phi'}\sin\dfrac{\pi\phi}{\Phi'}$ $a = -\dfrac{h\pi^2\omega^2}{2\Phi'^2}\cos\dfrac{\pi\phi}{\Phi'}$		

运动规律	运动方程		推程运动线图	冲击
正弦加速度运动	推程	$s = h\left(\dfrac{\varphi}{\Phi} - \dfrac{1}{2\pi}\sin\dfrac{2\pi}{\Phi}\varphi\right)$ $v = \dfrac{h\omega}{\Phi}\left(1 - \cos\dfrac{2\pi}{\Phi}\varphi\right)$ $a = \dfrac{2h\pi\omega^2}{\Phi^2}\sin\dfrac{2\pi}{\Phi}\varphi$	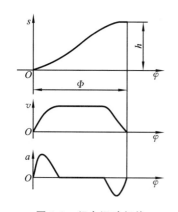	无
	回程	$s = h\left(1 - \dfrac{\varphi}{\Phi'} + \dfrac{1}{2\pi}\sin\dfrac{2\pi\varphi}{\Phi'}\right)$ $v = -\dfrac{h\omega}{\Phi'}\left(1 - \cos\dfrac{2\pi\varphi}{\Phi'}\right)$ $a = -\dfrac{2h\pi\omega^2}{\Phi'^2}\sin\dfrac{2\pi\varphi}{\Phi'}$		

3. 从动件运动规律的选择

从上述分析可知,从动件的运动规律是与凸轮轮廓曲线的形状对应的。凸轮轮廓曲线完全取决于从动件的运动规律,因此正确选择从动件的运动规律是凸轮设计的重要环节。选择从动件运动规律时,要综合考虑工作要求、动力特性和加工制造等方面。

(1)要满足工作要求。凸轮设计必须首先满足机器的工作过程对从动件的工作要求,根据工作要求选择从动件的运动规律。如各种机床中控制刀架进给的凸轮机构,从动件带动刀架运动,为了加工出表面光滑的零件,并使机床载荷稳定,则要求刀具进刀时作等速运动,所以从动件应选择等速运动规律。

图 3-9　组合运动规律

(2)加工制造要方便。当机器的工作过程对从动件的运动规律没有特殊要求时,对于低速凸轮机构主要考虑便于加工,如夹紧送料等凸轮机构,可只考虑加工方便,采用圆弧、直线等组成的凸轮轮廓。

(3)动力特性要好。对于高速凸轮机构,如果运动规律选择不当,则会产生很大的惯性力、冲击和振动,从而使凸轮机构加剧磨损和降低寿命,甚至影响凸轮机构的正常工作,所以主要以减小惯性力为依据来选择从动件运动规律。

3.3　图解法设计凸轮轮廓

当根据工作要求和使用场合选定了凸轮机构的类型和从动件的运动规律,并确定了凸轮基圆半径等基本尺寸后,即可进行凸轮轮廓曲线的设计。凸轮轮廓曲线的设计方法有图解法和解析法,其基本原理都是相同的,本章只介绍图解法。

1. 凸轮轮廓设计方法的基本原理

凸轮机构工作时,凸轮和从动件都在运动,为了在图纸上绘制出凸轮的轮廓曲线,希望凸轮相对于图纸平面保持静止不动,可采用反转法。下面以图 3-10 所示的对心直动尖顶从动件盘形凸轮机构为例来说明这种方法的原理。

如图 3-10 所示,凸轮以等角速度 ω 绕轴 O 逆时针转动时,从动件将按预定的运动规律在导路中上下往复移动。当从动件处在最低位置时,凸轮轮廓曲线与从动件在点 A 接触;当凸轮转过角 φ_1 时,凸轮轮廓将转到图中虚线所示的位置,而从动件尖端将从最低位置 A 上升到 B',上升的距离为 $s_1 = \overline{AB'}$。这是凸轮转动时从动件的真实运动情况。

现设想凸轮固定不动,而让从动件连同导路一起绕点 O 以角速度"$-\omega$"转过 φ_1 角。此时从动件将随导路一起以角速度"$-\omega$"转动,同时又在导路中作相对移动,运动到图中虚线所示的位置,此时从动件向上移动的距离为 $\overline{A_1B}$。由

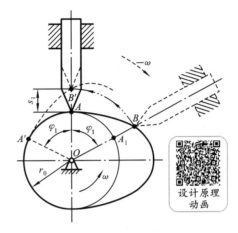

图 3-10 反转法设计原理

图中可以看出 $\overline{A_1B} = \overline{AB'} = s_1$,即在上述两种情况下从动件移动的距离是相同的。由于从动件尖端在运动过程中始终与凸轮轮廓曲线保持接触,所以,此时从动件尖端所占据的位置 B 一定是凸轮轮廓曲线上的一点。若继续反转从动件,即可得到凸轮轮廓曲线上的其他点,将所有点用光滑曲线连起来即得凸轮轮廓曲线。这种研究问题的方法,称为反转法。

综上所述,可把反转法原理归纳如下:假设给整个机构加上一个公共的角速度"$-\omega$",使其绕凸轮轴心 O 作反向转动,根据相对运动原理,凸轮与从动件之间的相对运动关系并不改变,但这样一来,凸轮将固定不动,而从动件将一方面随其导路以角速度"$-\omega$"绕 O 转动,另一方面又相对其导路按预定的运动规律移动。从动件在这种复合运动中,其尖端仍然始终与凸轮轮廓保持接触,因此,在此复合运动中,从动件尖端的运动轨迹即为凸轮轮廓曲线。

下面介绍几种盘形凸轮轮廓的设计方法和设计步骤。

2. 图解法设计凸轮轮廓曲线

1) 直动尖顶从动件盘形凸轮机构凸轮轮廓的设计

图 3-11(a)所示为一偏置直动尖顶从动件盘形凸轮机构。已知从动件位移线图如图 3-11(b)所示,凸轮基圆半径为 r_0,从动件导路偏于凸轮轴心的左侧,偏心距为 e,凸轮以等角速度 ω 顺时针方向转动,试设计凸轮的轮廓曲线。

根据反转法的原理,具体设计步骤如下:

(1) 选取适当的比例尺 μ_l,作出从动件的位移线图,如图 3-11(b)所示。将推程和回程阶段位移曲线的横坐标各等分成若干等份(图中各为四等份),得点 $1,2,\cdots,8$。

(2) 取同样的比例尺,以点 O 为圆心,以 r_0 为半径作基圆,并根据从动件的偏置方向画出从动件的起始位置线,该位置线与基圆的交点 A_0 即是从动件尖端的起始位置。

(3) 以点 O 为圆心,以 e 为半径作偏距圆,该圆与从动件的起始位置线切于点 K。

(4) 自点 K 开始,沿 $-\omega$ 方向将偏距圆分成与图 3-11(b)的横坐标相对应的区间和等份,得若干个等分点;过各等分点作偏距圆的切线,这些切线代表从动件在反转过程中依次占据的位置线。它们与基圆的交点分别为 $A_1', A_2', \cdots, A_8'$。

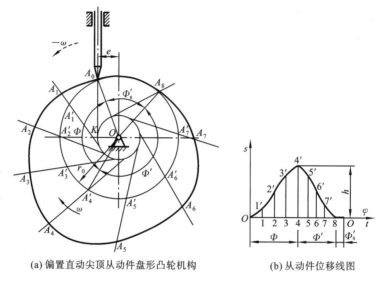

(a) 偏置直动尖顶从动件盘形凸轮机构　　　(b) 从动件位移线图

图 3-11　偏置直动尖顶从动件盘形凸轮轮廓设计

(5) 在切线方向上从基圆开始向外截取线段 $\overline{A_1A_1'}=11'$, $\overline{A_2A_2'}=22'$,…, 得点 A_1, A_2,…, A_8, 这些点即代表反转过程中从动件尖端依次占据的位置。

(6) 将点 A_0, A_1, A_2,…, A_8 连成光滑的曲线, 即得出所求的凸轮轮廓曲线。

若偏心距 $e=0$(图 3-12), 则为对心直动尖顶从动件盘形凸轮机构。显然, 从动件在反转过程中, 其导路位置线将不再是偏距圆的切线, 而是通过凸轮轴心的径向线。因此设计这种凸轮轮廓时, 无须作偏距圆, 只需以点 O 为圆心, 以 r_0 为半径作基圆, 基圆与导路的交点 A_0 即为从动件的起始位置。按图 3-11 同样的作图方法, 便可求得如图 3-12 所示的凸轮轮廓曲线。

2) 直动滚子从动件盘形凸轮机构凸轮轮廓的设计

若将图 3-11 中的尖顶从动件改为滚子从动件, 如图 3-13 所示, 则其凸轮轮廓可按下述方法绘制:

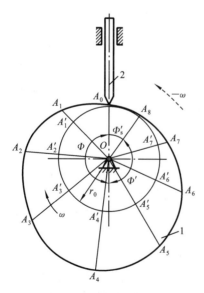

**图 3-12　对心直动尖顶从动件
盘形凸轮轮廓设计**

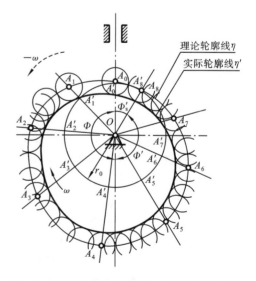

图 3-13　对心直动滚子从动件盘形凸轮轮廓设计

（1）把滚子中心假想成是尖顶从动件的尖端，按照上述尖顶从动件凸轮轮廓曲线的设计方法作出曲线 η。曲线 η 是反转过程中滚子中心的运动轨迹，称之为凸轮的理论廓线。

（2）以理论廓线上各点为圆心，以滚子半径 r_T 为半径作一系列的滚子圆，然后作这簇滚子圆的包络线 η'，它就是凸轮的实际廓线。显然，该实际廓线是其理论廓线的法向等距曲线，其距离为滚子半径。

注意：由作图过程可知，滚子从动件盘形凸轮的基圆半径 r_b 应当在理论轮廓曲线上度量；同一理论轮廓线的凸轮，当滚子半径不同时就有不同的实际轮廓曲线，它们与相应的滚子配合均可实现相同的从动件运动规律。凸轮制成后，不得随意改变滚子半径，否则从动件的运动规律会改变。必须指出，滚子半径的大小对凸轮实际轮廓有很大的影响。

3）摆线从动件盘形凸轮轮廓曲线的设计

如图 3-14（a）所示为一尖顶摆动从动件盘形凸轮机构。已知凸轮以等角速度 ω 顺时针回转，凸轮基圆半径为 r_0，凸轮轴心 O 与从动件摆动中心 A 的中心距 $l_{\overline{OA}} = a$；摆动从动件长度为 l，从动件位移线图如图 3-14（b）所示。试设计该凸轮的轮廓曲线。

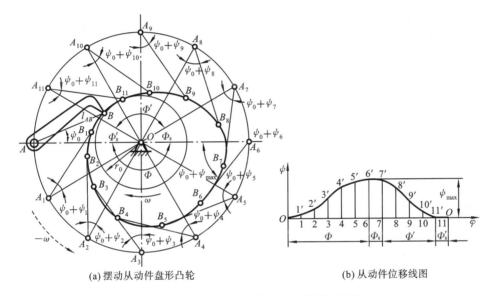

(a) 摆动从动件盘形凸轮　　　　　　　　　　(b) 从动件位移线图

图 3-14　摆动尖顶从动件盘形凸轮轮廓设计

反转法原理同样适用于摆动从动件凸轮机构。当令整个机构以角速度"$-\omega$"绕点 O 反转时，凸轮将固定不动，而摆动从动件一方面随机架以等角速度"$-\omega$"绕点 O 反转，另一方面又绕点 A 摆动。因此，凸轮轮廓曲线可按下述步骤设计：

（1）选取适当的比例尺，作出从动件的位移线图，将推程和回程阶段位移曲线的横坐标各等分成若干等份，如图 3-14（b）所示。

（2）按比例尺确定摆动从动件的长度 l、连心线 OA 和基圆半径 r_0。

（3）以点 O 为圆心、以 r_0 为半径作基圆，并根据已知的中心距 a 确定从动件摆动中心 A 的位置。再以点 A 为圆心、以从动件杆长 l 为半径作圆弧，交基圆于点 B，该点即为从动件尖端的起始位置。ψ_0 称为从动件的初位角。

（4）以点 O 为圆心、以 a 为半径作圆，并自点 A 开始，沿 $-\omega$ 方向将该圆分成与图 3-14（b）的横坐标对应的区间和等份，得点 $A_1, A_2, \cdots, A_{11}$，这些点代表反转过程中从动件摆动中心依次占据的位置。径向线 $OA_1, OA_2, \cdots, OA_{11}$ 即代表反转过程中机架 OA 依次占据的位置。

（5）分别作出摆动从动件相对于机架的一系列射线 $A_1B_1, A_2B_2, \cdots, A_{11}B_{11}$，即作 $\angle OA_1B_1 = \psi_0 + \psi_1, \angle OA_2B_2 = \psi_0 + \psi_2, \cdots, \angle OA_{11}B_{11} = \psi_0 + \psi_{11}$，得摆动从动件在反转过程中依次占据的位置线，其中 $\psi_1, \psi_2, \cdots, \psi_{11}$ 为位移线图上的纵坐标值。

（6）以点 $A_1, A_2, \cdots, A_{11}$ 为圆心，以 l 为半径画圆弧截射线 A_1B_1 于点 B_1，截射线 A_2B_2 于点 B_2，$\cdots$，截射线 $A_{11}B_{11}$ 于点 B_{11}。点 $B_1, B_2, \cdots, B_{11}$ 即为反转过程中从动件尖端依次占据的位置。

（7）最后将点 $B, B_1, B_2, \cdots, B_{11}$ 连成光滑的曲线，即得凸轮的轮廓曲线。

若采用滚子从动件，则上述凸轮轮廓即为凸轮的理论廓线。只要在理论廓线上选一系列点作滚子，然后作它们的包络线即可求得凸轮的实际廓线。

3.4　凸轮轮廓设计中应注意的问题

设计凸轮机构时，不仅要保证从动件能实现预期的运动规律，还要确保传力性能良好、结构紧凑。传力性能直接影响机构的摩擦、磨损、效率和自锁，且与凸轮压力角、基圆半径和滚子的半径等因素有关。

1. 凸轮机构压力角

凸轮机构压力角是指不计摩擦时，凸轮对从动件的驱动力（沿高副接触点处的法线方向）与从动件上力作用点的速度 v 方向之间所夹的锐角，用 α 表示。压力角是衡量凸轮机构传力性能好坏的一个重要参数。

如图 3-15 所示的凸轮机构，当不考虑摩擦力时，凸轮作用于从动件上的力 F 是沿高副接触点 B 处的法线 n—n 方向的，它与从动件运动方向之间所夹的锐角 α，即为机构在图示位置时的压力角。力 F 可分解为沿从动件运动方向的有用分力 F_r 和垂直于运动方向、使从动件紧压导路的有害分力 F_t，且

$$F_t = F_r \tan\alpha$$

上式表明，当 F_r 一定时，压力角 α 越大，则有害分力 F_t 就越大，机构的效率就越低。当 α 增大到一定程度，以致 F_t 所引起的摩擦阻力大于有用分力 F_r 时，无论凸轮加给从动件多大作用力 F，从动件都不能运动的现象，称为自锁现象。可见，从提高效率、避免自锁的角度考虑，压力角 α 越小，传动性就越好。因此，在凸轮机构的实际应用中，对压力角 α 的最大值要加以限制，即 $\alpha_{\max} \leqslant [\alpha]$，一般推荐 $[\alpha]$ 的数值如下：

移动从动件的推程时，$[\alpha] \leqslant 30° \sim 40°$；

摆动从动件的推程时，$[\alpha] \leqslant 40° \sim 50°$。

由于在回程时，从动件通常是靠自重或弹簧力的作用而下降，不会出现自锁现象，并且希望从动件有较快

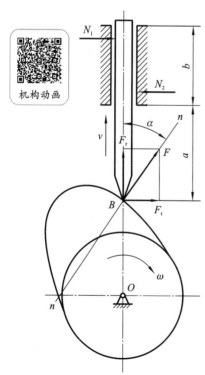

图 3-15　凸轮机构的压力角

的回程,故压力角 $[\alpha]$ 可取大些,一般推荐: $[\alpha] \leqslant 70° \sim 80°$。

2. 凸轮基圆半径的确定

设计凸轮机构时,除了应使机构具有良好的受力状况外,还希望机构结构紧凑。而凸轮尺寸的大小取决于凸轮基圆半径的大小,在实现相同运动规律的情况下,基圆半径愈大,凸轮的尺寸也愈大。因此要获得轻便紧凑的凸轮机构,就应使基圆半径尽可能地小。但是,对于一定类型的凸轮机构,在从动件的运动规律选定后,凸轮机构的压力角与其基圆半径的大小直接相关。下面以图 3-16 为例来说明这种关系。

由图 3-16 可知

$$v_2 = v_{B2} = v_{B1} \tan\alpha = \omega r_B \tan\alpha$$

$$\frac{\mathrm{d}s_2}{\mathrm{d}t} = \frac{\mathrm{d}\varphi}{\mathrm{d}t}(r_0 + s_2)\tan\alpha$$

由此可得

$$r_0 = \frac{\mathrm{d}s_2/\mathrm{d}\varphi}{\tan\alpha} - s_2 \qquad (3\text{-}1)$$

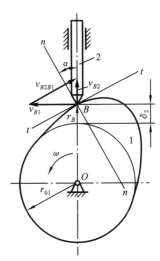

由式(3-1)可知:当其他条件不变时,压力角 α 愈大,基圆半径 r_0 愈小,即凸轮尺寸愈小。故从机构尺寸紧凑的观点来看,压力角大好,但是,必须满足 $\alpha_{max} \leqslant [\alpha]$ 的条件。

综上所述,在从动件的运动规律已知的条件下,加大基圆半径 r_0,可减小压力角 α,从而改善机构的传力特性;凸轮的基圆半径愈小,凸轮尺寸则愈小,凸轮机构愈紧凑。然而,基圆半径的减小受到了压力角的限制,而且在实际中,还要受到凸轮结构尺寸及强度条件的限制。因此,在实际

图 3-16　压力角与基圆半径的关系

设计工作中,基圆半径的确定必须综合考虑凸轮机构的尺寸、受力、安装、强度等方面。但仅从机构尺寸紧凑和改善受力的观点来看,基圆半径 r_0 确定的原则是:在保证 $\alpha_{max} \leqslant [\alpha]$ 的条件下,应使基圆半径尽可能小。

3. 滚子半径的选择

当采用滚子从动件时,如果滚子的大小选择不适当,从动件将不能实现设计所预期的运动规律,这种现象称为运动失真。

运动失真与理论轮廓的曲率半径和滚子半径有关,如图 3-17 所示,理论轮廓外凸部分曲率半径为 ρ、相应位置实际轮廓的曲率半径为 ρ_a 与滚子半径 r_r 三者之间的关系为 $\rho_a = \rho - r_T$。

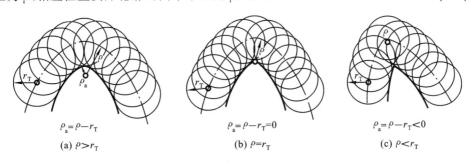

(a) $\rho > r_T$　　　　　　　(b) $\rho = r_T$　　　　　　　(c) $\rho < r_T$

$\rho_a = \rho - r_T$　　　　$\rho_a = \rho - r_T = 0$　　　$\rho_a = \rho - r_T < 0$

图 3-17　滚子半径的选择

当 $r_T < \rho$ 时,凸轮的实际廓线为一条光滑曲线,如图 3-17(a)所示。

当 $r_T = \rho$ 时,凸轮的实际廓线会产生尖点,如图 3-17(b)所示。这样的凸轮在工作时,尖点的接触应力很大,极易磨损,不能采用。

当 $r_T > \rho$ 时,凸轮的实际廓线必将出现交叉,如图 3-17(c)所示。加工该凸轮时,这个交叉部位将被切掉,致使从动件的运动失真。

所以对于外凸的凸轮,应使滚子半径 r_r 小于理论廓线的最小曲率半径为 ρ_{min},一般取 $r_T < 0.8\rho_{min}$,并使实际廓线的最小曲率半径 $\rho_{amin} > 3$ mm。若出现运动失真,可以用减小滚子半径的方法来解决;若由于滚子的结构等原因不能减小其半径时,可适当增大基圆半径以增大理论廓线的最小曲率半径,重新设计凸轮轮廓曲线。

对于内凹的凸轮廓线,因其实际廓线的曲率半径 ρ_a 等于理论廓线的曲率半径 ρ 与滚子半径 r_T 之和,即 $\rho_a = \rho + r_T$。因此,无论滚子半径的大小如何,实际廓线总不会变尖,更不会交叉。

当然滚子半径的选择也受到结构、强度等因素的限制,也不能取得太小,设计时常取 $r_T = (0.1 \sim 0.5)r_0$,其中 r_0 为凸轮的基圆半径。

思考与练习

学习指导

学习课件

3-1　凸轮机构由哪几个基本构件组成?举出生产实际中应用凸轮机构的几个实例,通过实例说明凸轮机构的特点。

3-2　什么是推程运动角、回程运动角、近休止角、远休止角?它们的度量起始位置分别是哪里?

3-3　何谓从动件的运动规律?常用的从动件运动规律有哪几种?各有何优缺点?适用于何种场合?

3-4　何谓刚性冲击和柔性冲击?哪些运动规律有刚性冲击?哪些运动规律有柔性冲击?哪些运动规律没有冲击?

3-5　何谓凸轮机构的压力角、基圆半径?应如何选择它们的数值大小?这对凸轮机构的运动特性、动力特性有何影响?

3-6　在选取滚子半径时,应注意哪些问题?

3-7　基圆半径是否一定是凸轮实际轮廓曲线的最小向径?

3-8　已知凸轮以等角速度 ω 逆时针回转,凸轮的基圆半径 $r_0 = 60$ mm,从动件升程 $h = 25$ mm,滚子半径 $r_T = 10$ mm,$\Phi = 120°$,$\Phi_s = 30°$,$\Phi' = 120°$,$\Phi'_s = 90°$,从动件在推程和回程均作简谐运动。用作图法设计一对心直动滚子从动件盘形凸轮机构的凸轮轮廓曲线。

3-9　图 3-18 所示为一对心尖顶从动件盘形凸轮机构在推程的某个瞬时,已知凸轮是以点 C 为中心的圆盘。

(1)绘出凸轮的理论廓线;

(2)绘出凸轮的基圆,并标出基圆半径 r_0;

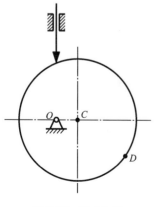

图 3-18　题 3-9 图

（3）标出凸轮的转动方向；

（4）在图中标出从动件在图示位置时的位移 s；

（5）分析机构在 D 位置时的压力角 α。

3-10　若将题 3-9 中的尖顶从动件改为滚子从动件，其他条件均不变，则如何求解题 3-9 所述问题？

第4章 齿轮机构

学习导引

齿轮机构是历史上应用最早的传动机构之一。早在公元前152年,我国就已有了关于齿轮的记载,并被应用于翻水车、指南车和记里鼓车等器械中。不过,当时所应用的齿轮大都是手工凿出来的三角形或矩形的轮齿,其齿廓曲线的形状很简单,承载能力和传动质量都很差。如何解决其选材、设计、加工和检测等问题,以提高齿轮的承载能力,改善齿轮的传动质量呢?

4.1 齿轮机构的特点和基本类型

齿轮机构是目前工程上应用非常广泛且很重要的一种传动机构。与其他传动形式相比,齿轮机构可以用来传递空间任意两轴的运动和动力,并具有传动比恒定、工作可靠、结构紧凑,且效率高、寿命长、传动功率和速度范围大等优点。例如传递功率可从小于一瓦到几万千瓦;齿轮有直径不到 1 mm 的仪表齿轮和直径在 10 m 以上的重型齿轮;速度范围可适用于各种高速($v>40$ m/s)、中速和低速($v<25$ m/s)传动。缺点是制造和安装的精度要求高,成本也相应提高;不适合于远距离两轴之间的传动。

齿轮机构类型很多,有不同的分类方法,从不同角度可以分成如下类型。

1. 按两齿轮轴线的相对位置及齿向分类

(1) 两轴平行的圆柱齿轮传动。根据轮齿相对轴线的方向(即齿向),圆柱齿轮传动又可分为直齿圆柱齿轮传动(图 4-1(a))、斜齿圆柱齿轮传动(图 4-1(b))和人字齿轮传动(图 4-1(c))三种。圆柱齿轮传动按啮合情况又可分为外啮合齿轮传动(图 4-1(a)、(b)、(c))、内啮合齿轮传动(图 4-1(d))及齿轮齿条传动(图 4-1(e))等。

(2) 两轴相交的圆锥齿轮传动(图 4-1(f))。圆锥齿轮又有直齿圆锥齿轮、斜齿圆锥齿轮和曲齿圆锥齿轮等。

(3) 两轴交错的齿轮传动。可分为两轴交错的螺旋齿轮传动(图 4-1(g))和蜗杆蜗轮传动(图 4-1(h))。

2. 按齿轮工作条件分类

齿轮的工作条件可分为闭式和开式两种形式:

(1) 闭式齿轮机构。其齿轮和轴承等均封闭在箱体内,这样齿轮和轴承能保证充分的润滑和良好的工作条件,齿面不易磨损,速度可以提高,因此刚性很大。在较重要的场合(如减速器等)多采用闭式传动。

(2) 开式齿轮机构。其齿轮是外露的。因为灰尘容易落入齿面,润滑又不完善,所以轮齿容易磨损。但开式齿轮传动结构简单,成本低廉,故适用于低速和精度要求不高的场合,如水泥搅拌机等。

(a) 直齿圆柱齿轮传动

(b) 斜齿圆柱齿轮传动

(c) 人字齿轮传动

(d) 内啮合齿轮传动

(e) 齿轮齿条传动

(f) 直齿圆锥齿轮传动

(g) 螺旋齿轮传动

(h) 蜗杆蜗轮传动

图 4-1　齿轮

机构动画

3. 按齿面硬度分类

齿轮按其齿面硬度的不同，可分为两类：

（1）软齿面齿轮。这类齿轮的齿面硬度不高（≤350 HBW），常用 35、45、40Cr、35SiMn 等钢制造，经调质或正火处理后进行切齿。考虑到小齿轮的工作次数较多，可使其齿面硬度比大齿轮高 30～50 HBW。这类齿轮制造较简单、成本低，多用于单件、小批量生产和对尺寸无严格要求的一般传动。

（2）硬齿面齿轮。这类齿轮的齿面硬度较高（>350 HBW），常用 20、20Cr、20CrMnTi（表面渗碳淬火）和 45、40Cr（表面淬火或整体淬火）等钢制造，其齿面硬度一般为 40～62 HRC。由于齿面硬度高，其最终热处理是在切齿后进行的。为消除热处理引起的轮齿变形，热处理后还需要对轮齿进行磨削或研磨等。这类齿轮制造较复杂，适用于高速、重载及要求结构紧凑的场合。由于硬齿面齿轮传动的承载能力高，尺寸和重量明显减小，故其被逐渐推广采用。

4.2　齿轮的齿廓曲线

一个齿轮最关键的部位是其轮齿的齿廓曲线，这是因为一对齿轮之间是依靠主动轮轮齿的齿廓推动从动轮轮齿的齿廓来实现的。齿廓曲线之间相互接触的过程称为啮合，两齿轮的角速度之比称为传动比。齿廓形状不同，则两轮传动比的变化规律也不同。一对互相啮合的、能实现预定传动比的齿廓就称为共轭齿廓。实际应用中的任何一对齿轮机构中，互相啮合的齿廓都是共轭齿廓。那么，齿轮的齿廓曲线究竟与一对齿轮的传动比之间有什么关系呢？

1. 齿廓啮合基本定律

如图 4-2 所示，一对齿轮上互相啮合的齿廓，主动齿廓 1 以角速度 ω_1 绕轴 O_1 顺时针方向转动，从动齿廓 2 受齿廓 1 的推动以角速度 ω_2 绕轴逆时针方向转动，点 K 为两齿廓的啮合点。过点 K 作公法线 n—n，n—n 与 O_1O_2 的交点 P 称为节点。过点 O_1、O_2 分别作 n—n 的垂线得垂足 N_1、N_2，齿廓 1、齿廓 2 上点 K 的速度分别为 v_{K1}、v_{K2}，其方向如图 4-2 所示。将 v_{K1}、

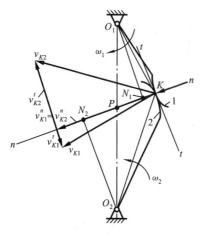

图 4-2　互相啮合的齿廓

v_{K2} 向 n—n 方向分解,分别得到 v_{K1}^n、v_{K2}^n。显然,要使这一对齿廓能连续地接触传动,它们沿接触点的公法线方向的运动速度应当是相等的;否则,两齿廓不是彼此分离就是互相嵌入,不能完成正常的传动。为了保证这一点,应有

$$v_{K1}^n = v_{K2}^n = v_K^n$$

因为 $v_{K1}^n = \overline{O_1 N_1} \omega_1$、$v_{K2}^n = \overline{O_2 N_2} \omega_2$,由此可知该对齿轮的传动比 i_{12} 为

$$i_{12} = \frac{\omega_1}{\omega_2} = \frac{\overline{O_2 N_2}}{\overline{O_1 N_1}}$$

又因为 $\triangle O_1 N_1 P \backsim \triangle O_2 N_2 P$,所以有

$$i_{12} = \frac{\omega_1}{\omega_2} = \frac{\overline{O_2 N_2}}{\overline{O_1 N_1}} = \frac{\overline{O_2 P}}{\overline{O_1 P}} \tag{4-1}$$

由式(4-1)可得到一个普遍规律:互相啮合的一对齿轮,在任一位置啮合时的传动比,等于节点 P 所分连心线 $\overline{O_1 O_2}$ 的两线段 $\overline{O_1 P}$ 与 $\overline{O_2 P}$ 的反比。这一规律称为齿廓啮合基本定律。

由于两齿廓在传动过程中,其轴心 O_1 和 O_2 均为定点,所以这对齿廓的传动比就取决于节点 P 在连心线 $O_1 O_2$ 上的位置。

显然,两齿廓实现定传动比传动的条件是:无论两齿廓在何处啮合,节点 P 必须为连心线上的一个定点。因而,当两齿轮作定传动比传动时,节点 P 在轮 1 运动平面上的轨迹是一个以 O_1 为圆心、$\overline{O_1 P}$ 为半径的圆;节点 P 在轮 2 运动平面上的轨迹是一个以 O_2 为圆心、$\overline{O_2 P}$ 为半径的圆。这两个圆分别称为轮 1、轮 2 的节圆。由于这两个圆在节点 P 处的线速度相等,所以一对齿轮啮合传动时,两轮的节圆相切并作纯滚动。显然,单个齿轮不存在节点和节圆。

节圆的半径用 r' 来表示,则 $r_1' = \overline{O_1 P}$,$r_2' = \overline{O_2 P}$。两轮连心线 $\overline{O_1 O_2}$ 的长度称为中心距,用 a' 来表示,则

$$a' = \overline{O_1 O_2} = r_1' + r_2' \tag{4-2}$$

2. 齿廓曲线的选择

能满足齿廓啮合基本定律的一对齿廓称为共轭齿廓。一般说来,只要给出一条齿廓曲线,就可以根据齿廓啮合基本定律求出与其共轭的另一条齿廓曲线。理论上可以作为共轭齿廓的曲线有无穷多条。但齿廓曲线的选择除了满足传动比的要求以外,还应满足易于设计计算和加工、强度好、磨损少、效率高、寿命长、制造安装方便、易于互换等要求。因此,常常只有几种曲线作为齿轮的齿廓曲线。目前常用的齿廓曲线有渐开线、摆线、变态摆线、圆弧和抛物线等几种。

由于用渐开线作为齿廓曲线,不但传动性能良好、容易制造,而且便于设计、制造、测量和安装,具有良好的互换性,因此,目前绝大多数齿轮都采用渐开线作为齿廓曲线,工程中广泛地使用渐开线齿轮。

4.3　渐开线齿廓的啮合特性

为了研究渐开线齿轮传动的特点,先必须对渐开线的特性加以研究。

1. 渐开线的形成

如图 4-3 所示,当直线 BC 沿一圆周作纯滚动时,直线 BC 上任意点 K 的轨迹 AK 就是该圆

的渐开线。这个圆称为渐开线的基圆，它的半径用 r_b 表示；直线 BC 称为渐开线的发生线；渐开线上点 K 的向径 OK 与渐开线起始点 A 的向径 OA 间的夹角 θ_K 称为渐开线 AK 段的展角。

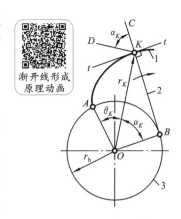

图 4-3 渐开线的形成
1—渐开线；2—发生线；3—基圆

2. 渐开线的性质

由渐开线的形成过程，可以得到渐开线的下列特性：

（1）发生线沿基圆滚过的长度，等于基圆上被滚过的弧长，即 $\overline{BK} = \overset{\frown}{AB}$。

（2）渐开线上任意点的法线恒为基圆的切线。发生线 BK 沿基圆作纯滚动，它和基圆的切点 B 就是它的瞬时转动中心，BK 是回转半径，点 K 的瞬时速度方向线应与 BK 垂直，即渐开线在点 K 处的切线，因此，发生线即为渐开线在点 K 的法线。又因为发生线 BK 恒切于基圆，所以渐开线上任意点的法线恒为基圆的切线。

（3）渐开线上各点的压力角不相等。如图 4-3 所示，渐开线上任一点 K 的法向力的方向线 BK 与点 K 速度方向 KD 间所夹的锐角 α_K，称为渐开线在点 K 的压力角。由图可知

$$\alpha_K = \arccos \frac{r_b}{r_K} \tag{4-3}$$

渐开线上点的位置不同，r_K 就不同，压力角就不相等。K 离中心 O 愈远，其压力角愈大。

（4）渐开线的形状取决于基圆的大小。图 4-4 中 C_1、C_2 表示从半径不同的两个基圆上展成的两条渐开线，在图中，两条渐开线展角 θ_K 相同，基圆半径小，其渐开线的曲率半径 B_1K 就小；反之，其渐开线的曲率半径 B_2K 就大；当基圆半径为无穷大时，其渐开线变成一条直线。齿条的齿廓曲线就是这种特例的直线渐开线。

（5）因渐开线是从基圆开始向外展开的，故基圆以内无渐开线。

3. 渐开线齿廓的啮合特性

1）渐开线齿廓能实现定传动比传动

如图 4-5 所示，两齿轮连心线为 O_1O_2，两轮基圆半径分别为 r_{b1}、r_{b2}，两轮的渐开线齿廓曲线 C_1、C_2 在任意点 K 啮合。根据渐开线的特性知，该公法线 N_1N_2 必同时与两轮的基圆相切，即 N_1N_2 为两基圆的一条内公切线。由于两基圆为定圆，在其同一方向的内公切线只有一条，所以无论这对齿廓在任何位置啮合，例如在点 K' 啮合，过啮合点 K' 所作两齿廓的公法线也必将与 N_1N_2 重合，即 N_1N_2 为一定线，所以得到 N_1N_2 与连心线的交点 P 必为一定点。这样就证明了两个以渐开线作为齿廓曲线的齿轮，其传动比一定为一常数，即

$$i_{12} = \frac{\omega_1}{\omega_2} = \frac{\overline{O_2P}}{\overline{O_1P}} = 常数$$

这一特性在工程实际中具有重要意义，可减少因传动比变化而引起的动载荷、振动和噪声，提高传动精度和齿轮使用寿命。

2）啮合线为一条定直线

齿廓接触点在固定平面上的轨迹，称为啮合线。如图 4-5 所示，一对渐开线齿廓在任何位置啮合时，接触点的公法线都是同一条直线 N_1N_2，这说明一对渐开线齿廓从开始啮合到退出啮合，所有的啮合点都在 N_1N_2 线上。因此，N_1N_2 线是两个齿廓接触点的轨迹线，即啮合线，它为一定直线。

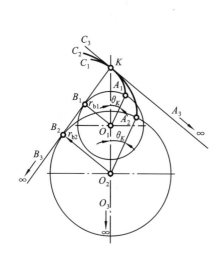

图 4-4 不同基圆的渐开线形状

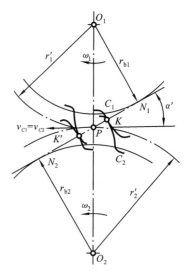

图 4-5 渐开线齿廓的啮合

两节圆的公切线与啮合线 N_1N_2 的夹角称为啮合角,用 α' 表示。啮合角在数值上等于渐开线在节圆上的压力角。由于 N_1N_2 为一定直线,所以对于同一对齿轮传动,在整个啮合过程中,啮合角 α' 是一个常数,这表明齿廓间压力作用线方向不变。在齿轮传递转矩一定时,其压力大小也不变,从而使齿轮的轴承受力稳定,不易产生振动和损坏。

这一特性称为渐开线齿轮传动的受力平稳性。该特性有利于延长渐开线齿轮和轴承的使用寿命。

3)中心距变化不影响传动比——可分性

由图 4-5 可知,$\triangle O_1N_1P \backsim \triangle O_2N_2P$,所以两齿轮的传动比可以写成

$$i_{12} = \frac{\omega_1}{\omega_2} = \frac{\overline{O_2P}}{\overline{O_1P}} = \frac{r_2'}{r_1'} = \frac{O_2N_2}{O_1N_1} = \frac{r_{b2}}{r_{b1}} \tag{4-4}$$

即渐开线齿轮的传动比取决于两齿轮基圆半径的比值。在渐开线齿廓加工切制完成以后,它的基圆大小就已确定。因此,即使一对齿轮安装后的实际中心距与设计中心距略有偏差,也不会影响该对齿轮的传动比。渐开线齿轮传动的这一特性称为中心距的可分性。

这一特性对齿轮的加工和装配是十分重要的,因为齿轮的制造安装误差不可避免,加之使用日久、轴承磨损等原因,常常导致中心距的微小改变,但由于渐开线齿廓具有中心距可分性,故仍能保持传动比恒定和良好的传动性能。

渐开线齿廓的上述三个特性是渐开线齿轮在机械工程中广泛应用的重要原因。

4.4 渐开线标准直齿圆柱齿轮各部分名称及几何尺寸计算

1. 直齿圆柱齿轮各部分的名称和符号

渐开线齿轮的轮齿是由两段反向的渐开线组成的。为了进一步研究齿轮的传动原理和齿轮的设计问题,首先了解和掌握齿轮各部分的名称、符号。

图 4-6 所示为直齿圆柱齿轮的一部分,其各部分名称和符号如下:

(1)齿槽:齿轮上相邻两齿之间的空间称为齿槽。

（2）齿顶圆：过齿轮所有齿顶端部所作的圆称为齿顶圆，其直径用 d_a 表示。

（3）齿根圆：过各齿槽根部所作的圆称为齿根圆，其直径用 d_f 表示。

（4）分度圆：为便于齿轮几何尺寸的计算与测量所规定的一个基准圆，其直径用 d 表示。

（5）齿厚、齿槽宽和齿距：在任意圆周上所测量的轮齿两侧齿廓之间的弧长称为该圆上的齿厚，用 s_k 表示；任意圆周上齿槽两侧齿廓间的弧长，称为该圆上的齿槽宽，用 e_k 表示；该圆上相邻两齿同侧齿廓间的弧长，称为齿轮在这个圆上的齿距，用 p_k 表示。由图 4-6 可知，在同一圆周上，齿距等于齿厚和齿槽宽之和，即 $p_k = s_k + e_k$。

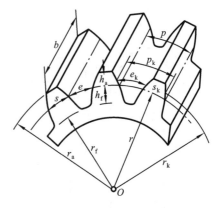

图 4-6　齿轮各部分的名称和符号

分度圆上齿厚、齿槽宽和齿距分别用 s、e、p 表示，且 $p = s + e$。

（6）齿顶高、齿根高和齿全高：轮齿被分度圆分为两部分，介于分度圆与齿顶圆之间的部分称为齿顶，其径向高度称为齿顶高，用 h_a 表示；介于分度圆与齿根圆之间的部分称为齿根，其径向高度称为齿根高，用 h_f 表示。齿顶圆与齿根圆之间的径向高度称为齿全高，用 h 表示，$h = h_a + h_f$。

（7）齿宽：轮齿沿齿轮轴线方向的宽度称为齿宽，用 b 表示。

2. 直齿圆柱齿轮的基本参数

1）齿数

齿轮圆柱面上凸出的部分称为齿，它的总数称为齿数，用 z 表示。

2）模数

分度圆的周长等于分度圆上的齿距与齿数之积，分度圆也可以根据圆的周长计算方法计算，则有 $\pi d = pz$，所以

$$d = z \frac{p}{\pi}$$

由上式可知，一个齿数为 z 的齿轮，只要其齿距一定，其分度圆直径就一定。式中 π 为无理数，这使计算颇为不便，同时对齿轮的制造和检验等也不利。为了解决这个问题，人为地将比值 $\frac{p}{\pi}$ 规定为一些标准数值，把这个比值称为模数，用 m 表示，即

$$m = \frac{p}{\pi} \tag{4-5}$$

于是分度圆的直径可表示为

$$d = mz \tag{4-6}$$

注意，模数具有长度的量纲，单位为 mm。

模数 m 是决定齿轮尺寸的重要参数之一。相同齿数的齿轮，模数愈大，其尺寸也愈大。图 4-7 清楚地显示了三个相同齿数、不同模数的齿轮之间的尺寸关系。

在工程实际中，齿轮的模数已经标准化了。表 4-1 为 GB/T 1357—2008 规定的标准模数系列。

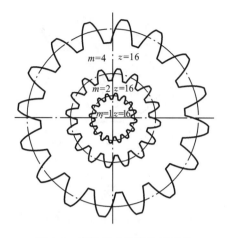

图 4-7 齿轮尺寸随模数的变化

3）压力角

我们知道，渐开线的形状是由基圆决定的。又由式(4-3)可知，在分度圆直径确定之后，只要再选定一个分度圆压力角 α，就可求出基圆直径，即 $d_b = d\cos\alpha$。

由此可见，分度圆压力角 α 是决定渐开线形状的重要参数之一。为了便于齿轮的设计、制造和互换使用，国家标准规定：齿轮的压力角特指分度圆压力角，并且分度圆压力角为标准值，一般情况下为 $\alpha = 20°$。

在模数、压力角规定为标准值后，可以给分度圆一个确切的定义：分度圆就是齿轮上具有标准模数和标准压力角的圆。

表 4-1　标准模数(摘自 GB/T 1357—2008)

第一系列	1	1.25	1.5	2	2.5	3	4	5	6	8	10
	12	16	20	25	32	40	50				
第二系列	1.125	1.375	1.75	2.25	2.75	3.5	4.5	5.5	(6.5)	7	9
	(11)	14	18	22	28	36	45				

注：①本表适用渐开线圆柱齿轮，斜齿轮为法面模数；②选用模数时，应优先采用第一系列，括号内的模数尽可能不用。

4）齿顶高系数

齿轮的齿顶高 h_a 是用模数的倍数表示的。标准齿顶高为

$$h_a = h_a^* \cdot m \tag{4-7}$$

式中：h_a^* 称为齿顶高系数。国家标准规定：正常齿 $h_a^* = 1.0$，短齿 $h_a^* = 0.8$。

5）顶隙系数

一对齿轮在啮合时，为了避免一轮的齿顶与另一轮的齿槽底直接接触，应当在一轮的齿顶与另一轮的齿槽底之间留有一定的间隙，此间隙称为顶隙或径向间隙。顶隙也是用模数的倍数表示的。标准顶隙为

$$c = c^* m \tag{4-8}$$

式中：c^* 称为顶隙系数。国家标准规定：正常齿 $c^* = 0.25$，短齿 $c^* = 0.3$。

在没有特殊说明的情况下，本书讨论的都是正常齿齿轮。

显然，为了保证顶隙，标准的齿根高 h_f 应当为

$$h_f = (h_a^* + c^*)m \tag{4-9}$$

根据上述的讨论，标准外齿轮的齿顶圆直径和齿根圆直径分别为

$$d_a = d + 2h_a = m(z + 2h_a^*) \tag{4-10}$$

$$d_f = d - 2h_f = m(z - 2h_a^* - 2c^*) \tag{4-11}$$

3. 渐开线标准直齿圆柱齿轮的几何尺寸计算

所谓标准齿轮是指模数 m、压力角 α、齿顶高系数 h_a^* 和顶隙系数 c^* 均为标准值，且分度圆上齿厚 s 与齿槽宽 e 相等的齿轮。对于标准齿轮，有

$$s = e = \frac{p}{2} = \frac{\pi m}{2}$$

正常齿渐开线标准直齿圆柱齿轮的几何尺寸的计算公式见表 4-2。

表 4-2　渐开线标准直齿圆柱齿轮几何尺寸的计算公式

名　　称	代　　号	计算公式	
		小齿轮	大齿轮
模数	m	（根据齿轮受力情况和结构需要确定，选取标准值）	
压力角	α	选取标准值	
分度圆直径	d	$d_1 = m z_1$	$d_2 = m z_2$
齿顶高	h_a	$h_{a1} = h_{a2} = h_a^* m$	
齿根高	h_f	$h_{f1} = h_{f2} = (h_a^* + c^*) m$	
齿全高	h	$h_1 = h_2 = (2 h_a^* + c^*) m$	
齿顶圆直径	d_a	$d_{a1} = (z_1 + 2 h_a^*) m$	$d_{a2} = (z_2 + 2 h_a^*) m$
齿根圆直径	d_f	$d_{f1} = (z_1 - 2 h_a^* - 2 c^*) m$	$d_{f2} = (z_2 - 2 h_a^* - 2 c^*) m$
基圆直径	d_b	$d_{b1} = d_1 \cos\alpha$	$d_{b2} = d_2 \cos\alpha$
齿距	p	$p = \pi m$	
基圆齿距	p_b	$p_b = p \cos\alpha$	
齿厚	s	$s = \pi m / 2$	
齿槽宽	e	$e = \pi m / 2$	
顶隙	c	$c = c^* m$	
标准中心距	a	$a = m(z_1 + z_2)/2$	
节圆直径	d'	（当中心距为标准中心距 a 时）$d' = d$	
传动比	i	$i_{12} = \omega_1/\omega_2 = z_2/z_1 = d'_2/d'_1 = d_2/d_1 = d_{b2}/d_{b1}$	

4.5　渐开线标准直齿圆柱齿轮的啮合传动

以上主要就单个渐开线齿轮进行了研究，下面将讨论一对渐开线齿轮啮合传动的情况。

1. 正确啮合条件

我们已经知道，渐开线齿廓能保证定传动比传动，而且有很多优点，但这并不等于说任意两个渐开线齿轮都能配对使用、正确地传动。那么一对渐开线齿轮要正确啮合传动，应满足什么条件呢？

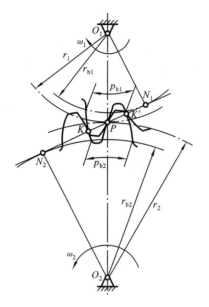

图 4-8　正确啮合条件

如图 4-8 所示,当一对齿轮的第一对齿廓在啮合线 N_1N_2 上的点 K 接触时,为了保证两齿轮正确啮合(即不互相干涉、卡死),则其后一对齿廓应在啮合线 N_1N_2 上的另一点 K' 接触。即两齿轮上相邻两齿同侧齿廓间的法向齿距 p_n 应相等。由渐开线的性质可知,齿轮的法向齿距 p_n 在数值上等于基圆齿距 p_b,则有

$$p_{b1} = p_{b2}$$

又因 $p_b = \pi m \cos\alpha$,将其代入上式得

$$m_1 \cos\alpha_1 = m_2 \cos\alpha_2$$

式中:m_1、m_2、α_1、α_2 分别为两轮的模数和压力角。由于模数和压力角均已标准化,所以要满足上式必须有

$$\left.\begin{aligned} m_1 &= m_2 = m \\ \alpha_1 &= \alpha_2 = \alpha \end{aligned}\right\} \tag{4-12}$$

也就是说,渐开线齿轮正确啮合的条件是:两轮的模数和压力角分别相等。

由此,齿轮传动的传动比可写成:

$$i_{12} = \frac{\omega_1}{\omega_2} = \frac{d'_2}{d'_1} = \frac{d_{b2}}{d_{b1}} = \frac{d_2}{d_1} = \frac{z_2}{z_1} \tag{4-13}$$

2. 标准中心距

一对齿轮传动时,一轮节圆上的齿槽宽与另一轮节圆上的齿厚之差称为齿侧间隙。在理论上的齿侧间隙为零。但为了便于在相互啮合的齿廓间进行润滑,避免由于制造和装配误差以及轮齿受力变形和因摩擦发热而膨胀所引起的挤轧现象,在两轮的非工作齿侧间总要留有一定的间隙。为了消除反转空程和减小轮齿间的冲击,这种齿侧间隙一般都很小,通常由制造公差来保证。

由于标准齿轮分度圆的齿厚等于齿槽宽,所以,一对正确啮合的标准齿轮,一个齿轮的分度圆齿厚与另一齿轮的分度圆齿槽宽相等,即 $s_1 = e_1 = s_2 = e_2 = \pi m/2$,故在安装时,只有使分度圆与其节圆重合,才能使理论上的齿侧间隙为零。一对标准齿轮分度圆相切时的中心距 a,称为标准中心距。

$$a = r'_1 + r'_2 = r_1 + r_2 = m(z_1 + z_2)/2 \tag{4-14}$$

显然,此时的啮合角 α' 就等于分度圆上的压力角 α。

因两轮的分度圆相切,故顶隙

$$c = c^* m = h_f - h_a$$

应当指出,分度圆和压力角是单个齿轮所具有的,而节圆和啮合角是两个齿轮相互啮合时才出现的。标准齿轮传动只有在分度圆与节圆重合时,压力角与啮合角才相等;否则,压力角与啮合角并不相等。

3. 连续传动条件

1) 轮齿的啮合过程

如图 4-9(a)所示是一对啮合中的齿轮。设轮 1 为主动轮,轮 2 为从动轮。在两轮轮齿开始进入啮合时,应是主动轮 1 的齿根推动从动轮 2 的齿顶,即轮齿进入啮合的起始点为从动轮

齿顶圆与啮合线 N_1N_2 的交点 B_2。随着轮齿啮合运动的进行,轮齿的啮合点将沿啮合线 N_1N_2 移动,同时主动轮轮齿上的啮合点逐渐向齿顶部分移动,而从动轮轮齿上的啮合点则逐渐向齿根部分移动。当啮合进行到主动轮的齿顶圆与啮合线的交点 B_1 时,两轮齿即将脱离接触,故点 B_1 为两轮轮齿啮合的终止点。啮合点实际走过的轨迹 B_1B_2 称为实际啮合线段。

若将两齿轮的齿顶圆加大,则点 B_1、B_2 将分别趋近于点 N_2、N_1,实际啮合线段将加长。但因基圆内无渐开线,所以两轮齿顶圆与啮合线的交点 B_1、B_2 不能超过点 N_1、N_2。因此,点 N_1、N_2 称为啮合极限点,N_1N_2 是理论上可能的最长啮合线段,称为理论啮合线段。

由上述分析可知,在两轮的啮合过程中,轮齿的齿廓不是全部都参加啮合,而是只限于从齿顶到齿根的一段齿廓参加接触,实际上参加接触的这一段齿廓称为齿廓的实际工作段,如图 4-9(a) 中阴影部分所示。

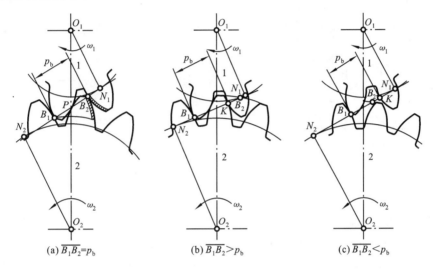

图 4-9　连续传动条件

2）渐开线齿轮的连续传动条件

一对满足正确啮合条件的齿轮,只能保证在传动时其各对齿轮能依次正确地啮合,但并不能说明齿轮传动是否连续。从上述轮齿啮合过程可以看出,为了使齿轮能连续传动,必须在前一对轮齿尚未脱离啮合时,后一对轮齿就及时地进入了啮合。要实现这一点,就必须使实际啮合线段 B_1B_2 大于或等于这一对齿轮的法向齿距 p_n。

当 $\overline{B_1B_2} = p_b$ 时,如图 4-9(a) 所示:前一对轮齿到达啮合终止点 B_1 时,后一对轮齿刚好在啮合起始点 B_2 进入啮合,传动正好连续;

当 $\overline{B_1B_2} > p_b$ 时,如图 4-9(b) 所示:前一对轮齿到达啮合终止点 B_1 时,后一对轮齿早已进入啮合,传动连续不中断;

若 $\overline{B_1B_2} < p_b$ 时,如图 4-9(c) 所示:前一对轮齿到达啮合终止点 B_1 时,后一对轮齿尚未进入啮合,显然,此时传动不能连续进行。

由此可见,要使齿轮能连续传动,两齿轮的实际啮合线段应大于或等于齿轮的法向齿距 p_n（即基圆齿距 p_b）。

通常,我们把 $\overline{B_1B_2}$ 和 p_b 的比值 ε_a 称为齿轮传动的重合度。故齿轮连续传动的条件是:

$$\varepsilon_a = \frac{\overline{B_1B_2}}{p_b} \geqslant 1 \tag{4-15}$$

理论上只要重合度 $\varepsilon_\alpha = 1$ 就能保证齿轮连续传动。但因齿轮的制造、安装总会有误差，为了确保齿轮传动的连续性，则应该使计算所得的重合度 $\varepsilon_\alpha > 1$。工程中，常取 $\varepsilon_\alpha = 1.1 \sim 1.4$。

4.6 渐开线齿轮的切齿原理

1. 渐开线齿廓的加工原理与方法

渐开线齿轮的加工方法主要是针对其渐开线齿廓而讨论的。现代齿轮加工的方法很多，如切制法、锻造法、铸造法、快速成形法等，其中最常用的方法为切制法。切制法渐开线齿廓加工工艺也包括多种，按照加工原理，可将其分为仿形法和范成法两大类。

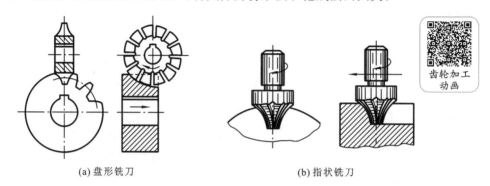

齿轮加工动画

(a) 盘形铣刀   (b) 指状铣刀

图 4-10　仿形法切齿

1) 仿形法

仿形法加工齿轮时，所用刀具的轴剖面刀刃形状和被切齿槽的形状相同。轮齿是在铣床上用盘形铣刀(图 4-10(a))或指状铣刀(图 4-10(b))加工出来的。加工时，铣刀绕自身的轴线转动，同时被加工齿轮沿齿轮轴线方向直线移动，加工出整个齿的宽度。铣出一个齿槽后，轮坯分度转过 $360°/z$，再铣第二个齿槽，直到加工出所有轮齿。一般，盘形铣刀用来加工模数较小的齿轮，而指状铣刀用于加工模数较大($m > 20$ mm)的齿轮，并可用于切制人字齿轮。

仿形法的优点是加工方法简单，不需专用设备；缺点是加工精度低，加工不连续，生产率低。故仅适用于修配或单件生产以及精度要求不高的齿轮。

2) 范成法

范成法是利用一对齿轮啮合传动时，其齿廓曲线互为包络线的原理来加工齿轮的。加工时，除了切削和让刀运动之外，刀具和齿坯之间的范成运动与一对互相啮合的齿轮完全相同。常用刀具有齿轮型刀具(齿轮插刀)、齿条型刀具(齿条插刀)和齿轮滚刀等三种形式。

(1) 齿轮插刀。

图 4-11 所示为齿轮插刀加工齿轮的情形。齿轮插刀的外形就像一个具有刀刃的外齿轮，其 m、α 与被加工齿轮一样，只是 $h_a = (h_a^* + c^*)m$，以便切出轮坯的齿根高。

采用齿轮插刀的切制加工过程如下：

① 范成运动：插刀和轮坯按恒定的传动比 $i = \omega_{刀}/\omega_{坯}$ 回转；

② 切削运动：插刀沿轮坯轴线方向作往复切削运动；

③ 进给运动：插刀向轮坯中心作径向运动，以便切出齿轮的高度；

④ 让刀运动：为了防止刀具向上退刀时擦伤已加工好的面，损坏刀刃，轮坯作微小的径向让刀运动，刀刃再切削时，轮坯回位。

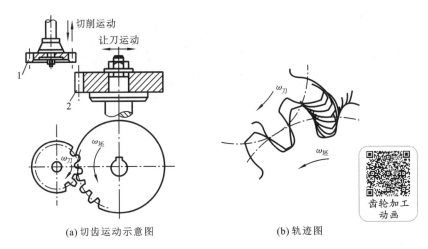

(a) 切齿运动示意图　　　　　　　　(b) 轨迹图

图 4-11　齿轮插刀切齿

（2）齿条插刀。

图 4-12 所示为齿条插刀加工齿轮的情形，加工时刀具与轮坯的范成运动相当于齿轮与齿条的啮合运动。其切齿原理与用齿轮插刀加工齿轮的原理相同。

（3）齿轮滚刀。

不论齿轮插刀切齿还是齿条插刀切齿，其切削都是不连续的，为了克服这一缺点，提出了用滚刀滚齿的加工方法。齿轮滚刀相当于轴截面为直线齿形的螺杆。滚刀旋转时，相当于直线齿廓的齿条沿其轴线方向连续不断地移动，从而可加工任意齿数的齿轮。齿轮滚刀的外形如图 4-13 所示。

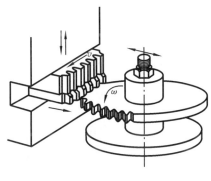

图 4-12　齿条插刀切齿

图 4-13　齿轮滚刀

滚刀的形状像一个螺旋，与螺旋不同之点在于沿刀具轴线开了若干条沟槽作为切削刃，以利于切削。当滚刀转动时，在轮坯回转面内便相当于有一个无限长的齿条在连续不断地向左移动（图 4-14（a）），所以用滚刀加工齿轮就相当于用齿条插刀加工齿轮。加工时，滚刀和轮坯各绕自己的轴线等速回转，其传动比 $n_d/n_p = z_p/z_d$，同时滚刀沿轮坯的轴线方向作缓慢的移动，以切出整个齿宽上的齿轮。

滚切直齿轮时，应使滚刀的轴线与轮坯端面的夹角 λ 等于滚刀的导程角，以使滚刀螺旋线的方向与被切齿轮的方向一致（图 4-14（b））。生产上最常用的滚刀是阿基米德螺线滚刀，这种滚刀在轴面（含有滚刀轴线的平面）内为完全精确的直线齿廓的齿条。

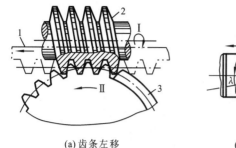
(a) 齿条左移

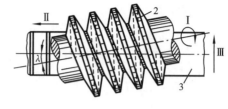
(b) 夹角λ应等于滚刀的导程角

齿轮加工
动画

图 4-14　滚刀加工齿轮

1—假想齿条；2—滚刀；3—轮坯

采用范成法加工时，一种模数的齿轮只需要一把刀具连续切削，其加工精度高，生产效率高，常用于批量生产。

2. 根切和最少齿数

如图 4-15 所示，用范成法加工齿轮时，若齿数过少，刀具顶部会切入被加工齿轮轮齿的根部，将齿根部分的渐开线切去一部分(如图中虚线齿廓)，这种现象称为根切。根切削弱了轮齿的抗弯强度，并降低了重合度，所以应当避免。

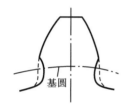

图 4-15　根切

标准齿轮是否发生根切取决于其齿数的多少。如图 4-16(a) 所示，线段 PO_1 表示被加工齿轮的分度圆半径，其 N_1 点在刀具齿顶线的下方，故该轮必发生根切。当齿数增多时，分度圆半径增大，轮坯中心上移至 O_1' 处，极限点也随着啮合线上移至刀具齿顶线上方的 N_1'，从而避免了根切；反之，齿数越少，根切越严重。标准齿轮欲避免根切，其齿数必须大于或等于不根切的最少齿数 $z_{\min}$。推导可得

$$z_{\min} = \frac{2h_a^*}{\sin^2\alpha} \qquad (4\text{-}16)$$

对于正常齿标准直齿圆柱齿轮，$\alpha = 20°$，$h_a^* = 1.0$，因此，不发生根切的最少齿数 $z_{\min} = 17$。

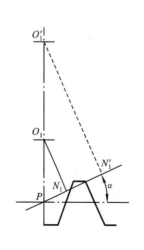
(a) 根切与齿数相关

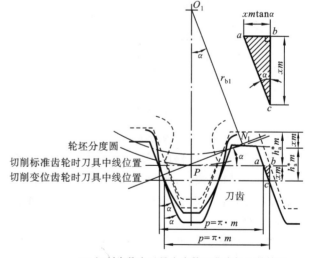
(b) 切制齿数小于最小齿数而发生根切的情况

图 4-16　根切和变位齿轮

3. 变位齿轮的概念

图 4-16(b)中虚线表示用齿条插刀切制齿数小于最少齿数的标准齿轮而发生根切的情况。这时刀具的中线与齿轮的分度圆相切,刀具的齿顶线超出了极限点 N_1。如果将刀具远离轮坯中心向外移出一段距离,使其齿顶线正好通过极限点 N_1,如图中实线所示,则切出的齿轮可以避免根切。此时,与齿轮分度圆相切的不再是刀具的中线,而是与之平行的节线。用这种改变刀具相对位置的方法切制的齿轮称为变位齿轮。

刀具由切制标准齿轮的位置沿径向从轮坯中心向外移开的距离用 xm 表示,该距离称为变位量,m 为模数,x 为变位系数。当刀具沿轮坯中心向外移动时,$x>0$,称为正变位;反之,$x<0$,称为负变位。用这种方法切制出的齿轮称为变位齿轮。

变位齿轮,可以在最少齿数少于 17 时避免根切,使大小齿轮的强度接近相等,满足中心距的某种要求等。因此,变位齿轮传动在现代机械中得到了广泛的应用。

4.7　平行轴斜齿轮机构

1. 斜齿圆柱齿轮齿廓曲面的形成

如图 4-17(a)所示,直齿圆柱齿轮的齿廓曲面是发生面绕基圆柱作纯滚动时,发生面上一条与齿轮轴线相平行的直线 KK 所展成的渐开面。一对直齿圆柱齿轮在啮合时,齿面接触线与齿轮的轴线平行,如图 4-17(b)所示。轮齿的啮合是沿整个齿宽同时进入接触或同时分离的,所以容易引起冲击、振动和噪声。故传动不平稳,不适用于高速重载的传动。

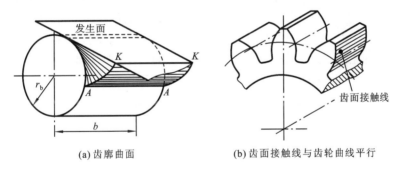

(a) 齿廓曲面　　　　　　　　(b) 齿面接触线与齿轮曲线平行

图 4-17　直齿圆柱齿轮齿廓曲面的生成

如图 4-18(a)所示,斜齿圆柱齿轮的齿廓曲面的形成与直齿轮相似,只是发生面上的直线 KK 不再与齿轮的轴线平行,而与它成一夹角 β_b。当发生面绕基圆柱作纯滚动时,直线 KK 上各点都展成一根根渐开线,这些渐开线的集合就是斜齿轮的齿廓曲面。因此,从斜齿轮齿廓曲面形成过程可知,斜齿轮的端面齿廓为精确的渐开线。设想将发生面缠绕在基圆柱上,直线 KK 包围在基圆柱上形成螺旋线 AA,故直线 KK 所形成的曲面为一渐开螺旋面。螺旋线 AA 的螺旋角也就是直线 KK 对轴线方向的偏斜角 β_b,即轮齿在基圆柱上的螺旋角。

一对斜齿圆柱齿轮在啮合时,齿面接触线与齿轮的轴线不再平行,而是倾斜的直线,如图 4-18(b)所示。从啮合开始,其齿面上的接触线先由短变长,然后又由长变短,直至脱离啮合。这样的啮合方式不但延长了每对轮齿的啮合时间,增加了重合度,而且两轮轮齿是逐渐地进入啮合、逐渐地脱离啮合的,从而减少了齿轮传动时的冲击、振动及噪声,提高了传动的平稳性。在高速、大功率传动装置中,斜齿轮传动获得了广泛的应用。

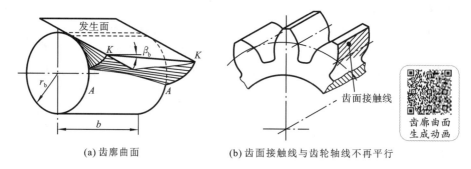

(a) 齿廓曲面　　　　　　　(b) 齿面接触线与齿轮轴线不再平行

图 4-18　斜齿圆柱齿轮齿廓曲面的生成

2. 斜齿圆柱齿轮的主要参数及几何计算

由于斜齿轮的齿面为渐开螺旋面,其端面的齿形和垂直于螺旋线方向的法面齿形是不相同的,因而其参数分为端面参数(下角标为 t)和法面参数(下角标为 n)。由于制造斜齿轮时常用齿条型刀具或盘状齿轮铣刀来加工齿轮,在切齿时刀具是沿着轮齿的螺旋线方向进刀的,因此就必须按齿轮的法面参数选择刀具。在工程中规定斜齿轮的法面参数(模数、分度圆压力角、齿顶高系数等)为标准值。但在计算斜齿轮的几何尺寸时却需按端面的参数进行计算,因此必须建立法面参数与端面参数之间的换算关系。

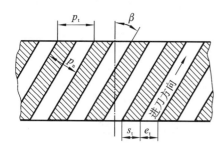

图 4-19　法面参数与端面参数间的关系

1) 螺旋角

如图 4-19 所示,假想将斜齿轮沿其分度圆柱面展开,则其圆柱面成为一个矩形,分度圆柱上轮齿形成的螺旋线便展成一条斜直线,它与齿轮轴线的夹角为 β,称为斜齿轮的分度圆螺旋角,即斜齿轮的螺旋角,一般推荐 $\beta = 8° \sim 20°$。它表示斜齿圆柱齿轮轮齿的倾斜程度,所以斜齿轮有左旋和右旋之分,其判别方法与螺纹相同。

2) 模数和压力角

由图 4-19 可得法面齿距 p_n 和端面齿距 p_t 的关系为

$$p_n = p_t \cos\beta \tag{4-17}$$

因为 $p_n = \pi m_n$,$p_t = \pi m_t$,所以法面模数 m_n 和端面模数 m_t 的关系为

$$m_n = m_t \cos\beta \tag{4-18}$$

可以证明,法面压力角 α_n 与端面压力角 α_t 的关系为

$$\tan\alpha_n = \tan\alpha_t \cos\beta \tag{4-19}$$

3) 正确啮合条件

一对斜齿圆柱齿轮啮合时,除两轮的模数及压力角应分别相等外,它们的螺旋角还必须相匹配,否则两啮合轮齿的齿向不同,依然不能啮合。因此,一对斜齿圆柱齿轮正确啮合的条件为:

(1) 为了使两斜齿轮传动时,其相互啮合的两齿廓螺旋面相切:当为外啮合时,两齿轮的螺旋角 β 应大小相等、方向相反,即

$$\beta_1 = -\beta_2 \tag{4-20a}$$

当为内啮合时,两齿轮的螺旋角 β 应大小相等、方向相同,即

$$\beta_1 = \beta_2 \tag{4-20b}$$

（2）相互啮合的两斜齿轮的端面模数 m_t 及端面压力角 α_t 应分别相等，即

$$m_{t1} = m_{t2}, \quad \alpha_{t1} = \alpha_{t2}$$

又由于相互啮合的两轮的螺旋角 β 相等，故其法面模数 m_n 及法面压力角 α_n 分别相等，即

$$m_{n1} = m_{n2}, \quad \alpha_{n1} = \alpha_{n2} \tag{4-21}$$

4）几何尺寸的计算

斜齿圆柱齿轮传动几何尺寸的计算公式见表 4-3。

表 4-3　渐开线标准斜齿圆柱齿轮几何尺寸的计算公式

序　号	名　称	符　号	计算公式及参数选择
1	端面模数	m_t	$m_t = \dfrac{m_n}{\cos\beta}$，$m_n$ 为标准值
2	螺旋角	β	一般取 $\beta = 8° \sim 20°$
3	分度圆直径	d_1, d_2	$d_1 = m_t z_1 = \dfrac{m_n z_1}{\cos\beta}$，$d_2 = m_t z_2 = \dfrac{m_n z_2}{\cos\beta}$
4	齿顶高	h_a	$h_a = m_n$
5	齿根高	h_f	$h_f = 1.25 m_n$
6	全齿高	h	$h = h_a + h_f = 2.25 m_n$
7	顶隙	c	$c = h_f - h_a = 0.25 m_n$
8	齿顶圆直径	d_{a1}, d_{a2}	$d_{a1} = d_1 + 2h_a$，$d_{a2} = d_2 + 2h_a$
9	齿根圆直径	d_{f1}, d_{f2}	$d_{f1} = d_1 - 2h_f$，$d_{f2} = d_2 - 2h_f$
10	中心距	a	$a = \dfrac{d_1 + d_2}{2} = \dfrac{m_t}{2}(z_1 + z_2) = \dfrac{m_n(z_1 + z_2)}{2\cos\beta}$

5）斜齿轮传动的重合度

为了便于分析斜齿轮传动的连续传动条件，以端面尺寸相当的一对直齿轮传动与一对斜齿轮传动进行对比。

如图 4-20 所示，图（a）为直齿轮传动的啮合面，图（b）为斜齿轮传动的啮合面，直线 B_2B_2 表示在啮合平面内一对轮齿进入啮合的位置，B_1B_1 则表示脱离啮合的位置。B_2B_2 与 B_1B_1 之间的区域为轮齿的啮合区。

对于直齿轮传动来说，轮齿在 B_2B_2 处进入啮合时就沿整个齿宽接触，在 B_1B_1 处脱离啮合时也是沿整个齿宽分开，故直齿轮传动的重合度 $\varepsilon_a = L/p_{bt}$。

对于斜齿轮传动来说，齿轮也是在 B_2B_2 处进入啮合，不过它不是沿整个齿宽同时进入啮合，而是由轮齿的一端先进入啮合后，随着齿轮的转动，才逐渐达到沿全齿宽接触。在 B_1B_1 处脱离啮合时也是一样，由轮齿的一端先脱离啮合，直到该轮齿转到图中虚线所示的位置时，这对轮齿才完全脱离接触。这样，斜齿轮传动的实际啮合区比直齿轮增大了 $\Delta L = B\tan\beta_b$，其增加的一部分重合度以 ε_β 表示，则斜齿轮传动的重合度

$$\varepsilon_\gamma = \varepsilon_a + \varepsilon_\beta = \varepsilon_a + \frac{B\tan\beta_b}{p_{bt}} \tag{4-22}$$

ε_a 是根据斜齿轮传动的端面参数所求得的重合度，称为端面重合度。ε_β 是由于斜齿轮轮

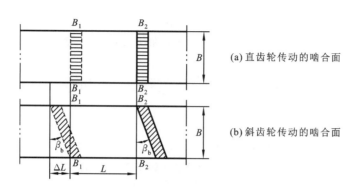

图 4-20　斜齿轮传动的重合度

齿的倾斜和齿轮具有一定的轴向宽度,而使斜齿轮传动增加的一部分重合度,故称为轴向重合度。由此可见,斜齿轮传动的重合度比直齿轮传动大,并随着齿宽 B 和螺旋角 β 的增大而增大,这也是斜齿轮传动平稳、承载能力高的主要原因之一。

3. 斜齿圆柱齿轮的特点

与直齿轮传动比较,斜齿轮传动的主要优点有:

(1)啮合性能好。在斜齿轮传动中,其轮齿的接触线为与齿轮轴线倾斜的直线,轮齿开始啮合和脱离啮合都是逐渐的,因而传动平稳、噪声小,同时这种啮合方式也减小了制造误差对传动的影响。

(2)重合度大。降低了每对轮齿的载荷,从而相对提高了齿轮的承载能力,延长了齿轮的使用寿命,并使传动平稳。

(3)结构紧凑。斜齿标准齿轮不产生根切的最少齿数较直齿轮少,因此,采用斜齿轮传动可以得到更为紧凑的机构。

与直齿轮传动比较,斜齿轮传动的主要缺点是:由于螺旋角的存在,传动时会产生轴向推力 $F_a = F_t \tan\beta$,且随螺旋角的增大而增大。为了不使轴向推力过大,一般推荐 $\beta = 8° \sim 20°$。

消除轴向力的方法是采用人字齿轮,其左右螺旋角大小相等,方向相反,使轴向力互相抵消,一般螺旋角 $\beta = 25° \sim 35°$。但人字齿轮制造困难,一般用于高速大动力传动中。

4.8　直齿圆锥齿轮机构

圆锥齿轮机构用于传递两相交轴间的运动和动力。圆锥齿轮的轮齿分布在一个圆锥面上,相应于圆柱齿轮中的各有关"圆柱",在此都变为"圆锥"。通常,一对圆锥齿轮传动的轴交角 $\Sigma = 90°$,如图 4-21 所示。圆锥齿轮有直齿和曲线齿之分。曲线齿锥齿轮传动平稳、承载能力大,在汽车、拖拉机中有所应用。但应用广泛的还是直齿圆锥齿轮,因为它设计、制造和安装均较方便。本节只讨论直齿圆锥齿轮。

1. 直齿圆锥齿轮齿廓曲面的形成

直齿圆锥齿轮齿廓曲面的形成与圆柱齿轮相似。如图 4-22 所示,当发生面 S 在基圆锥上作纯滚动时,发生面上过锥顶 O 的线段 KK' 所形成的轨迹 $AA'KK'$ 即为圆锥齿轮的齿廓曲面。因发生面沿基圆锥作纯滚动时,过点 O 的直线 KK' 上的点 K 至锥顶 O 的距离不变,因此,渐开线 AK 在以点 O 为球心、OK 为半径的球面上,故称渐开线 AK 为球面渐开线。直齿圆锥齿轮的齿廓曲面由一系列以锥顶 O 为球心、半径不同的球面渐开线所组成,称为球面渐开曲面。

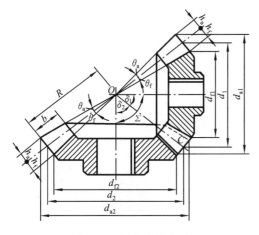

图 4-21　圆锥齿轮传动

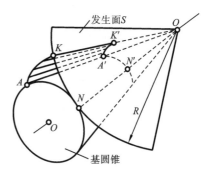

图 4-22　圆锥齿轮齿廓形成

2. 直齿圆锥齿轮的背锥

圆锥齿轮的齿廓曲线在理论上是球面渐开线，因球面不能展开成平面，这给圆锥齿轮的设计和制造带来很多困难，因此人们常将球面渐开线近似地展开在平面上，以便于齿廓的设计计算。图 4-23 所示为具有球面渐开线齿廓的锥齿轮。$\triangle OCC$、$\triangle Obb$、$\triangle Oaa$ 分别表示分锥、顶锥、根锥与轴平面的交线。过点 C 作切线 $O'C$ 与轴线交于点 O'，以 OO' 为轴线、$O'C$ 为母线作一圆锥 $O'CC$，该圆锥称为背锥。

若将球面渐开线的齿廓向背锥投影，则点 a、b 的投影对应为点 a'、b'，由图可知 $a'b'$ 与 ab 非常接近，故背锥上的齿廓曲线与锥齿轮的球面渐开线齿廓极为接近，而背锥可以展成为一扇形平面，如图 4-23 所示。因此，工程中常用背锥上的近似齿廓代替球面渐开线齿廓。

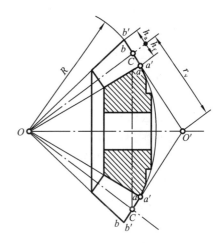

图 4-23　锥齿轮的背锥

3. 直齿圆锥齿轮的主要参数及几何计算

1）基本参数的标准值

锥齿轮的轮齿分布在圆锥体上，其齿形从大端向小端逐渐缩小，为了便于计算尺寸，减小测量误差，国际标准规定圆锥齿轮大端参数为标准参数，即大端模数和压力角取标准值，大端的模数按表 4-4 选取，压力角一般为 20°，其齿顶高系数 h_a^* 和径向间隙系数 c^* 如下：

对于常规齿，当 $m \leqslant 1$ mm 时，$h_a^* = 1$，$c^* = 0.25$；当 $m > 1$ mm 时，$h_a^* = 1$，$c^* = 0.2$。

表 4-4　圆锥齿轮模数（摘自 GB/T 12368—1990）

...	1	1.125	1.25	1.375	1.5	1.75	2
2.25	2.5	2.75	3	3.25	3.5	3.75	4
4.5	5	5.5	6	6.5	7	8	9
10	...						

2) 传动比、分度圆锥角及轴交角的关系

由图 4-21 可知,轴交角 $\Sigma = \delta_1 + \delta_2$,通常 $\Sigma = 90°$。

而轴交角 $\Sigma = 90°$ 的标准直齿圆锥齿轮传动的传动比为

$$i_{12} = \frac{\omega_1}{\omega_2} = \frac{z_2}{z_1} = \frac{r_2}{r_1} = \tan\delta_2 = \cot\delta_1 \tag{4-23}$$

3) 正确啮合条件

一对直齿圆锥齿轮的正确啮合条件是:两圆锥齿轮的大端模数和大端压力角分别相等,且均为标准值,并且两轮锥距相等、锥顶重合。

学习指导　　学习课件

思考与练习

4-1　当一对互相啮合的渐开线齿廓绕各自的基圆圆心转动时,其传动比不变。为什么?

4-2　何谓齿轮传动的啮合线? 为什么渐开线齿轮的啮合线为直线?

4-3　什么是渐开线标准直齿圆柱齿轮?

4-4　分度圆与节圆有什么区别? 在什么情况下分度圆与节圆重合?

4-5　渐开线直齿圆柱齿轮的基本参数有哪几个? 哪些是标准的? 其标准值为多少?

4-6　一对渐开线标准直齿轮的正确啮合条件是什么?

4-7　与直齿圆柱齿轮传动相比较,平行轴斜齿轮的主要优缺点是什么?

4-8　平行轴斜齿圆柱齿轮传动和直齿圆锥齿轮传动的正确啮合条件与直齿圆柱齿轮传动的正确啮合条件相比有何异同?

4-9　为什么一对平行轴斜齿轮传动的重合度往往比一对直齿轮传动的重合度大?

4-10　平行轴斜齿圆柱齿轮机构的螺旋角 β 对传动有什么影响? 它的常用取值范围是多少? 为什么?

4-11　设计斜齿轮机构时,当齿数和模数确定后,是否可以通过调整螺旋角 β 大小的方法来满足两平行轴之间实际中心距的要求?

4-12　现有四个标准渐开线直齿圆柱齿轮,压力角为 $20°$,齿顶高系数为1,径向间隙系数为 0.25,$m_1 = 5$ mm,$z_1 = 20$;$m_2 = 4$ mm,$z_2 = 25$;$m_3 = 4$ mm,$z_3 = 50$;$m_4 = 3$ mm,$z_4 = 60$。问:

(1) 轮2和轮3哪个齿廓较平直? 为什么?

(2) 哪个齿轮的齿最高? 为什么?

(3) 哪个齿轮的尺寸最大? 为什么?

(4) 齿轮1和2能正确啮合吗? 为什么?

4-13　图 4-24 所示为一渐开线 AK,基圆半径 $r_b = 20$ mm,点 K 向径 $r_K = 35$ mm。试画出点 K 处渐开线的法线,并计算点 K 处渐开线的曲率半径 ρ_K、压力角 α_K 和展开角 θ_K。

4-14　一对按标准中心距安装的外啮合渐开线直齿圆柱标准齿轮,其小齿轮已损坏,需要配制,今测得两轴中心距 $a = 310$ mm,大齿轮齿数 $z_2 = 100$,齿顶圆直径 $d_a = 408$ mm,$\alpha = 20°$,$h_a^* = 1$,$c^* =$

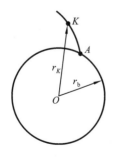

图 4-24　题 4-13 图

0.25,试确定小齿轮的基本参数,并计算小齿轮的分度圆直径、齿顶圆直径、齿根圆直径、基圆直径、齿距、齿厚和齿槽宽。

4-15 一对渐开线外啮合直齿圆柱标准齿轮传动,其有关参数如下:$z_1=21,z_2=40,m=5$ mm,$\alpha=20°,h_a^*=1,c^*=0.25$。试求:

(1) 标准安装时的中心距、啮合角和顶隙;

(2) 当该对齿轮传动的重合度 $\varepsilon=1.64$ 时,实际啮合线段 $\overline{B_1B_2}$ 的长度。

4-16 机器中需用一对模数 $m=4$ mm,齿数 $z_1=20,z_2=59$ 的外啮合渐开线直齿圆柱齿轮传动,中心距 $a'=160$ mm。试问:

(1) 在保证无侧隙传动的条件下,能否根据渐开线齿轮的可分性,用标准直齿圆柱齿轮来实现该传动?

(2) 能否利用斜齿圆柱齿轮机构来实现该传动? 如有可能,计算其分度圆螺旋角 β 及分度圆直径 d_1、d_2。

4-17 一对标准斜齿圆柱齿轮传动,已知 $z_1=25,z_2=75,m_n=5$ mm,$\alpha=20°,\beta=9°6'51''$。

(1) 试计算该对齿轮传动的中心距 a;

(2) 若要将中心距改为 255 mm,而齿数和模数不变,则应将 β 改为多少才可满足要求?

4-18 设一对轴交角 $\Sigma=90°$ 的直齿圆锥齿轮传动参数为:$m=10$ mm,$\alpha=20°,z_1=20,z_2=40,h_a^*=1$。试计算下列值:

(1) 两分度圆锥角;

(2) 两分度圆直径;

(3) 两齿顶圆直径。

第 5 章　轮系及其设计

学习导引

上一章仅对一对齿轮的工作原理和几何设计问题进行了研究,但在实际机械中,如汽车为什么能变速和倒车?如何使汽车转弯时根据道路弯曲程度的不同,将发动机的一种转速分解为两个后轮的不同转速?⋯⋯为了满足不同的工作要求,齿轮机构一般都以齿轮系的形式出现。它可以实现单一齿轮机构所不能实现的许多运动。

5.1　轮系的类型

在工程实际中,为了满足不同的工作要求,如金属切削机床的传动系统、手表、各种变速器、航空航天发动机上所用的传动装置等,常常是在输入轴与输出轴之间采用一系列互相啮合的齿轮进行运动和动力的传递,这种由一系列齿轮组成的机械传动系统称为轮系。

轮系的类型很多,其组成也是各式各样的,一个轮系中可以同时包括圆柱齿轮、圆锥齿轮、蜗杆蜗轮等各种类型的齿轮机构。根据轮系运转时各个齿轮的几何轴线相对于机架的位置是否固定,将轮系分为如下几种类型。

1. 定轴轮系

如图 5-1 所示,轮系在运转时,所有齿轮的几何轴线的位置相对于机架都是固定不变的,这种轮系称为定轴轮系。其中,全部由轴线相互平行的齿轮所组成的轮系,称为平面定轴轮系(图 5-1(a))。如果在定轴轮系中包含有空间齿轮(如圆锥齿轮、蜗杆蜗轮等),则称为空间定轴轮系(图 5-1(b))。

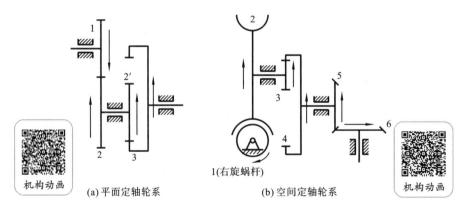

(a) 平面定轴轮系　　　　(b) 空间定轴轮系

图 5-1　定轴轮系

2. 周转轮系

在如图 5-2 所示的轮系中,齿轮 1、3 的轴线相重合,它们均为定轴齿轮,而齿轮 2 在构件

H 的带动下，可以绕齿轮 1、3 的轴线周转。这种在运转过程中至少有一个齿轮几何轴线的位置并不固定，而是绕着其他定轴齿轮轴线回转的轮系，称为周转轮系。由于齿轮 2 既绕自己的几何轴线 O_1 自转，又绕定轴齿轮 1、3 杆的轴线 O 公转，犹如行星绕日运动一样，故称其为行星轮；支承行星轮的构件 H 称为系杆或行星架；与行星轮直接相啮合，且和系杆 H 的轴线相重合的定轴齿轮 1 和 3 称为中心轮，其中齿轮 1 又称为太阳轮。

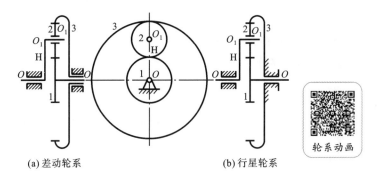

(a) 差动轮系 (b) 行星轮系

图 5-2 周转轮系

在周转轮系中，由于中心轮和系杆 H 的轴线位置固定且重合，一般它们作为运动的输入或输出构件，故称其为周转轮系的基本构件。应当注意，基本构件都是绕着同一固定轴线回转的，否则整个轮系将不能运动。

由此可见，一个基本的周转轮系（或单一的周转轮系）就是由一个系杆、若干个行星轮和与行星轮相啮合的中心轮组成的。

周转轮系可以根据自由度数的不同作进一步划分。如图 5-2(a) 所示，若中心轮 1 和 3 都能转动，则整个轮系的自由度为 2，即具有两个独立运动，称其为差动轮系；如图 5-2(b) 所示，若将中心轮 3（或 1）固定，则整个轮系的自由度为 1，只有一个独立运动，则称其为行星轮系。

3. 复合轮系

在实际机械中，除了采用单一的定轴轮系和单一的周转轮系外，还经常用到既包含定轴轮系又包含周转轮系（图 5-3(a)）或由几个基本周转轮系组成（图 5-3(b)）的复杂轮系，这种轮系称为混合轮系或复合轮系，如图 5-3 所示。

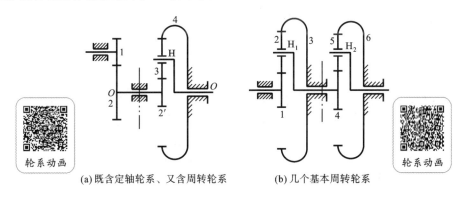

(a) 既含定轴轮系、又含周转轮系 (b) 几个基本周转轮系

图 5-3 复合轮系

5.2　定轴轮系及其传动比

轮系的传动比,指的是指定的首轮 a 与末轮 b 的角速度或转速之比,用符号 i_{ab} 表示。其传动比的大小为

$$i_{ab} = \frac{\omega_a}{\omega_b} = \frac{n_a}{n_b} \tag{5-1}$$

为了完整表达首轮与末轮间的运动关系,轮系的传动比不仅要确定首末两轮的角速度之比的大小,而且要确定两轮的相对转向关系。

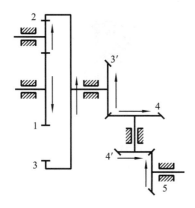

图 5-4　定轴轮系

1. 传动比大小的计算

现以图 5-4 所示的定轴轮系为例来介绍定轴轮系传动比的计算方法。在此轮系中,齿轮 1、2 为一对外啮合圆柱齿轮;齿轮 2、3 为一对内啮合圆柱齿轮;而齿轮 3′、4 和 4′、5 是一对锥齿轮。现设齿轮 1 为主动轮即首轮,齿轮 5 为从动轮即末轮,则轮系的传动比为 $i_{15} = \frac{\omega_1}{\omega_5}$。下面讨论传动比 i_{15} 的计算方法。

首轮 1 和末轮 5 之间的传动,是通过许多对齿轮的依次啮合来实现的,为此,先求出轮系中每一对啮合齿轮的传动比的大小。

$$i_{12} = \frac{\omega_1}{\omega_2} = \frac{z_2}{z_1} \tag{a}$$

$$i_{23} = \frac{\omega_2}{\omega_3} = \frac{z_3}{z_2} \tag{b}$$

$$i_{3'4} = \frac{\omega_{3'}}{\omega_4} = \frac{\omega_3}{\omega_4} = \frac{z_4}{z_{3'}} \tag{c}$$

$$i_{4'5} = \frac{\omega_{4'}}{\omega_5} = \frac{\omega_4}{\omega_5} = \frac{z_5}{z_{4'}} \tag{d}$$

将(a)、(b)、(c)、(d)四式相乘得

$$i_{12} i_{23} i_{3'4} i_{4'5} = \frac{\omega_1 \omega_2 \omega_3 \omega_4}{\omega_2 \omega_3 \omega_4 \omega_5} = \frac{\omega_1}{\omega_5}$$

故轮系的传动比为

$$i_{15} = \frac{\omega_1}{\omega_5} = i_{12} i_{23} i_{3'4} i_{4'5} = \frac{z_2 z_3 z_4 z_5}{z_1 z_2 z_{3'} z_{4'}} = \frac{z_3 z_4 z_5}{z_1 z_{3'} z_{4'}}$$

上式表明,定轴轮系的传动比等于组成该轮系的各对啮合齿轮传动比的连乘积;其大小等于各对啮合齿轮中所有从动轮齿数的连乘积与所有主动轮齿数的连乘积之比,即

$$i_{ab} = \frac{\omega_a}{\omega_b} = \frac{n_a}{n_b} = \frac{\text{从 a} \rightarrow \text{b 所有从动轮齿数连乘积}}{\text{从 a} \rightarrow \text{b 所有主动轮齿数连乘积}} \tag{5-2}$$

2. 首、末两轮转向关系的确定

在工程实际中,不仅需要知道轮系传动比的大小,还要根据主动轮的转向来确定从动轮的转向。齿轮传动的转向关系可以用正负或用箭头表示。

1) 平面定轴轮系

如图 5-5(a)所示为一对外啮合齿轮传动。当主动轮 1 以逆时针方向转动时,从动轮 2 就顺时针方向转动,即两轮转向相反,用"－"号表示两轮转向相反的转动关系。如图 5-5(b)所示为一对内啮合齿轮传动,由于内啮合时两轮转向相同,结果用"＋"号表示。所以在平面定轴轮系中,每经过一对外啮合传动,转动方向就改变一次,而内啮合传动不改变转动方向,假设从首轮到末轮共有 m 次外啮合,则首末两轮的转向关系为 $(-1)^m$,如图 5-6 中从轮 1 到轮 4,$m=2$,转向改变两次,因此该轮系传动比的符号为 $(-1)^2=+1$,即轮 1 和轮 4 转向相同。

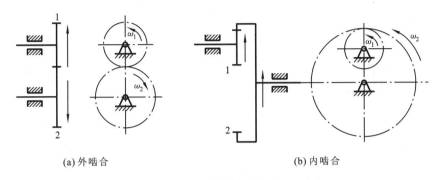

(a) 外啮合　　　　　　　　　　　　　　(b) 内啮合

图 5-5　一对齿轮传动的转向关系

同时还可以在图上根据内啮合(转向相同)、外啮合(转向相反),依次画箭头的方法来确定轮系传动比的正负号。如图 5-5 所示,代表两轮转向的箭头不是同时指向节点("面对面")就是同时背离节点("背对背")。如图 5-6 中齿轮 1 和齿轮 4 的箭头方向相同,表明其转向相同,所以 i_{14} 为正。

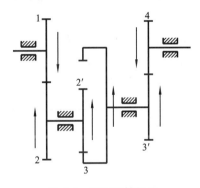

图 5-6　平面定轴轮系

在图 5-4 所示轮系传动比的计算过程中,可以看到轮 2 同时与轮 1 和轮 3 啮合。对于轮 1 而言,轮 2 是从动轮;对于轮 3 而言,轮 2 又是主动轮,因此其齿数对传动比的大小无影响,仅仅起着传动的中间过渡和改变从动轮转向的作用,故称轮 2 为惰轮(或过桥轮)。

将以上分析推广到一般的各轮轴线相互平行的定轴轮系,设轮 a 为首轮,轮 b 为末轮,则有

$$i_{ab} = \frac{n_a}{n_b} = \frac{\omega_a}{\omega_b} \tag{5-3}$$
$$= (-1)^m \frac{\text{从 a → b 所有从动轮齿数的连乘积}}{\text{从 a → b 所有主动轮齿数的连乘积}}$$

式中:m 为轮系中外啮合齿轮的对数。

2) 空间定轴轮系

用"＋""－"号表示主、从动轮转向的方法,只有当主、从动轮的轴线平行时才有意义,但对空间定轴轮系,其转向不能再由 $(-1)^m$ 决定,必须在运动简图中用画箭头的方法确定。

如图 5-7 所示的空间齿轮传动,由于主、从动轮的轴线不平行,两个齿轮的转向没有相同和相反的关系,所以不能用"＋""－"号表示,这时只能用画箭头的方法来表示两轮的转向,画箭头的方法和平面轮系一样,不是同时指向节点就是同时背离节点,其传动比不再带符号。

如图 5-8 所示的空间定轴轮系中,所有齿轮的几何轴线并不都是平行的,但首、末两轮的轴线相平行,则它们的转向关系仍可用正负号表示。其符号由图上所画箭头判定。如首轮 1 和末轮 5 的转向相反,故其传动比为

$$i_{15} = \frac{\omega_1}{\omega_5} = -\frac{z_2 z_3 z_4 z_5}{z_1 z_{2'} z_{3'} z_4}$$

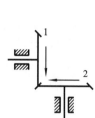

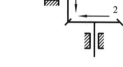

图 5-7 空间齿轮传动的转向关系

图 5-8 空间定轴轮系

如果首、末两轮的轴线不平行,则它们的转向关系只能在图上用箭头表示,其传动比不再带符号。

例 5-1 图 5-8 所示轮系中,已知 $n_1 = 500$ r/min,$z_1 = 30$,$z_2 = 40$,$z_{2'} = 20$,$z_3 = 25$,$z_{3'} = 23$,$z_4 = 24$,$z_5 = 69$,求 n_5 的大小和方向。

解 (1)计算传动比的大小。

该轮系属于首末两轮平行的空间定轴轮系,只能先用式(5-2)计算传动比的大小,再求出 n_5。

$$i_{15} = \frac{n_1}{n_5} = \frac{z_2 z_3 z_4 z_5}{z_1 z_{2'} z_{3'} z_4} = \frac{40 \times 25 \times 24 \times 69}{30 \times 20 \times 23 \times 24} = 5$$

所以

$$n_5 = \frac{n_1}{i_{15}} = \frac{500}{5} \text{ r/min} = 100 \text{ r/min}$$

(2)n_5 的方向。

只能用画箭头的方法判断,如图中的箭头所示。由于轮 1 与轮 5 的几何轴线平行,所以其传动比可用正负号表示,则 $n_5 = -100$ r/min。

5.3 周转轮系及其传动比

周转轮系中,由于其行星轮的运动不是简单的绕定轴转动,因此其传动比的计算不能像定轴轮系那样直接用简单的齿数反比的形式来表示。

1. 周转轮系传动比计算的基本思路

周转轮系与定轴轮系的本质区别在于周转轮系中有一个转动的系杆,因此使得行星轮不但有自转而且还有公转。但是如果能够在保持周转轮系中各构件之间的相对运动不变的条件下,使得系杆固定不动,则该周转轮系即被转化为一个假想的定轴轮系,就可以借助此转化轮系(或称为转化机构),按定轴轮系的传动比公式进行周转轮系传动比的计算。这种方法称为反转法或转化机构法。

比较图 5-9(a)、(b),可以看出图(a)周转轮系中构件 H 以角速度 ω_H 转动而成为系杆,图(b)定轴轮系中构件 H 是机架。根据相对运动原理,给图(a)的整个周转轮系加一个绕系杆 H 轴线转动的公共角速度$-\omega_H$,并不会改变各构件之间的相对运动关系,但此时系杆的角速度为 $\omega_H^H = \omega_H - \omega_H = 0$,即系杆已成为"静止"的机架。于是,周转轮系就转化成为一个假想的定轴轮系,这个假想的定轴轮系称为原周转轮系的转化轮系,其各物理量均在代表符号的右上角加一上标 H,以示是相对系杆 H 的物理量。如 i^H 为转化机构的传动比,该转化机构的传动比就可以按定轴轮系传动比的计算方法计算了。轮系转化后各构件的角速度如表 5-1 所示。

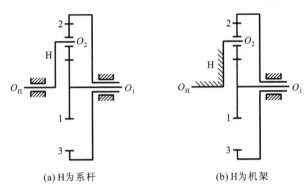

（a）H为系杆　　　　　　　　（b）H为机架

图 5-9　周转轮系与定轴轮系的差别

表 5-1　各构件转化前后的角速度

构　　件	原有角速度	转化机构中的角速度
1	ω_1	$\omega_1^H = \omega_1 - \omega_H$
2	ω_2	$\omega_2^H = \omega_2 - \omega_H$
3	ω_3	$\omega_3^H = \omega_3 - \omega_H$
H	ω_H	$\omega_H^H = \omega_H - \omega_H = 0$

2. 周转轮系传动比的计算方法

由于周转轮系的转化轮系是一个假想的定轴轮系,因此转化轮系中齿轮 1 对齿轮 3 的传动比 i_{13}^H 可根据式(5-3)表示为

$$i_{13}^H = \frac{\omega_1^H}{\omega_3^H} = \frac{\omega_1 - \omega_H}{\omega_3 - \omega_H} = (-1)^1 \frac{z_2 z_3}{z_1 z_2} = -\frac{z_3}{z_1}$$

上式表明,当轮系为行星轮系时,其中轮 1 或轮 3 固定,即 ω_1 或 ω_3 为零,公式中只要在另外两个转速中任知其一,可求其余一个转速。当轮系为差动轮系时,在三个转速 ω_1、ω_3、ω_H 中任知其中两个,可求第三个转速。

若 a、b 为周转轮系中的任意两个齿轮,系杆为 H,则其转化轮系传动比计算的一般式为

$$i_{ab}^H = \frac{\omega_a^H}{\omega_b^H} = \frac{\omega_a - \omega_H}{\omega_b - \omega_H} = \pm \frac{\text{从齿轮 a} \rightarrow \text{b 所有从动轮齿数的乘积}}{\text{从齿轮 a} \rightarrow \text{b 所有主动轮齿数的乘积}} \qquad (5\text{-}4)$$

应用式(5-4)计算周转轮系传动比时,需要注意以下几点:

(1) 式(5-4)适用任何基本周转轮系,但要求 a、b 两轮和系杆 H 的几何轴线必须相互平行或重合。

（2）ω_a^H、ω_b^H、i_{ab}^H 分别为齿轮 a、b 在转化机构中的角速度和传动比。式(5-4)中的正负号和大小是在转化机构中按定轴轮系的方法来确定的。i_{ab}^H 的正负号不仅表明在转化轮系中轮 a 和轮 b 之间的转向关系，而且它将直接影响到周转轮系传动比的大小和正负号。

（3）ω_a、ω_b 和 ω_H 分别为周转轮系中相应构件的绝对角速度，均为代数量，在使用时要带有相应的"±"号，这样求出的角速度就可按其符号来确定转动方向。

（4）$i_{ab}^H \neq i_{ab}$，i_{ab} 是周转轮系中轮 a 和轮 b 的传动比。i_{ab} 必须经过求 i_{ab}^H 后才能求得。

3. 周转轮系传动比计算举例

下面以两个例题具体说明计算周转轮系传动比的方法和步骤。

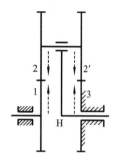

图 5-10　大传动比的周转轮系

例 5-2　如图 5-10 所示的轮系中，设 $z_1 = 100$，$z_2 = 101$，$z_{2'} = 100$，$z_3 = 99$，试求传动比 i_{H1}。

解　在图示的轮系中，由于轮 3 固定（即 $n_3 = 0$），故该轮系为一行星轮系，其转化机构的传动比为

$$i_{13}^H = \frac{n_1^H}{n_3^H} = \frac{n_1 - n_H}{0 - n_H} = +\frac{z_2 z_3}{z_1 z_{2'}}$$

所以，可得行星轮系的传动比为

$$i_{1H} = 1 - i_{13}^H = 1 - \frac{z_2 z_3}{z_1 z_{2'}} = 1 - \frac{101 \times 99}{100 \times 100} = +\frac{1}{10000}$$

故

$$i_{H1} = \frac{n_H}{n_1} = +10000$$

即当系杆 H 转 10000 转时，轮 1 才转 1 转，其转向与系杆 H 的转向相同。可见行星轮系可获得的传动比极大。但这种轮系的效率很低，且当轮 1 主动时将发生自锁。因此，这种轮系只适用于轻载下的运动传递或作为微调机构。

如果将本例中的 z_3 由 99 改为 100，则

$$i_{1H} = 1 - i_{13}^H = 1 - \frac{z_2 z_3}{z_1 z_{2'}} = 1 - \frac{101 \times 100}{100 \times 100} = -\frac{1}{100}$$

故

$$i_{H1} = -100$$

即当系杆转 100 转时，轮 1 反向转 1 转。可见，行星轮系中齿数的改变不仅会影响传动比的大小，而且还会改变从动轮的转向。这就是行星轮系与定轴轮系的不同之处，也说明了为什么周转轮系不能像定轴轮系那样直观地判断各构件间的真实转向关系。

例 5-3　在如图 5-11 所示的轮系中，各轮的齿数为 $z_1 = 48$，$z_2 = 42$，$z_{2'} = 18$，$z_3 = 21$，$n_1 = 100$ r/min，$n_3 = 80$ r/min，其转向如图中实线箭头所示，求系杆 H 的转速 n_H 的大小和方向。

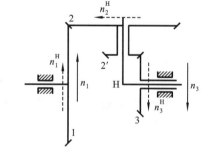

图 5-11　圆锥齿轮组成的差动轮系

解　这是由圆锥齿轮组成的差动轮系。虽然是空间轮系，但其输入轴和输出轴是平行的，所以通过图中画虚线箭头的方法确定出该轮系转化机

构中齿轮 1 和 3 的转向相反,在公式中应代入负号。

$$i_{13}^{H} = \frac{n_1^{H}}{n_3^{H}} = \frac{n_1 - n_H}{n_3 - n_H} = -\frac{z_2 z_3}{z_1 z_{2'}} = -\frac{42 \times 21}{48 \times 18} = -\frac{49}{48}$$

由于已知条件给定 n_1、n_3 的转向相反,设 n_1 为正,n_3 为负,则

$$i_{13}^{H} = \frac{n_1 - n_H}{n_3 - n_H} = \frac{100 - n_H}{-80 - n_H} = -\frac{49}{48}$$

由此得

$$n_H = 9.07 \ \text{r/min}$$

计算结果为正,说明系杆 H 的转向与齿轮 1 的转向相同,与齿轮 3 的转向相反。

需要说明的是:由圆锥齿轮组成的周转轮系,其行星轮 2、2′ 的轴线与齿轮 1(或齿轮 3)和系杆的轴线不平行,因而它们的角速度不能按代数量进行加减,即 $\omega_2^{H} \neq \omega_2 - \omega_H$,$i_{12}^{H} \neq \frac{\omega_1 - \omega_H}{\omega_2 - \omega_H}$。

5.4　复合轮系的传动比

1. 复合轮系传动比的计算方法

由前述可知,复合轮系是由基本周转轮系与定轴轮系组成,或者由几个周转轮系组成。对于这样的复杂轮系传动比的计算,既不能直接套用定轴轮系的公式,也不能直接套用周转轮系的公式。例如对如图 5-3(a)所示的复合轮系,如果给整个轮系一个公共角速度($-\omega_H$),使其绕 O—O 轴线反转后,原来的周转轮系部分虽然转化成了定轴轮系,可原来的定轴轮系却因机架反转而变成了周转轮系,这样整个轮系还是复合轮系。所以解决复合轮系传动比可遵循以下步骤:

(1) 正确划分各基本轮系;

(2) 分别列出各基本轮系传动比的方程式;

(3) 找出各基本轮系之间的联系;

(4) 将各基本轮系传动比方程式联立求解,即可求得复合轮系的传动比。

这里最为关键的一步是正确划分各基本轮系。基本轮系是指单一的定轴轮系或单一的周转轮系。在划分基本轮系时应先找出单一的周转轮系,根据周转轮系具有行星轮的特点,首先找出轴线位置不固定的行星轮,支持行星轮作公转的构件就是系杆 H(值得注意的是有时系杆不一定是杆状),而几何轴线与系杆 H 的回转轴线相重合且直接与行星轮相啮合的定轴齿轮就是中心轮。这样的行星轮、系杆 H 和中心轮便组成一个基本周转轮系。划分一个基本的周转轮系后,还要判断是否还有其他行星轮被另一个系杆支承,每一个系杆对应一个基本周转轮系。在逐一找出所有的周转轮系后,剩下的就是由定轴齿轮所组成的定轴轮系了。

如图 5-3(a)所示的复合轮系中,2′-3-4-H 为周转轮系,1-2 为定轴轮系。在图 5-3(b)所示的复合轮系中,1-2-3-H_1 为一周转轮系,4-5-6-H_2 为另一周转轮系。

2. 复合轮系传动比计算举例

下面举例说明复合轮系传动比计算的方法。

例 5-4　如图 5-12 所示的轮系中,已知各轮齿数为 $z_1 = 20$,$z_2 = 30$,$z_3 = 80$,$z_4 = 25$,$z_5 = 50$,试求传动比 i_{15}。

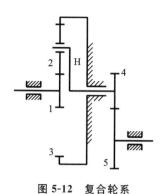

图 5-12　复合轮系

解　（1）正确划分轮系。

齿轮 2 的轴线位置不固定，为行星轮，支承它的为系杆 H，与齿轮 2 直接啮合的为中心轮 1 和 3，故齿轮 2 和齿轮 1、3 及系杆 H 组成周转轮系，因齿轮 3 固定，所以它是一个行星轮系；齿轮 4 和 5 组成定轴轮系。

（2）分别列出各基本轮系传动比的计算式。

对行星轮系有

$$i_{13}^{H} = \frac{\omega_1 - \omega_H}{\omega_3 - \omega_H} = -\frac{z_2 z_3}{z_1 z_2} = -\frac{z_3}{z_1} \tag{a}$$

对定轴轮系有

$$i_{45} = \frac{\omega_4}{\omega_5} = -\frac{z_5}{z_4} \tag{b}$$

（3）建立各基本轮系的联系条件。

联系条件为

$$\omega_H = \omega_4 \tag{c}$$

（4）联立求解。

由式（a）和 $\omega_3 = 0$ 可得

$$i_{1H} = \frac{\omega_1}{\omega_H} = 1 + \frac{z_3}{z_1} = 1 + \frac{80}{20} = +5 \tag{d}$$

由式（b）可得

$$i_{45} = \frac{\omega_4}{\omega_5} = -\frac{z_5}{z_4} = -\frac{50}{25} = -2 \tag{e}$$

由式（c）、（d）和（e）得

$$i_{15} = \frac{\omega_1}{\omega_5} = i_{1H} \times i_{45} = +5 \times (-2) = -10$$

计算结果为负，说明轮 1 与轮 5 转向相反。

5.5　轮系的功用

在各种机械设备中，轮系的应用非常广泛。其功能主要有以下几个方面。

1. 实现相距较远的两轴之间的传动

当输入轴和输出轴之间的距离较远时，如果只用一对齿轮直接将输入轴的运动传递给输出轴（如图 5-13 所示的齿轮 1 和齿轮 2），齿轮的尺寸将很大。这样，既占空间又费材料，而且制造、安装均不方便。若改用齿轮 a、b、c 和 d 组成的轮系来传动，便可克服上述缺点。

2. 实现分路传动

当输入轴的转速一定时，利用轮系可将输入轴的一种转速同时传到几根输出轴上，获得所需的各种转速。图 5-14 为滚齿机上实现轮坯与滚刀展成运动的传动简图，轴 Ⅰ 的运动和动力经过圆锥齿轮 1、2 传给右旋单头滚刀 10，经过齿轮 3、4、5、6、7 和蜗轮蜗杆传动 8、9 传给轮坯 11。

3. 实现变速变向传动

输入轴的转速转向不变，利用轮系可使输出轴得到若干种转速或改变输出轴的转向，这种

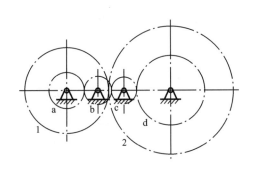

图 5-13　实现远距离传动

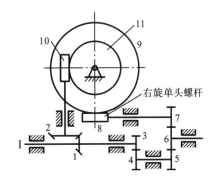

图 5-14　滚齿机分路传动

传动称为变速变向传动。如汽车在行驶中变速、倒车需要变向时就采用变速变向传动。

如图 5-15 所示为汽车的变速箱,图中轴 Ⅰ 为动力输入轴,Ⅱ 为输出轴,4、6 为滑移齿轮,A、B 为牙嵌式离合器。该变速箱可使输出轴得到四种转速:

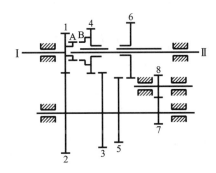

图 5-15　汽车变速箱

第一挡:齿轮 5、6 相啮合而 3、4 和离合器 A、B 均脱离。

第二挡:齿轮 3、4 相啮合而 5、6 和离合器 A、B 均脱离。

第三挡:离合器 A、B 相嵌合而齿轮 5、6 和 3、4 均脱离。

倒退挡:齿轮 6、8 相啮合而 3、4 和 5、6 以及离合器 A、B 均脱离。此时由于惰轮 8 的作用,输出轴 Ⅱ 反转。

4. 获得大的传动比和大功率传动

在齿轮传动中,一对齿轮的传动比一般不超过 8。当两轴之间需要很大的传动比时,固然可以用多级齿轮组成的定轴轮系来实现,但轴和齿轮的数量增多会导致结构复杂。若采用行星轮系,则只需很少几个齿轮,就可获得很大的传动比。如图 5-10 所示的行星轮系,其传动比 i_{H1} 可达 10000。说明行星轮系可以用少数齿轮得到很大的传动比,比定轴轮系紧凑、轻便得多。但这种类型的行星齿轮传动用于减速时,减速比越大,其机械效率越低。如用于增速传动,有可能发生自锁。因此,一般只用于作辅助装置的传动机构,不宜传递大功率。

用作动力传动的周转轮系中,采用多个均布的行星轮来同时传动(图 5-16),由多个行星轮共同承担载荷,既可减小齿轮尺寸,又可使各啮合点处的径向分力和行星轮公转所产生的离心惯性力得以平衡,从而减少了主轴承内的作用力,因此传递功率大,同时效率也较高。

5. 实现运动的合成与分解

因为差动轮系有两个自由度,所以需要给定三个基本构件中任意两个的运动后,第三个构件的运动才能确定。这就意味着第三个构件的运动为另两个基本构件的运动的合成。如图 5-17 所示的差动轮系就常用作运动的合成。其中 $z_1 = z_3$,则

$$i_{13}^{H} = \frac{n_1^{H}}{n_3^{H}} = \frac{n_1 - n_H}{n_3 - n_H} = (-) \frac{z_3}{z_1}$$

所以

$$2n_H = n_1 + n_3$$

当由齿轮 1 及齿轮 3 的轴分别输入被加数和加数的相应转角时,系杆 H 的转角之两倍就是它们的和。这种运动合成作用被广泛应用于机床、计算机和补偿调整等装置中。

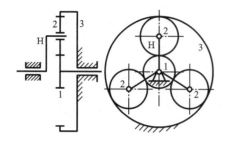
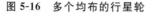

图 5-16　多个均布的行星轮

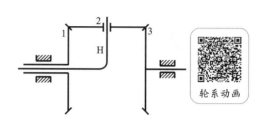

图 5-17　差动轮系用于运动合成

同样,利用周转轮系也可以实现运动的分解,即将差动轮系中已知的一个独立运动分解为两个独立的运动。如图 5-18 所示为装在汽车后桥上的差动轮系(称为差速器)。发动机通过传动轴驱动齿轮 5,齿轮 4 上固连着系杆 H,其上装有行星轮 2。齿轮 1、2、3 及行星架 H 组成一差动轮系。在该轮系中,$z_1 = z_3$,$n_H = n_4$,根据公式(5-4)得

$$i_{13}^{\mathrm{H}} = \frac{n_1 - n_4}{n_3 - n_4} = -\frac{z_3}{z_1} = -1$$

$$2n_4 = n_1 + n_3 \tag{a}$$

由于差动轮系具有两个自由度,因此,只有圆锥齿轮 5 为主动时,圆锥齿轮 1 和 3 的转速是不能确定的,但 $n_1 + n_3$ 却总为常数。当汽车直线行驶时,由于两个后轮所滚过的距离是相等的,其转速也相等。所以有 $n_1 = n_3$,即 $n_1 = n_3 = n_H = n_4$,行星轮 2 没有自转运动。此时,整个轮系形成一个同速转动的整体,一起随轮 4 转动。当汽车转弯时,由于两后轮转弯半径不相等,则两后轮的转速应不相等($n_1 \neq n_3$)。在汽车后桥上采用差动轮系,就是为了当汽车沿不同弯道行驶时,在车轮与地面不打滑的条件下,自动改变两后轮的转速。

当汽车左转弯时,汽车的两前轮在转向机构(图 5-19 所示的梯形机构 $ABCD$)的作用下,其轴线与汽车两后轮的轴线汇交与一点 P,这时整个汽车可以看成绕着点 P 回转。两后轮在与地面不打滑的条件下,其转速应与弯道半径成正比,由图可得

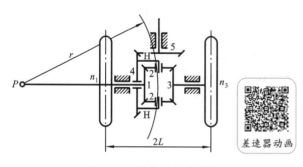

图 5-18　汽车后桥差速器

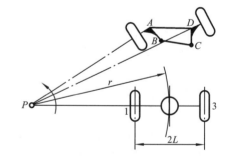

图 5-19　汽车前轮转向机构

$$\frac{n_1}{n_3} = \frac{r - L}{r + L} \tag{b}$$

这是一个附加的约束条件,联合(a)、(b)两式得两后轮的转速分别为

$$n_1 = \frac{r - L}{r} n_4, \quad n_3 = \frac{r + L}{r} n_4$$

可见,此时行星轮除和 H 一起公转外,还绕 H 作自转,轮 4 的转速 n_4 通过差动轮系分解为 n_1 和 n_3 两个转速。这两个转速随弯道半径的不同而不同。

思考与练习

学习指导

学习课件

5-1　如何计算定轴轮系的传动比? 怎样确定圆柱齿轮所组成的轮系及空间齿轮所组成的轮系的传动比符号?

5-2　如何计算周转轮系的传动比? 周转轮系有何优点? 何谓周转轮系的"转化机构"? i_{ab}^H 是不是周转轮系中 a、b 两轮的传动比,为什么? 如何确定周转轮系中从动轮的回转方向?

5-3　如何求复合轮系的传动比? 试说明解题步骤、计算技巧及其适用范围。

5-4　在图 5-20 所示的轮系中,已知 $z_1=20,z_2=30,z_3=18,z_4=68$,齿轮 1 的转速 $n_1=150$ r/min. 试求系杆 H 的转速 n_H 的大小和方向。

5-5　在图 5-21 所示的轮系中,已知各轮齿数为 $z_1=z_3=30,z_2=90,z_{2'}=40,z_{3'}=40,z_4=30$,试求传动比 i_{1H},并说明轴 I、轴 H 的转向是否相同。

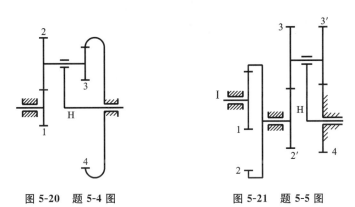

图 5-20　题 5-4 图　　　　　　图 5-21　题 5-5 图

5-6　如图 5-22 图(a)、(b)所示为两个不同结构的锥齿轮周转轮系,已知 $z_1=20,z_2=24,z_{2'}=30,z_3=40,n_1=200$ r/min, $n_3=-100$ r/min,求两种结构中行星架 H 的转速 n_H。

5-7　在图 5-23 所示的复合轮系中. 设已知 $n_1=3549$ r/min,又各轮齿数为: $z_1=36,z_2=60,z_3=23,z_4=49,z_{4'}=69,z_5=31,z_6=131,z_7=94,z_8=36,z_9=167$,试求行星架 H 的转速 n_H。

5-8　在图 5-24 所示轮系中,已知各轮齿数为 $z_1=z_2=30,z_3=40,z_4=20,z_5=18,z_6=38$,试求传动比 i_{1H}。

5-9　在图 5-25 所示的三爪电动卡盘的传动轮系中,各轮齿数为 $z_1=6,z_2=z_{2'}=25,z_3=57,z_4=56$,求传动比 i_{14}。

5-10　在图 5-26 所示轮系中,已知各轮齿数为 $z_1=z_3=30,z_2=90,z_{2'}=40,z_{3'}=40,z_4=30$,试求传动比 i_{1H},并说明轴I、轴 H 的转向是否相同。

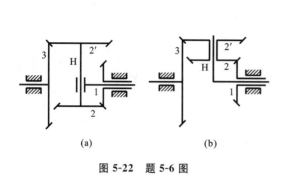

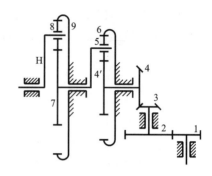

图 5-22　题 5-6 图

图 5-23　题 5-7 图

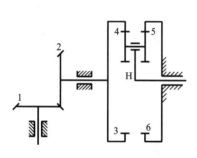

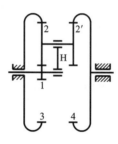

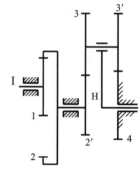

图 5-24　题 5-8 图

图 5-25　题 5-9 图

图 5-26　题 5-10 图

第6章 间歇运动机构

学 习 导 引

在各种机械中,除了广泛采用前面各章所介绍的一些最常用的基本机构外,还经常用到间歇运动机构。间歇运动机构是将主动件的运动转换成从动件停歇的机构。间歇运动机构广泛应用于自动或半自动机械(例如机床的进给机构、自动进料机构、分度机构、电影放映机中胶片的驱动机构等)中。常用的间歇运动机构有棘轮机构、槽轮机构、不完全齿轮机构等。本章将对这些机构的工作原理、特点及应用情况予以简单介绍。

6.1 棘 轮 机 构

1. 棘轮机构的工作原理和类型

如图 6-1 所示的棘轮机构主要由棘轮 3、主动棘爪 2、止动棘爪 4 与主动摆杆 1、机架 5 组成,弹簧 6 的作用是使止动棘爪 4 与棘轮 3 保持接触。当主动摆杆 1 顺时针方向转动时,主动棘爪 2 插入棘轮 3 齿槽,使棘轮转过一定角度,而止动棘爪 4 在棘轮齿背上滑过;当主动摆杆 1 逆时针方向转动时,止动棘爪 4 插入棘轮齿槽阻止棘轮 3 向逆时针方向反转,与此同时,主动棘爪 2 在棘轮齿背上滑过,棘轮静止不动,从而实现将主动摆杆的往复摆动转换为从动棘轮的单向间歇转动。

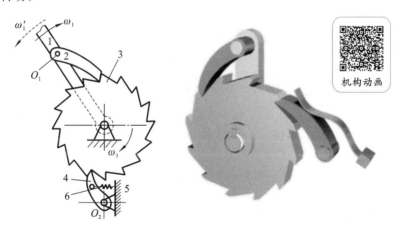

图 6-1 棘轮机构的基本结构

1—主动摆杆;2—主动棘爪;3—棘轮;4—止动棘爪;5—机架;6—弹簧

棘轮机构结构比较简单,制造方便,棘轮轴每次间歇转过的角度可以在较大的范围内变动和调节,可以通过选择适宜的驱动机构来满足动停时间比要求,但棘轮机构工作时冲击和噪声较大,传动精度也不高,常用于速度较低和载荷不大的场合。

2. 棘轮机构的类型和应用

棘轮机构按工作原理的不同分为齿啮式棘轮机构和摩擦式棘轮机构等。

1) 齿啮式棘轮机构

齿啮式棘轮机构按啮合方式的不同,又可分为:①外啮合棘轮机构(图6-1),棘轮的齿大多做在棘轮的外缘上;②内啮合棘轮机构(图6-2),棘轮的齿做在圆筒的内缘上;③棘条棘爪机构(图6-3),棘轮的回转中心在无穷远处成为棘条。

图6-2　内啮合棘轮机构
1—驱动轮;2—棘爪;3—棘轮

机构动画

图6-3　棘条棘爪机构
1—摇杆;2—机架;3—棘条;
4—驱动棘爪;5—止动爪

(1) 单向式棘轮机构。

单向式棘轮机构一般用于单向间歇传动。图6-1及图6-2所示的棘轮机构都是单动式的,即当主动件按某一个方向摆动时才能推动棘轮转动。如要使摇杆来回摆动时都能使棘轮向同一方向转动,可采用图6-4所示的双动式棘轮机构;此种机构的棘爪可制成钩头的(图(a))或直推的(图(b)),当摇杆1来回摆动时,分别带动两个棘爪交替使棘轮向同一方向转动。双动式棘轮机构常用于载荷较大、棘轮尺寸受限、齿数较少,而主动摆杆的摆角小于棘轮齿距的场合。

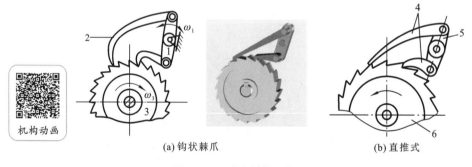

(a) 钩状棘爪　　　　　　　　(b) 直推式

图6-4　双动式棘轮机构
1、5—摇杆;2、4—棘爪;3、6—棘轮

(2) 双向式棘轮机构。

以上介绍的棘轮机构都只能按一个方向作单向间歇运动。双向式棘轮机构可通过改变棘爪的方向,实现棘轮两个方向的转动。图6-5所示为两种双向式棘轮机构的形式,把棘轮的齿制成矩形,图6-5(a)是棘爪可翻转的双向式棘轮机构,当棘爪处在图示位置 B 时,棘轮可获得逆时针单向间歇运动,当把棘爪绕其销轴 A 翻转到虚线位置 B' 时,棘轮即可获得顺时针单向间歇转动。图6-5(b)是具有回转棘爪的双向式棘轮机构。当棘爪按图示位置放置时,棘轮可获得逆时针单向间歇运动。当把棘爪提起并绕其本身轴线转180°后再放下时,就使棘爪的直边与棘齿的左侧齿廓接触,从而使棘轮获得顺时针方向的间歇运动。

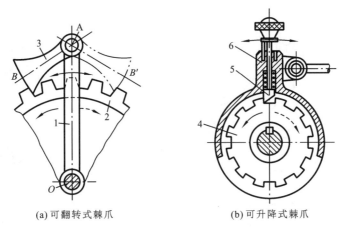

(a) 可翻转式棘爪　　　　　　　　　　　(b) 可升降式棘爪

图 6-5　双向式棘轮机构

1、6—摇杆；2、4—棘轮；3、5—棘爪

双向式棘轮机构的特点是可通过改变棘爪位置来改变棘轮转动方向，故双向式棘轮机构必须采用对称齿形。

齿啮式棘轮机构结构简单、制造方便、转角准确、运动可靠，其转角大小可在较大范围内调节。该机构的缺点是动程只能作有级调节，且当棘爪落入棘轮齿槽底部、开始推动棘轮的接触瞬时会发生刚性冲击，故传动的平稳性较差。当棘爪返回，在棘轮齿顶滑行时，会产生噪声和齿顶磨损，故不宜用于高速场合。

2）摩擦式棘轮机构

除了上述齿啮式棘轮机构外，还有摩擦式棘轮机构，可分为以下两类：

（1）偏心楔块式棘轮机构。

如图 6-6 所示的棘轮机构，是用偏心扇形楔块代替齿式棘轮机构中的棘爪，以无齿摩擦轮代替棘轮，利用楔块与摩擦轮间的摩擦力与楔块偏心的几何条件来实现摩擦轮的单向间歇转动。

（2）滚子楔紧式棘轮机构。

图 6-7 所示为常用的摩擦式棘轮机构，当主动爪轮逆时针回转时，滚柱借助摩擦力滚向空隙的收缩部分，并将套筒楔紧，使其随爪轮一同回转；而当主动爪轮顺时针回转时，滚柱即被滚到空隙的宽敞部分而将套筒松开，这时套筒静止不动。此机构可用作单向离合器和超越离合器。当主动爪轮逆时针转动时将套筒连在一起转动，而主动爪轮顺时针转动时与套筒分离，此即单向离合器。当主动爪轮和套筒均逆时针转动且套筒逆转速超过了主动爪轮的转速时，两者分离，套筒以较高的速度自由转动，顺时针转动时情况也一样，此即超越离合器。

摩擦式棘轮机构的特点是传动平稳、无噪声，动程可无级调节。但因靠摩擦力传动，会出现打滑现象，虽然可起安全保护作用，但是传动精度不高，适用于低速轻载的场合。

棘轮机构广泛应用于工程实际中，以实现间歇送进、转位和分度、制动及超越离合等功能。图 6-8 为牛头刨床的示意图，电动机通过齿轮机构、曲柄摇杆机构使装有棘爪的摇杆摆动，推动棘轮及进给丝杠作间歇运动，从而使工作台间歇送进。图 6-9 所示为手枪转盘的分度机构。图 6-10 所示为卷扬机制动机构，利用棘轮机构可阻止卷筒逆转，起制动作用。图 6-11 所示为自行车后轴上的"飞轮"，利用内棘轮机构实现从动链轮与后轴的超越离合。

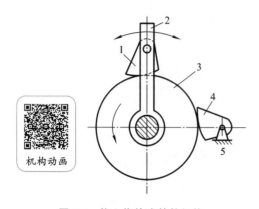

图 6-6　偏心楔块式棘轮机构

1—楔块;2—摇杆;3—摩擦轮;4—自动楔块;5—机架

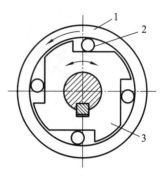

图 6-7　滚子楔紧式棘轮机构

1—套筒;2—滚柱;3—主动爪轮

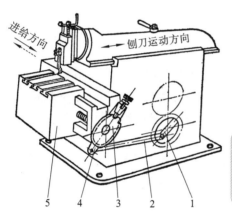

图 6-8　牛头刨床的间歇送进

1—齿轮机构;2—曲柄摇杆机构;

3—棘轮;4—摇杆;5—工作台

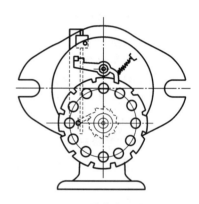

图 6-9　手枪转盘分度机构

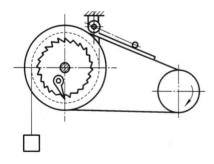

图 6-10　卷扬机制动机构

图 6-11　自行车后轴超越离合器

1—棘轮;2—棘爪;3—驱动轮

6.2　槽　轮　机　构

1. 槽轮机构的工作原理和特点

如图 6-12 所示,槽轮机构也是一种间歇运动机构,由槽轮 2、销轮 1 和机架组成。具有圆销 3 的销轮 1 是主动件,具有径向槽的槽轮 2 是从动件。当销轮作连续回转时,圆销进入从动槽轮的径向槽即拨动槽轮转动;当圆销由径向槽滑出时,槽轮即停止运动。为了使槽轮具有精确的间歇运动,当圆销脱离径向槽时,销轮圆盘上的锁止弧应恰好卡在槽轮的凹圆弧上,迫使槽轮停止运动;圆销再次进入下一个径向槽时,锁止弧脱开,槽轮才能继续回转。

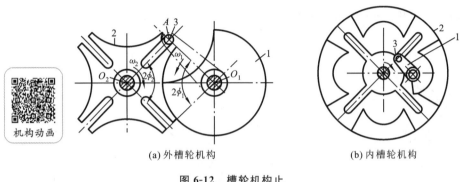

(a) 外槽轮机构　　　　　　　　(b) 内槽轮机构

图 6-12　槽轮机构止

1—销轮;2—槽轮;3—圆销

槽轮机构的结构简单、外形尺寸小、工作可靠,且能准确控制转动的角度,机械效率高,常用于要求具有恒定旋转角的分度机构中,但因圆柱销是突然地进入和脱出径向槽,传动存在柔性冲击,故槽轮机构不适用于高速场合。此外,对一个已定的槽轮机构来说,其转角不能调节,故只能用于定转角的间歇运动机构中。由于制造工艺、机构尺寸等条件的限制,槽轮的槽数不宜过多,故槽轮机构每次的转角较大。

2. 槽轮机构的类型和应用

普通槽轮机构有外槽轮机构(图 6-12(a))和内槽轮机构(图 6-12(b))。它们均用于平行轴间的间歇传动,对于外槽轮机构,槽轮转向与销轮的转向相反;对于内槽轮机构,槽轮与销轮的转向相同。外槽轮机构应用更为广泛。

图 6-13 所示为外槽轮机构在电影放映机中的应用情况;图 6-14 所示则为在单轴六角自动车床转塔刀架的转位机构中的应用情况;图 6-15 所示为在自动送料机构中的应用。

此外,为了满足某些特殊的工作要求,在某些机构中还用到一些特殊形式的槽轮机构。如图 6-16 所示的多销槽轮机构,其径向槽的径向尺寸可以相同也可以不同,拨盘上圆销臂长可以相等也可以不等,圆销的分布也可以不均匀。这样,在槽轮转动一周中,可以实现几个运动时间和停歇时间均不相同的运动要求。

当需要在两相交轴之间进行间歇传动时,可采用球面槽轮机构。图 6-17 所示为两相交轴间夹角为 90° 的球面槽轮机构。其从动槽轮 2 呈半球形,主动拨轮 1 的轴线及拨销 3 的轴线均通过球心。该机构的工作过程与平面槽轮机构相似。

图 6-13　电影放映机的间歇卷片机构

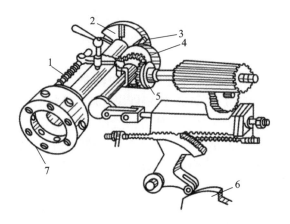

图 6-14　自动车床转塔刀架的转位机构

1—定位销；2—槽轮；3—圆销；4—拨盘；
5—圆柱凸轮；6—进给凸轮；7—转塔刀架

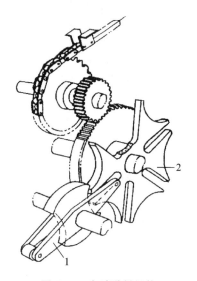

图 6-15　自动送料机构

1—销轮；2—槽轮

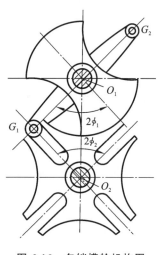

图 6-16　多销槽轮机构图

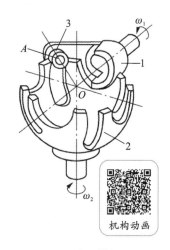

图 6-17　球面槽轮机构

3. 槽轮机构的运动设计

如图 6-12(a)所示，为了使槽轮 2 在开始和终止转动的瞬时角速度为零，以避免圆销与槽发生冲击，圆销在进入或脱出径向槽时，槽的中心线 O_2A 应与 O_1A 垂直。设 z 为径向槽数，则槽轮 2 转过 $2\phi_2 = 2\pi/z$ 弧度时，销轮 1 的转角 $2\phi_1$ 将为

$$2\phi_1 = \pi - 2\phi_2 = \pi - \frac{2\pi}{z} \tag{6-1}$$

在一个运动循环内，槽轮 2 的运动时间 t_m 对销轮 1 的运动时间 t 之比值 τ 称为运动系数。当销轮 1 匀速转动时，这个时间之比可用转角之比来表示。对于单销槽轮机构，其运动系数 τ 为

$$\tau = \frac{t_m}{t} = \frac{2\phi_1}{2\pi} = \frac{\pi - \dfrac{2\pi}{z}}{2\pi} = \frac{1}{2} - \frac{1}{z} = \frac{z-2}{2z} \tag{6-2}$$

当 $\tau = 0$ 时，意味着槽轮始终不动。因此，运动系数 τ 必须大于零，即槽轮槽数 z 必须大于或等于 3。这种圆销数为 1 的槽轮机构，它的运动系数 τ 总是小于 0.5，即槽轮的运动时间总

小于静止时间。

当拨盘上的圆销不止一个时,可得到运动系数 $\tau > 0.5$ 的槽轮机构。设拨盘上的 n 个圆销均匀分布,则拨盘转动一周槽轮被拨动 n 次,此时运动系数为

$$\tau = n\left(\frac{z-2}{2z}\right) \tag{6-3}$$

又因 τ 值应小于1,故有

$$n < \frac{2z}{z-2} \tag{6-4}$$

由上式可知,当 $z=3$ 时,圆销数可取 $1\sim5$;当 $z=4$ 时,圆销数可取 $1\sim3$;当 $z \geqslant 6$ 时,圆销数应取 $1\sim2$。

同理,对如图 6-12(b)所示的内槽轮机构,其运动系数 τ 为

$$\tau = \frac{z+2}{2z} \tag{6-5}$$

内槽轮机构的运动系数 τ 值始终大于 0.5。又因 τ 应当小于1,故槽数 z 应大于2,即内槽轮机构的径向槽数最少应为3。

6.3　不完全齿轮机构

1. 不完全齿轮机构的工作原理和特点

不完全齿轮是指轮齿未布满整个圆周的齿轮,由这种齿轮组成的传动机构称为不完全齿轮机构。如图 6-18 所示,主动轮 1 为只有一个齿或几个齿的不完全齿轮,从动轮 2 可以是普通齿轮(图 6-18(c)),也可以由正常齿和带锁住弧的加厚齿相间地组成(图 6-18(a)、(b))。当主动轮连续转动时,依靠其有齿部分的工作带动从动轮作时转时停的间歇运动。从图 6-18 中不难看出,每当主动轮转过一周时,图 6-18(a)、(b)、(c)中的几个从动轮将分别间歇地转过 1/8、1/4 和 1 周。为了防止从动轮在停歇期间游动,两轮轮缘上装有锁止弧。

不完全齿轮机构的结构简单、制造容易、工作可靠,设计时从动轮的运动时间和静止时间的比例可以在较大范围内变化。但由于工作时有较大的冲击,所以只适宜于低速、轻载的场合。

2. 不完全齿轮机构的类型及应用

不完全齿轮机构是由圆柱齿轮机构演变而来的,它具有齿轮机构的某些特点。当不完全齿轮的有齿部分与从动轮啮合传动时,可以像齿轮传动那样具有定速比,所以不完全齿轮机构与棘轮机构和槽轮机构相比,其从动轮的运动较为平稳,且承载能力较强。由于主动轮和从动轮的分度圆直径、锁止弧的段数、锁止弧之间的齿数均可在较大范围内选取,故当主动轮等速转动一周时,从动轮停歇的次数、每次停歇的时间及每次转过角度的变化范围要比槽轮机构大得多,即从动轮的运动时间和静止时间的比例不受机构结构的限制。当然,在不完全齿轮有齿部分与从动轮啮合传动的开始和结束阶段,由于从动齿轮由停歇而突然达到某一转速,以及由某一转速而突然停止会产生像等速运动规律的凸轮机构那样的刚性冲击,因此,对于转速较高

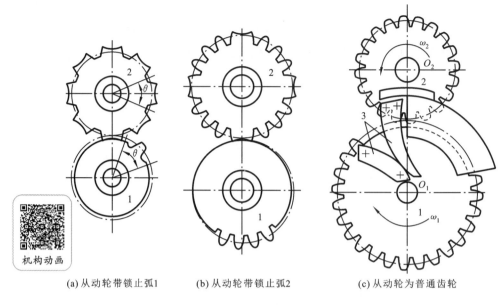

(a) 从动轮带锁止弧1　　　　　(b) 从动轮带锁止弧2　　　　　(c) 从动轮为普通齿轮

图 6-18　不完全齿轮机构

的不完全齿轮机构,可以在两轮的端面分别装上瞬心线附加装置 3 来改善每次转动的起始与停止阶段的动力性能,如图 6-18(c)所示。

　　不完全齿轮机构的结构形式,除了如图 6-18 所示的外啮合式之外,还有内啮合式,如图 6-19所示。

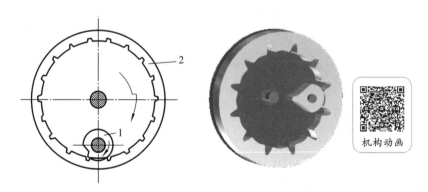

图 6-19　内啮合式不完全齿轮机构

1—主动轮;2—从动轮

不完全齿轮机构常应用于电影放映机、计数器和某些进给机构之中。

6.4　凸轮式间歇运动机构

1. 凸轮式间歇运动机构的工作原理和特点

　　棘轮机构、槽轮机构和不完全齿轮机构虽然在机械中应用广泛,但由于其本身结构和运动、动力性能的特点,决定了其转速不能太高,否则会产生较大的动载荷,引起强烈的振动、冲击和噪声,限制了生产效率的提高。为了适应高速自动机械运转速度高、定位精度高、运转平稳和结构紧凑的需要,凸轮式间歇运动机构得到越来越多的应用。

　　凸轮式间歇运动机构工作原理如图 6-20 所示,主动凸轮 1 作连续转动时,其上的曲线沟槽或曲线凸起带动从动圆盘 2 上的均匀分布的柱销 3 运动,从而推动圆盘 2 实现间歇运动。

　　从动圆盘的运动规律完全取决于凸轮轮廓的形状,故只要适当设计出凸轮的轮廓,就可使从动圆盘获得所预期的运动规律,其动载荷小,无刚性冲击和柔性冲击,以适应高速运转的要求。同时它无须采用其他的定位装置,就可获得高的定位精度,机构结构紧凑,是当前公认的一种较理想的高速高精度的分度机构,目前已有专业厂家从事系列化生产。其缺点是加工成本较高,对装配、调整要求严格。

2. 凸轮式间歇运动机构的类型及应用

　　目前运用较为广泛的是圆柱凸轮式间歇运动机构(图 6-20)和蜗杆凸轮式间歇运动机构(图 6-21)。

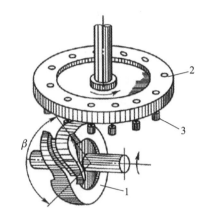 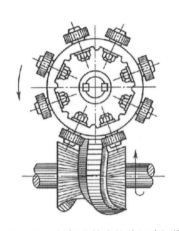

　　图 6-20　圆柱凸轮式间歇运动机构　　　　图 6-21　蜗杆凸轮式间歇运动机构
1—主动凸轮;2—从动圆盘;3—柱销

　　这两种机构多用于两交错轴间的分度传动,通常凸轮槽数或蜗杆头数取 1,从动圆盘上的柱销数取大于或等于 6。圆柱凸轮式间歇运动机构在香烟、火柴包装以及拉链嵌齿等轻工机械中,间歇运动频率可达每分钟 1500 次。蜗杆凸轮式间歇运动机构从动轮上的柱销可采用窄系列的深沟球轴承,同时是使轴承表面与凸轮轮廓之间保持紧密接触,以消除径向间隙,提高传动精度。蜗杆凸轮式间歇运动机构在印刷等高速、高精度的分度转位机械中应用广泛,间歇运动频率可达每分钟 800 次。

<h1 style="text-align:center">思考与练习</h1>

6-1　棘轮机构有哪些类型,分别有什么特点? 棘轮机构正常工作的条件是什么?

6-2　槽轮机构有什么特点? 何谓运动系数 τ? 为什么 τ 必须大于零而小于 1?

6-3　在槽轮机构中为什么要设计锁止弧?

6-4　如何避免不完全齿轮在运动的起始与停止阶段产生的冲击? 从动轮停歇期间,如何防止其游动？

6-5 棘轮机构作为制动和超越机构时有哪些运动特点？

6-6 棘轮机构、槽轮机构、不完全齿轮机构和凸轮式间歇运动机构均能使从动件获得间歇运动，试从各自的工作特点、运动及性能分析它们各自的使用场合。

6-7 已知自动机床的工作台要求主动轮每转一周从动轮作 4 次停歇运动，且间歇周期相等，如对运动平稳性及运动精度无特殊要求，选择哪一种间歇运动机构合适？

6-8 试设计两种原动件为连续转动、从动件为单向间歇转动的机构，并绘出简图。

6-9 试设计一棘轮机构，要求每次送进量为 1/3 棘齿。

6-10 一个四槽单销外槽轮机构，已知停歇时间需要 30 s，求主动拨盘的转速及槽轮的运动时间。

6-11 一数控机床工作台利用单圆销六槽槽轮机构转位，若已知每个工位完成加工所需要的时间为 45 s，求圆销的转速 n_1、槽轮转位的时间 t_2 和机构运动系数 τ。

第7章　带传动和链传动

学 习 导 引

带传动和链传动都是挠性传动，是通过中间挠性件传递运动和动力的一种机械传动。从大到几千千瓦的巨型电机到小到不足几瓦甚至几微瓦的微型电机，从一般机械到自动设备都有带传动的应用。据统计，以电机作为动力输入的传动系统中，一级传动采用带传动的高达60%。就经济性、易操作性而言，带传动系统为最具有竞争力的传动方式之一，例如，在金属切削机床、洗衣机等装置中常用到带传动，其挠性件是各种类型的传动带；挖掘机、摩托车等低速重载传动中常用到链传动，链传动挠性件是各种类型的传动链。挠性传动与齿轮传动相比，具有结构简单、成本低廉、传动中心距较大等特点，因此，在工农业生产中得到了广泛应用。

7.1　带传动概述

1. 带传动的类型

带传动是应用广泛的一种挠性传动，其主要作用是传递转矩和运动。根据其传动原理的不同，可分为摩擦型带传动（图7-1）和啮合型带传动（图7-2）两种类型。

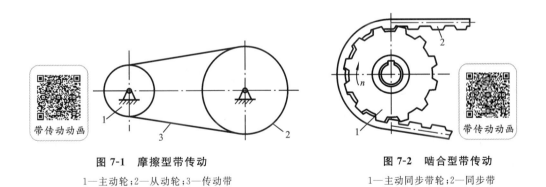

图 7-1　摩擦型带传动

1—主动轮；2—从动轮；3—传动带

图 7-2　啮合型带传动

1—主动同步带轮；2—同步带

摩擦型带传动通常是由固定于主动轴上的带轮（主动轮）1、固定于从动轴上的带轮（从动轮）2 和张紧在两带轮上的传动带 3 组成的（图7-1）。安装时，传动带张紧在带轮上，使传动带和带轮在接触表面间产生正压力。当主动轮旋转时，靠传动带与带轮接触面间的摩擦力带动从动轮旋转，从而传递运动与动力。啮合型带传动由主动同步带轮 1、从动同步带轮（图中未画出）和套在两轮上的环形同步带 2 组成（图7-2）。带的工作面制有凸齿，与带轮上的齿槽相啮合实现运动和动力的传递。本章主要讨论摩擦型带传动。

摩擦型带传动按带横截面的形状可分为平带传动（图7-3（a））、V带传动（图7-3（b））、多楔带传动(图 7-3(c))和圆带传动(图 7-3(d))。

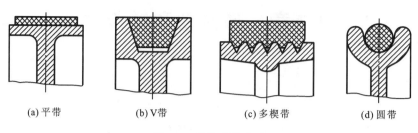

(a) 平带   (b) V带   (c) 多楔带   (d) 圆带

图 7-3 带传动的类型

2. 带传动的应用和特点

1) 带传动的应用

带传动多用于原动机与工作机之间的传动。为了充分发挥带的传动能力,通常将带传动布置在高速级,可使传动紧凑、不易打滑,有利于延长带的疲劳寿命,同时有过载保护作用。平带横截面为扁平矩形,工作时平带内表面与轮面相接触(图 7-4(a)),产生摩擦力。带传动结构简单、加工方便,适用于两轮中心距较大的场合,传递的功率一般不大于 500 kW。

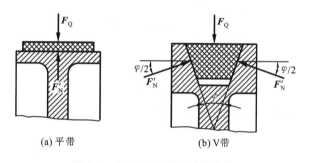

(a) 平带   (b) V带

图 7-4 平带与 V 带传动的比较

V 带的横截面为等腰梯形,工作时 V 带两侧面与轮槽的侧面相接触产生摩擦力,但 V 带与轮槽底部不接触(图 7-4(b))。

由图 7-4 中的受力分析知,当 V 带传动与平带传动的压轴力 F_Q 相等时,由于它们的工作接触面不同,它们的法向力 F_N 不同,所以接触面上产生的摩擦力也不同。平带的摩擦力为 $F_f = fF_Q$,而 V 带的摩擦力为

$$F_f = 2fF_N' = \frac{fF_Q}{\sin \dfrac{\varphi}{2}} = f'F_Q$$

式中:φ 为 V 带轮轮槽楔角;$f' = f/\sin \dfrac{\varphi}{2}$,为当量摩擦系数。显然,$f' > f$,故在相同的条件下,V 带能传递更大的功率。或者说,当传递相同功率时,V 带传动的结构更为紧凑。同时 V 带传动允许较大的传动比,传递功率可达 700 kW,且已标准化,其应用更加广泛。

多楔带以扁平部分为基体,下面有若干等距纵向楔形槽,工作面是楔的侧面(图 7-3(c))。这种带兼具平带弯曲应力小和 V 带摩擦力大的优点,并解决了多根 V 带长短不一而使各带受

力不均的问题。它主要用于传递功率大且结构要求紧凑的场合,特别适用于要求 V 带根数多或垂直于地面的平行轴传动,其传动比可达 10,带速可达 40 m/s。

圆带的横截面为圆形(图 7-3(d)),便于快速装拆,但传递功率较小,一般用于轻型机械或仪器仪表中。

2) 带传动的特点

带传动的优点有:①适用于中心距较大的传动;②带具有弹性,可缓冲和吸振;③传动平稳,噪声小;④过载时带与带轮间会出现打滑,可防止其他零件损坏,起到安全保护作用;⑤结构简单,制造容易,维护方便,成本低廉。

带传动的缺点有:①传动的外廓尺寸较大;②由于带的弹性滑动,故瞬时传动比不准确,不能用于要求传动比精确的场合;③传动效率较低;④带的寿命较短;⑤需要张紧装置。

通常,带传动适用于中小功率的传动。目前 V 带传动应用最广,一般 $P \leqslant 100$ kW;带速 $v = 5 \sim 25$ m/s;传动效率 $\eta = 0.90 \sim 0.95$;传动比 $i \leqslant 7$,常用的传动比为 $2 \sim 4$。带传动时,由于摩擦会产生电火花,故不宜用于高温和有爆炸危险的场合。

3. V 带的类型与标准

V 带有普通 V 带、窄 V 带、齿形 V 带、联组 V 带、大楔角 V 带和宽 V 带等多种类型,其中普通 V 带、窄 V 带应用最广。

普通 V 带和窄 V 带的截面尺寸和基准长度已标准化(表 7-1、表 7-2)。普通 V 带按其截面大小分为 Y、Z、A、B、C、D、E 七种型号,窄 V 带按横截面尺寸大小分为 SPZ、SPA、SPB、SPC 四种型号。

普通 V 带是无接头的环形带,其结构(图 7-5(a))由包布层 1、顶胶 2、抗拉体 3 和底胶 4 等部分组成。抗拉体的结构分为帘布芯和绳芯两种形式。帘布芯 V 带制造较方便。绳芯 V 带柔韧性好,承载能力高,适用于转速较高和带轮直径较小的场合。

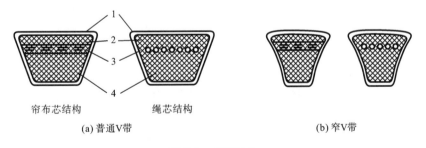

　　　　帘布芯结构　　　　绳芯结构

　　　　　　(a) 普通V带　　　　　　　　　　　　(b) 窄V带

图 7-5　V 带结构

窄 V 带(图 7-5(b))是用聚酯(涤纶)等合成纤维作强力层材料的 V 带,其横截面结构与普通 V 带类似。与普通 V 带相比,当带的宽度相同时,窄 V 带的高度约增加 1/3,使其看上去比普通 V 带窄。窄 V 带抗拉体材料承载能力大,以及带截面形状的改进,使得窄 V 带的承载能力比相同宽度的普通 V 带的承载能力提高了 1.5～2.5 倍,因而适用于传递功率较大同时又要求外形尺寸较小的场合。其工作原理和设计方法与普通 V 带类似。

表 7-1　V 带截面尺寸和质量(GB/T 11544—2012)

截面类型		节宽 b_p/mm	顶宽 b/mm	高度 h/mm	横截面积 A/mm²	楔角 φ	每米质量 q/(kg/m)
普通 V 带	窄 V 带						
Y		5.3	6.0	4.0	18		0.04
Z	SPZ	8.5	10	6	47		0.06
		8		8	57		0.07
A	SPA	7.0	13	8	81		0.10
				10	94		0.12
B	SPB	14.0	17	11	138	40°	0.17
				14	167		0.20
C	SPC	19.0	22	14	230		0.03
				18	278		0.37
D		27.0	32	19	476		0.60
E		32.0	38	23	692		0.87

V 带的名义长度称为基准长度。基准长度是按照一定的方式测量得到的。当 V 带垂直于其顶面弯曲时,从横截面上看,顶胶变窄,底胶变宽,在顶胶和底胶之间的某个位置处宽度保持不变,这个宽度称为带的节宽 b_p。把 V 带套在规定尺寸的测量带轮上,在规定的张紧力下,沿 V 带的节宽巡行一周,即为 V 带的基准长度 L_d,见表 7-2。

表 7-2　普通 V 带和窄 V 带的长度系列和带长修正系数 K_L(GB/T 13575.1—2022)

基准长度 L_d/mm	K_L(普通 V 带)					基准长度 L_d/mm	K_L(窄 V 带)			
	Y	Z	A	B	C		SPZ	SPA	SPB	SPC
450	1.00	0.80				450				
500	1.02	0.81				500				
560		0.82				560				
630		0.84	0.81			630	0.82			
710		0.86	0.83			710	0.84			
800		0.90	0.85			800	0.86	0.81		
900		0.92	0.87	0.82		900	0.88	0.83		
1000		0.94	0.89	0.84		1000	0.90	0.85		
1120		0.95	0.91	0.86		1120	0.93	0.87		
1250		0.98	0.93	0.88		1250	0.94	0.89	0.82	
1400		1.01	0.96	0.90		1400	0.96	0.91	0.84	
1600		1.04	0.99	0.92	0.83	1600	1.00	0.93	0.86	
1800		1.06	1.01	0.95	0.86	1800	1.01	0.95	0.88	
2000		1.08	1.03	0.98	0.88	2000	1.02	0.96	0.90	0.81
2240		1.10	1.06	1.00	0.91	2240	1.05	0.98	0.92	0.83

续表

| 基准长度 | K_L（普通 V 带） | | | | | 基准长度 | K_L（窄 V 带） | | | |
L_d/mm	Y	Z	A	B	C	L_d/mm	SPZ	SPA	SPB	SPC
2500		1.30	1.09	1.03	0.93	2500	1.07	1.00	0.94	0.86
2800			1.11	1.05	0.95	2800	1.09	1.02	0.96	0.88
3150			1.13	1.07	0.97	3150	1.11	1.04	0.98	0.90
3550			1.17	1.09	0.99	3550	1.13	1.06	1.00	0.92
4000			1.19	1.13	1.02	4000		1.08	1.02	0.94
4500				1.15	1.04	4500		1.09	1.04	0.96
5000				1.18	1.07	5000			1.06	0.98

注：为了减少篇幅，本表只列出部分数据，具体设计时可查阅相关设计手册和标准。

7.2 带传动的基本理论

1. 带传动的受力分析

1）带传动的有效拉力和极限有效拉力

如图 7-6(a)所示，在带传动中，带必须以一定的初拉力张紧在带轮上，这样才能在带与带轮的接触面上产生正压力。带静止时，带的两边具有相等的初拉力 F_0。带传动工作时，带与带轮间就产生摩擦力。在主动轮 1 处，轮 1 是主动件，带是从动件，当主动轮 1 在转矩作用下以转速 n_1 转动时，由图 7-6(b)可知，轮 1 对带的摩擦力 F_f 的方向与带的运动方向一致；在从动轮 2 处，带是主动件，轮 2 是从动件，其作用于带上的摩擦力方向与轮 2 转向相反。

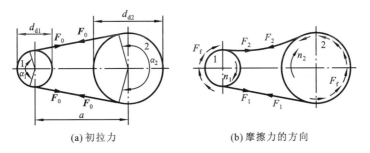

(a) 初拉力 (b) 摩擦力的方向

图 7-6 带传动的力分析

在摩擦力的作用下，主动轮 1 拖动带，带又驱动从动轮 2 以转速 n_2 转动，从而把主动轮上的运动和动力传到从动轮上。带在工作时，由于摩擦力的作用，使进入主动轮一边的带拉得更紧，拉力由 F_0 增加到 F_1，此边称为紧边；另一侧带被放松，拉力由 F_0 减小到 F_2，此边称为松边。假定环形带的总长不变，且认为带是弹性体，符合胡克定律，则紧边拉力的增加量应等于松边拉力的减少量，即

$$F_1 - F_0 = F_0 - F_2$$

$$F_0 = \frac{1}{2}(F_1 + F_2) \tag{7-1}$$

现取主动轮 1 上的带为研究对象，由力矩平衡条件可得

$$F_1 \frac{d_{d1}}{2} - F_2 \frac{d_{d1}}{2} = F_f \frac{d_{d1}}{2}$$

则
$$F_1 - F_2 = F_f \tag{7-2}$$

由此可知,带紧边和松边的拉力差应等于带与带轮接触面上产生的摩擦力的总和 $\sum F_f$,称为带传动的有效拉力,以 F_e 表示,也称为带所传递的圆周力,即

$$F_e = \sum F_f = F_1 - F_2 \tag{7-3}$$

则带传递的功率 P 可表示为

$$P = \frac{F_e v}{1000} \tag{7-4}$$

式中:F_e 为带所传递的圆周力(N);v 为带速(m/s);P 为带传递的功率(kW)。

由式(7-4)可知,当带传递功率 P 一定时,带速 v 越高,则所需圆周力 F_e 越小,因此,通常把带传动布置在机械设备的高速级,以发挥它的传动能力,且能使圆周力较小;当带速一定时,带传递的功率 P 与圆周力 F_e 成正比,传递的功率 P 越大,圆周力 F_e 也越大,需要带与带轮之间具有的总摩擦力也愈大,也就相应要求能够产生这个总摩擦力的初拉力的最小值越大。

实际工作时,在一定的条件下,总摩擦力的大小有一个极限值,即极限摩擦力 F_{flim},它限制着带的传动能力。若带所需传递的圆周力超过这个极限值时,带与带轮将沿着接触弧的全长发生显著的相对滑动,这种现象称为打滑。出现打滑时,虽然主动轮还在转动,但带和从动轮都不能正常运动,甚至完全不动,传动失效。由此可知,带传动打滑的条件为 $F_e > F_{flim}$。经常出现打滑将使带的磨损加剧,传动效率降低,故在带传动中应防止出现打滑。

以平带传动为例进行受力分析可知:当带速很低时,忽略带运动离心力的作用,总摩擦力达到极限值时,带的紧边拉力 F_1 与松边拉力 F_2 之间的关系为

$$\frac{F_1}{F_2} = e^{f\alpha_1} \tag{7-5}$$

式中:F_1、F_2 分别为紧边和松边拉力(N);e 为自然对数的底,e=2.7183;f 为带与带轮之间的摩擦系数;α_1 为带在小带轮上的包角(rad)。这是由欧拉最早研究得出的,称为挠性体摩擦的欧拉公式。

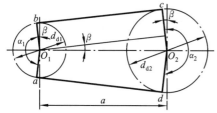

图 7-7　带传动包角及几何参数

带传动包角及相关几何参数如图 7-7 所示。

带与带轮接触弧所对应的中心角称为带在带轮上的包角。小带轮包角为 α_1,大带轮包角为 α_2,包角大小与带轮基准直径和中心距有关。带传动中心距 a 为当带按合适的初拉力张紧在带轮上后两带轮中心之间的距离。由图 7-7 中的几何关系得计算公式:

$$\alpha = 180° \pm \frac{d_{d2} - d_{d1}}{a} \times 57.3° \tag{7-6}$$

显然 $\alpha_2 > \alpha_1$,所以,小轮包角 α_1 是决定带传动极限摩擦力大小的一个重要参数。

由式(7-1)和式(7-3)可得紧边拉力 F_1 和松边拉力 F_2:

$$\left.\begin{array}{l} F_1 = F_0 + F_e/2 \\ F_2 = F_0 - F_e/2 \end{array}\right\} \tag{7-7}$$

由式(7-5)和式(7-7)联立求解可得极限有效拉力 F_{elim} 的表达式为

$$F_{\text{elim}} = F_{\text{flim}} = F_1 \left(1 - \frac{1}{\text{e}^{f\alpha_1}}\right) = 2F_0 \frac{\text{e}^{f\alpha_1} - 1}{\text{e}^{f\alpha_1} + 1} \tag{7-8}$$

带在正常传动时,必须使有效拉力 $F_e \leqslant F_{\text{elim}}$。由式(7-8)可知,极限有效拉力 F_{elim} 由下列因素决定:

(1) F_{elim} 与初拉力 F_0 成正比。F_0 越大,带与带轮之间的正压力越大,F_{elim} 就越大,传动能力也越大。但 F_0 过大,带的寿命将降低,轴和轴承的受力加大;F_0 过小,带的传动能力下降,易打滑。在正常工作时不发生打滑而又具有足够寿命条件下的最佳初拉力 F_0 可按式(7-27)计算。

(2) 增大摩擦系数 f,极限有效拉力 F_{elim} 增加。摩擦系数与带和带轮的材料、表面状况和工作环境有关。摩擦系数越大,F_{elim} 就越大,传动能力增加。

(3) 增大小轮包角 α_1,极限有效拉力 F_{elim} 增加。包角增加,带与带轮接触弧加大,摩擦力总和 F_{flim} 增加,从而提高传动能力。

2) 带传动的离心力

带传动在工作时,因带绕在带轮上作圆周运动,故会产生离心力。其大小可表示为

$$F_c = qv^2 \tag{7-9}$$

式中:F_c 为离心力(N);q 为带每米长的质量(kg/m)(表 7-1);v 为带速(m/s)。

离心力只发生在带作圆周运动的部分,但由此引起的拉力却作用于带的全长,且是一个定值。离心力与带压紧带轮的方向相反,因此离心力会使带传动的工作能力下降。

2. 带的应力分析

带传动时,带中会产生以下几种应力。

1) 拉应力 σ

带的紧边拉力 F_1 和松边拉力 F_2 分别产生紧边拉应力和松边拉应力

$$\left.\begin{array}{l} \sigma_1 = \dfrac{F_1}{A} \\[2mm] \sigma_2 = \dfrac{F_2}{A} \end{array}\right\} \tag{7-10}$$

式中:σ_1、σ_2 分别为紧边拉应力和松边拉应力(MPa);A 为带的横截面积(mm²)(表 7-1)。

2) 离心拉应力 σ_c

带沿带轮轮缘作圆周运动时产生的离心力会在带的所有横截面上产生离心拉应力,且离心拉应力处处相等。可以证明,其大小为

$$\sigma_c = \frac{F_c}{A} = \frac{qv^2}{A} \tag{7-11}$$

式中:σ_c 为离心拉应力(MPa)。

3) 弯曲应力 σ_b

带绕过带轮时,因弯曲而产生弯曲应力

$$\sigma_b \approx \frac{Eh}{d_d} \tag{7-12}$$

式中:E 为带的弹性模量(MPa);d_d 为 V 带轮的基准直径(mm);h 为 V 带的截面高度(mm)(表 7-1)。

由式(7-12)可知,带在两轮上产生的弯曲应力的大小与带轮基准直径成反比,显然小轮上的弯曲应力 σ_{b1} 比大轮上的弯曲应力 σ_{b2} 要大。

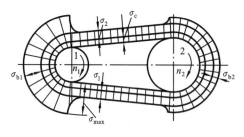

图 7-8　带的应力分布

带的应力分布情况如图 7-8 所示,各截面应力的大小由该处引出的径向线(或垂线)的长短来表示。由图可知,在运转过程中,带上任意一点的应力是变化的。最大应力发生在紧边与小轮的接触处。带中的最大应力可表示为

$$\sigma_{\max} = \sigma_1 + \sigma_c + \sigma_{b1} \tag{7-13}$$

带上应力变化的周期就是带巡行一周所用的时间。带的工作寿命与应力循环次数有关,当应力循环次数达到一定值时,会引起带的疲劳破坏,如发生撕裂、脱层、松散,最后断裂。这种在变应力作用下的疲劳破坏是带传动的一种主要失效形式。

3. 带的弹性滑动

带是弹性体,它在受力情况下会产生弹性变形。由于带在紧边和松边上所受的拉力不相等,因而带在两边产生的弹性变形也不同。假设带的材料符合变形与应力成正比的规律,则紧边和松边的单位伸长量分别为 $\varepsilon_1 = \dfrac{F_1}{AE}$、$\varepsilon_2 = \dfrac{F_2}{AE}$,因为 $F_1 > F_2$,所以 $\varepsilon_1 > \varepsilon_2$。

由图 7-9 可知,在主动轮 1 上,传动带上点 a_0 与主动轮 1 上的点 a 速度相等,当带沿着 $a'a''$ 运动时,由于带中拉力由 F_1 降到 F_2,带的弹性伸长相应地逐渐减小,因此,带上的点 a_0 在随主动轮 1 一起转动的同时又沿着带轮逐渐往回收缩,其转过的实际弧长 $\overparen{a_0'a_0''} < \overparen{a'a''}$。这说明在主动轮 1 上带的速度 v 小于主动轮 1 的圆周速度 v_1,即 $v < v_1$。

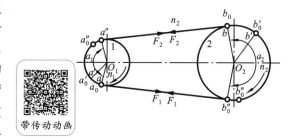

带传动动画

图 7-9　带的弹性滑动

在从动轮 2 上有类似的现象产生,带中拉力由 F_2 逐渐增加到 F_1,带的弹性伸长也逐渐增大,也会沿轮面滑动,所以,使从动轮 2 的圆周速度 v_2 小于带速 v,即 $v_2 < v$。这种由于材料的弹性变形而引起的带与带轮间的微量滑动,称为带传动的弹性滑动。因带传动总有紧边和松边,所以带传动中弹性滑动始终存在,不可避免,是带传动的固有物理现象。

由上述分析可知,在带传动中,带速 v 是一定的,由于弹性滑动的影响,从动轮的圆周速度 v_2 总是小于主动轮的圆周速度 v_1。定义从动轮圆周速度降低率为带传动的滑动率,即

$$\varepsilon = \frac{v_1 - v_2}{v_1} \tag{7-14}$$

又因

$$v_1 = \frac{\pi d_{d1} n_1}{60 \times 1000}, \quad v_2 = \frac{\pi d_{d2} n_2}{60 \times 1000} \tag{7-15}$$

将式(7-15)代入式(7-14)可得带传动的传动比

$$i = \frac{n_1}{n_2} = \frac{d_{d2}}{d_{d1}(1-\varepsilon)} \tag{7-16}$$

式(7-16)说明,带传动的瞬时传动比不是定值,即传动比不准确。

对于 V 带传动,$\varepsilon = 0.01 \sim 0.02$。在一般情况下,带传动可以忽略弹性滑动影响,近似得出带传动的理论传动比

$$i = \frac{n_1}{n_2} = \frac{d_{d2}}{d_{d1}} \tag{7-17}$$

式中：n_1、n_2 分别为主动轮和从动轮的转速（r/min）；d_{d1}、d_{d2} 分别为主动轮和从动轮的基准直径（mm）。

弹性滑动的大小与带的紧、松边拉力差有关。带的型号一定时，带传递的圆周力越大，弹性滑动也越大。当外载荷所产生的圆周力大于极限摩擦力时，弹性滑动的区段将扩大到整个接触弧长，此时，带与带轮间发生显著而全面的相对滑动，即打滑。显然，打滑和弹性滑动不同；打滑是由过载引起的，而且在带传动中必须避免。

7.3　普通 V 带传动的设计

1. 带传动的主要失效形式和设计准则

1）失效形式

由前面的分析可知，带传动的主要失效形式是打滑和疲劳破坏。

2）设计准则

依据带的失效形式，其设计准则为：在保证带传动不产生打滑的前提下，具有一定的疲劳强度和寿命。

2. 单根 V 带的许用功率

根据设计准则，带传动应同时满足两个要求。

1）不打滑

由式（7-8），并以 f' 代替 f，可得到 V 带的极限有效拉力的计算公式，则单根 V 带不打滑时能传递的最大功率为

$$P_0 = F_{\text{elim}} \frac{v}{1000} = F_1 \left(1 - \frac{1}{\mathrm{e}^{f \alpha_1}}\right) \frac{v}{1000} = \sigma_1 A \left(1 - \frac{1}{\mathrm{e}^{f \alpha_1}}\right) \frac{v}{1000} \tag{7-18}$$

2）具有足够的疲劳强度

为了使带具有一定的疲劳寿命，应使 $\sigma_{\max} = \sigma_1 + \sigma_c + \sigma_{b1} \leqslant [\sigma]$，即

$$\sigma_1 = [\sigma] - \sigma_c - \sigma_{b1} \tag{7-19}$$

式中：$[\sigma]$ 为带的许用应力（MPa）。

将上式代入式（7-18）得带传动在既不打滑又有一定寿命时单根 V 带能传递的功率：

$$P_0 = ([\sigma] - \sigma_c - \sigma_{b1}) \left(1 - \frac{1}{\mathrm{e}^{f \alpha_1}}\right) \frac{Av}{1000} \tag{7-20}$$

式中：P_0 为单根 V 带的基本额定功率（kW）。对于一定规格和材质的 V 带，在特定的实验条件下（即载荷平稳、包角为 180°、特定带长）求得相应的许用应力 $[\sigma]$，经计算得出各种型号单根 V 带的基本额定功率 P_0，见表 7-3 或表 7-4。

表 7-3　单根普通 V 带的基本额定功率 P_0（在包角 $\alpha = 180°$、特定长度、平稳工作条件下）

（单位：kW）

型号	小带轮基准直径 d_{d1}/mm	小带轮转速 n_1/(r/min)													
		200	400	730	800	980	1200	1460	1600	1800	2000	2400	2800	3200	3600
Z	50	0.04	0.06	0.09	0.10	0.12	0.14	0.16	0.17	0.19	0.20	0.22	0.26	0.28	0.30
	63	0.05	0.08	0.13	0.15	0.18	0.22	0.25	0.27	0.30	0.32	0.37	0.41	0.45	0.47
	71	0.06	0.09	0.17	0.20	0.23	0.27	0.31	0.33	0.36	0.39	0.46	0.50	0.54	0.58
	80	0.10	0.14	0.20	0.22	0.26	0.30	0.36	0.39	0.42	0.44	0.50	0.56	0.61	0.64

续表

型号	小带轮基准直径 d_{d1}/mm	小带轮转速 n_1/(r/min)													
		200	400	730	800	980	1200	1460	1600	1800	2000	2400	2800	3200	3600
A	75	0.15	0.27	0.42	0.45	0.52	0.60	0.68	0.73	0.79	0.84	0.92	1.00	1.04	1.08
	90	0.22	0.39	0.63	0.68	0.79	0.93	1.07	1.15	1.25	1.34	1.50	1.64	1.75	1.83
	100	0.26	0.47	0.77	0.83	0.97	1.14	1.32	1.42	1.58	1.66	1.87	2.05	2.19	2.28
	112	0.31	0.56	0.93	1.00	1.18	1.39	1.62	1.74	1.89	2.04	2.30	2.51	2.68	2.78
	125	0.37	0.67	1.11	1.19	1.40	1.66	1.93	2.07	2.26	2.44	2.74	2.98	3.15	3.26
B	125	0.48	0.84	1.34	1.44	1.67	1.93	2.20	2.33	2.50	2.64	2.85	2.96	2.94	2.80
	140	0.59	1.05	1.69	1.82	2.13	2.47	2.83	3.00	3.23	3.42	3.70	3.85	3.83	3.63
	160	0.74	1.32	2.16	2.32	2.72	3.17	3.64	3.86	4.15	4.40	4.75	4.89	4.80	4.46
	180	0.88	1.59	2.61	2.81	3.30	3.85	4.41	4.86	5.02	5.30	5.67	5.76	5.52	4.92
	200	1.02	1.85	3.05	3.30	3.86	4.50	5.15	5.46	5.83	6.13	6.47	6.43	5.95	4.98
C	200	1.39	2.41	3.80	4.07	4.66	5.29	5.86	6.07	6.28	6.34	6.02	5.01	3.23	—
	224	1.70	2.99	4.78	5.12	5.89	6.71	7.47	7.75	8.00	8.06	7.57	6.08	3.57	—
	250	2.03	3.62	5.82	6.23	7.18	8.21	9.06	9.38	9.63	9.62	8.75	6.56	2.93	—
	280	2.42	4.32	6.99	7.52	8.65	9.81	10.74	7.06	7.22	7.04	9.50	6.13	—	—
	315	2.84	5.14	8.34	8.92	10.23	7.53	12.48	12.72	12.67	12.14	9.43	4.16	—	—
	400	3.91	7.06	7.52	12.10	13.67	15.04	15.51	15.24	14.08	7.95	4.34	—	—	—

表 7-4　单根窄 V 带的基本额定功率 P_0　　（单位：kW）

型号	小带轮基准直径 d_{d1}/mm	小带轮转速 n_1/(r/min)										
		200	400	730	800	980	1200	1460	1600	2000	2400	2800
SPZ	63	0.20	0.35	0.56	0.60	0.70	0.81	0.93	1.00	1.17	1.32	1.45
	75	0.28	0.49	0.79	0.87	1.02	1.21	1.41	1.52	1.79	2.04	2.27
	90	0.37	0.67	1.12	1.21	1.44	1.70	1.98	2.14	2.55	2.93	3.26
SPA	90	0.43	0.75	1.21	1.30	1.52	1.76	2.02	2.16	2.49	2.77	3.00
	100	0.53	0.94	1.54	1.65	1.93	2.27	2.61	2.80	3.27	3.67	3.99
	125	0.77	1.40	2.33	2.52	2.98	3.50	4.06	4.38	5.15	5.80	6.34
SPB	140	1.08	1.92	3.13	3.35	3.92	4.55	5.21	5.54	6.31	6.86	7.15
	180	1.65	3.01	4.99	5.37	6.31	7.38	8.50	9.05	10.34	7.21	7.62
	200	1.94	3.54	5.88	6.35	7.47	8.74	10.07	10.70	12.18	13.11	14.41

续表

型号	小带轮基准直径 d_{d1}/mm	小带轮转速 n_1/(r/min)										
		200	400	730	800	980	1200	1460	1600	2000	2400	2800
SPC	224	2.90	5.19	8.82	8.99	10.19	7.89	13.26	13.81	14.58	14.01	—
	280	4.18	7.59	12.40	13.31	15.40	17.60	19.49	20.20	20.75	18.86	—
	315	4.97	9.07	14.82	15.90	18.37	20.88	22.92	23.47	23.47	19.98	—

当使用条件与上述特定条件不同时,应对 P_0 加以修正,修正后即得实际工作条件下单根 V 带所能传递的许用功率 $[P_0]$。

$$[P_0] = (P_0 + \Delta P_0)K_\alpha K_L \tag{7-21}$$

式中:ΔP_0 为功率增量,考虑传动比 $i \neq 1$ 时,带在大带轮上的弯曲应力较小,应力状况有所改善,故在寿命相同条件下,传递的功率有所增大。普通 V 带的 ΔP_0 值见表 7-5,窄 V 带的 ΔP_0 值见表 7-6;K_α 为包角修正系数,考虑 $\alpha_1 \neq 180°$ 时传动能力略有下降,见表 7-7;K_L 为带长修正系数,考虑带长不为特定长度时对传动能力的影响,见表 7-2。

表 7-5　单根普通 V 带额定功率的增量 ΔP_0

（在包角 $\alpha = 180°$、特定长度、平稳工作条件下）　　　　　　　　　（单位:kW）

型号	传动比 i	小带轮转速 n_1/(r/min)									
		400	730	800	980	1200	1460	1600	2000	2400	2800
Z	1.25~1.34	0.00	0.01	0.01	0.01	0.02	0.02	0.02	0.02	0.03	0.03
	1.35~1.50	0.00	0.01	0.01	0.02	0.02	0.02	0.02	0.03	0.03	0.04
	1.51~1.99	0.01	0.01	0.02	0.02	0.02	0.02	0.03	0.03	0.04	0.04
	≥2.0	0.01	0.02	0.02	0.02	0.03	0.03	0.03	0.04	0.04	0.04
A	1.25~1.34	0.03	0.06	0.06	0.07	0.09	0.11	0.13	0.16	0.19	0.23
	1.35~1.50	0.04	0.07	0.08	0.08	0.11	0.13	0.15	0.19	0.23	0.26
	1.51~1.99	0.04	0.08	0.09	0.10	0.13	0.15	0.17	0.22	0.26	0.30
	≥2.0	0.05	0.09	0.10	0.11	0.15	0.17	0.19	0.24	0.29	0.34
B	1.25~1.34	0.08	0.15	0.17	0.20	0.25	0.31	0.34	0.42	0.51	0.59
	1.35~1.50	0.10	0.17	0.20	0.23	0.30	0.36	0.39	0.49	0.59	0.69
	1.51~1.99	0.11	0.20	0.23	0.26	0.34	0.40	0.45	0.56	0.68	0.79
	≥2.0	0.13	0.22	0.25	0.30	0.38	0.46	0.51	0.63	0.76	0.89
C	1.25~1.34	0.23	0.41	0.47	0.56	0.70	0.85	0.94	1.17	1.41	1.64
	1.35~1.50	0.27	0.48	0.55	0.65	0.82	0.99	1.10	1.37	1.65	1.92
	1.51~1.99	0.31	0.55	0.63	0.74	0.94	1.14	1.25	1.57	1.88	1.19
	≥2.0	0.35	0.62	0.71	0.83	1.06	1.27	1.41	1.76	2.12	2.47

表 7-6　单根窄 V 带额定功率的增量 $\triangle P_0$

(在包角 $\alpha=180°$、特定长度、平稳工作条件下)　　　　　　　　　(单位:kW)

型号	传动比 i	小带轮转速 n_1/(r/min)									
		400	730	800	980	1200	1460	1600	2000	2400	2800
SPZ	1.39~1.57	0.05	0.09	0.10	0.12	0.15	0.18	0.20	0.25	0.30	0.35
	1.58~1.94	0.06	0.10	0.11	0.13	0.17	0.20	0.22	0.28	0.33	0.39
	1.95~3.38	0.06	0.11	0.12	0.15	0.18	0.22	0.24	0.30	0.36	0.43
	≥3.39	0.06	0.12	0.13	0.16	0.19	0.23	0.26	0.32	0.39	0.45
SPA	1.39~1.57	0.13	0.23	0.25	0.30	0.38	0.46	0.51	0.64	0.76	0.89
	1.58~1.94	0.14	0.26	0.29	0.34	0.43	0.51	0.57	0.71	0.86	1.00
	1.95~3.38	0.16	0.28	0.31	0.37	0.47	0.56	0.62	0.78	0.93	1.09
	≥3.39	0.16	0.30	0.33	0.40	0.49	0.59	0.66	0.82	0.99	1.15
SPB	1.39~1.57	0.26	0.47	0.53	0.63	0.79	0.95	1.05	1.32	1.58	1.85
	1.58~1.94	0.30	0.53	0.59	0.71	0.89	1.07	1.19	1.48	1.78	2.08
	1.95~3.38	0.32	0.58	0.65	0.78	0.97	1.16	1.29	1.62	1.94	2.26
	≥3.39	0.34	0.62	0.68	0.82	1.03	1.23	1.37	1.71	2.05	2.40
SPC	1.39~1.57	0.79	1.43	1.58	1.90	2.38	2.85	3.17	3.96	4.75	—
	1.58~1.94	0.89	1.60	1.78	2.14	2.67	3.21	3.57	4.46	5.35	—
	1.95~3.38	0.97	1.75	1.94	2.33	2.91	3.50	3.89	4.86	5.83	—
	≥3.39	1.03	1.85	2.06	2.47	3.09	3.70	4.11	5.14	6.17	—

表 7-7　包角修正系数 K_α

包角 α/(°)	180	175	170	165	160	155	150	145	140	135	130	125	120	110	100	90
K_α	1.00	0.99	0.98	0.96	0.95	0.93	0.92	0.91	0.89	0.88	0.86	0.84	0.82	0.78	0.74	0.69

3. 带传动的设计步骤和参数选择

1) 带传动的设计内容和主要结果

V 带传动设计的已知条件一般包括原动机类型、原动机的额定功率和转速、工作机名称及特性、工作制度、主(从)动轮的转速(或传动比 i)、带轮基准直径、传动位置要求以及外廓尺寸要求等。

设计内容有:确定带的种类、型号、所需的根数、带长、带轮基准直径、中心距、带轮结构尺寸和材料;带的初拉力和压轴力、张紧和防护装置等。

2) 设计步骤和参数的选择

(1) 确定计算功率 P_c。

计算功率 P_c 是根据所需传递的名义功率 P,并考虑原动机及工作机的类型、载荷性质和每天运转小时数等因素确定的,即

$$P_c = K_A P \qquad\qquad (7\text{-}22)$$

式中: K_A 为工况系数,见表 7-8。

表 7-8 工况系数 K_A

工　　况		K_A					
		空、轻载启动			重载启动		
		每天工作时间/h					
		<10	10～16	>16	<10	10～16	>16
载荷变动微小	离心式水泵、通风机(≤7.5 kW)、轻型输送机、离心式压缩机	1.0	1.1	1.2	1.1	1.2	1.3
载荷变动小	带式运输机、通风机(>7.5 kW)、发电机、旋转式水泵、机床、剪床、压力机、印刷机、振动筛	1.1	1.2	1.3	1.2	1.3	1.4
载荷变动较大	螺旋式输送机、斗式提升机、往复式水泵和压缩机、锻锤、磨粉机、锯木机、纺织机械	1.2	1.3	1.4	1.4	1.5	1.6
载荷变动很大	破碎机(旋转式、颚式等)、球磨机、起重机、挖掘机、辊压机	1.3	1.4	1.5	1.5	1.6	1.8

注:①空、轻载启动——电动机(交流启动、三角启动、直流并励)、四缸以上内燃机、装有离心式离合器、液力联轴器的动力机;②重载启动——电动机(联机交流启动、直流复励或串励)、四缸以下内燃机;③反复启动、正反转频繁、工作条件恶劣等场合,K_A 应乘以 1.2。

(2)选择 V 带型号。

由图 7-10 或图 7-11 初选 V 带的型号。图中横坐标是计算功率 P_c,纵坐标是小带轮转速 n_1,由粗实线划分型号区域,根据两坐标对应点所在区域确定带的型号和基准直径取值。若临近两种型号的交界线,可按两种型号分别计算,通过分析比较决定所选带的型号。取舍时需要综合考虑的因素有带的根数、带传动的空间位置等。

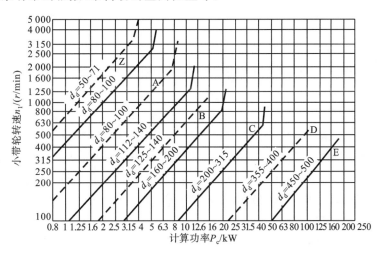

图 7-10 普通 V 带选型图

(3)确定带轮基准直径 d_{d1}、d_{d2}。

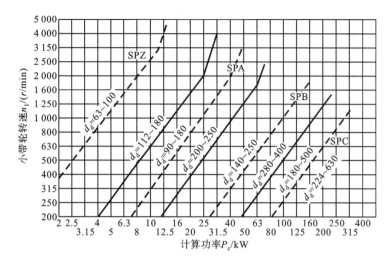

图 7-11 窄 V 带选型图

带轮基准直径越小,带传动结构越紧凑,但带的弯曲应力越大,弯曲应力是引起带疲劳破坏的主要因素。所以确定小带轮的基准直径时,应使 $d_{d1} \geqslant d_{min}$,并取标准直径。表 7-9 列出了 V 带轮的最小基准直径和带轮的基准直径系列。

大带轮的基准直径 d_{d2} 由式(7-23)确定,并依据表 7-9 取标准值。

$$d_{d2} = \frac{n_1}{n_2} d_{d1}(1-\varepsilon) = i d_{d1}(1-\varepsilon) \tag{7-23}$$

一般要求的带传动,ε 很小,可以忽略,于是

$$d_{d2} = \frac{n_1}{n_2} d_{d1} = i d_{d1}$$

表 7-9 V 带轮最小基准直径   (单位:mm)

型 号	Y	Z	SPZ	A	SPA	B	SPB	C	SPC	D	E
d_{dmin}	20	50	63	75	90	125	140	200	224	355	500

注:带轮基准直径系列:20、22.4、25、28、31.5、35.5、40、45、50、56、63、71、75、80、85、90、95、100、106、112、118、125、132、140、150、160、170、180、200、212、224、236、250、265、280、300、315、335、355、375、400、425、450、475、500、530、560、600、630、670、710、750、800、900、1000、1060、1120、1250、1400、1500、1600、1800、2000、2240、2500 等。

大带轮的基准直径 d_{d2} 取标准值后,计算的实际传动比与所需的传动比相对误差,一般限制在 $\pm(3\% \sim 5\%)$ 范围内。

(4)验算带速 v。

由式(7-15)计算带速。带速 v 应在 $5 \sim 25$ m/s 的范围内,其中以 $10 \sim 20$ m/s 为宜,使带传动的能力得以充分发挥。若 $v > 25$ m/s,则因带绕过带轮时离心力过大,带与带轮之间的正压力减小、摩擦力降低而使传动能力下降,易产生打滑;而且离心力过大,离心应力也大,使最大应力加大,会降低带的疲劳强度和寿命。而当 $v < 5$ m/s 时,在传递相同功率的情况下,带所传递的圆周力会较大,使带的根数增加。

(5)确定中心距 a 和基准长度 L_d。

由于带是中间挠性件,故中心距可稍取大些或小些。中心距增大,单位时间内绕转次数将减少,可延长带的疲劳寿命,同时也有利于增大包角,提高传动能力;但中心距太大,会使结构外廓尺寸增加,还会因载荷变化引起带的颤动,从而降低其工作能力。

一般推荐按下式初选中心距 a_0，即

$$0.7(d_{d1} + d_{d2}) \leqslant a_0 \leqslant 2(d_{d1} + d_{d2})$$

初选 a_0 后，可由下式初定 V 带的基准长度：

$$L_0 \approx 2a_0 + \frac{\pi}{2}(d_{d1} + d_{d2}) + \frac{(d_{d2} - d_{d1})^2}{4a_0} \tag{7-24}$$

根据初定的 L_0，由表 7-2 选取相近的基准长度 L_d。再按下式近似计算所需的中心距：

$$a \approx a_0 + \frac{L_d - L_0}{2} \tag{7-25}$$

考虑安装调整和补偿张紧力的需要，中心距应有相应的调整量，其变动范围为

$$(a - 0.015L_d) \sim (a + 0.03L_d)$$

（6）验算小轮包角 α_1。

小轮包角 α_1 太小时，带与带轮接触弧减小，摩擦力也减小，使传动能力下降，故在确定中心距后要验算小轮包角 α_1。由式(7-6)有

$$\alpha_1 = 180° - \frac{d_{d2} - d_{d1}}{a} \times 57.3°$$

一般应使 $\alpha_1 \geqslant 120°$，否则可通过加大中心距或增设张紧轮来增大包角。

（7）确定带的根数 z。

$$z \geqslant \frac{P_c}{(P_0 + \Delta P_0)K_a K_L} \tag{7-26}$$

带的根数 z 应圆整为整数，通常 $z < 10$，以使各根带受力均匀。否则，应重选截面尺寸较大的型号或适当增加带轮的基准直径重新进行设计计算。

（8）确定初拉力 F_0。

保持适当的初拉力是带传动工作的首要条件。初拉力不足，极限摩擦力小，传动能力下降，易打滑；初拉力过大，将增大作用在轴上的载荷并降低带的寿命。

单根 V 带合适的初拉力 F_0（单位为 N）可按下式计算：

$$F_0 = \frac{500P_c}{zv}\left(\frac{2.5}{K_a} - 1\right) + qv^2 \tag{7-27}$$

为了使带传动时具有合适的初拉力值，安装 V 带时，应对初拉力进行测定。另外，由于新带容易松弛，所以对非自动张紧的带传动进行新带安装时，初拉力应在上述计算值的基础上再增加 50%。

（9）计算作用在轴上的压轴力 F_Q。

设计支承带轮的轴和轴承时，需确定 F_Q。由图 7-12 可得

$$F_Q \approx 2zF_0 \sin\frac{\alpha_1}{2} \tag{7-28}$$

4. V 带带轮的结构设计

V 带带轮是 V 带传动的重要零件，需有足够的强度，但又要求质量轻，分布均匀；轮槽的工作面对带既需有足够的摩擦，又需减少对带的磨损。

V 带带轮一般采用铸铁 HT150 或 HT200 制造，其允许的最大圆周速度为 25 m/s。当速度更高时，可采用铸钢或钢板冲压后焊接。小功率时可用铸铝或塑料带轮。

带轮由轮缘 1、轮辐 2 和轮毂 3 三部分组成，如图 7-13 所示。

轮槽尺寸与所选 V 带截面结构尺寸相对应，轮槽数与所选 V 带根数相等，如表 7-10 所示。

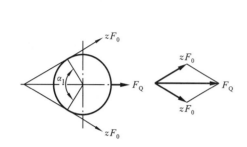

图 7-12　带传动的压轴力

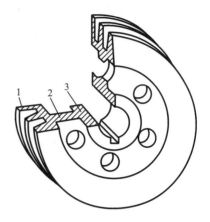

图 7-13　V 带带轮组成部分

1—轮缘；2—轮辐；3—轮毂

表 7-10　普通 V 带带轮的轮槽尺寸　　　　　　　　　　(单位:mm)

	槽型	Y	Z	A	B	C
	基准宽度 b_d	5.3	8.5	11	14	19
	基准线上槽深 h_{amin}	1.6	2.0	2.75	3.5	4.8
	基准线下槽深 h_{fmin}	4.7	7.0	8.7	10.8	14.3
	槽间距 e	8±0.3	12±0.3	15±0.3	19±0.4	25.5±0.5
	槽边距 f_{min}	6	7	9	7.5	16
	轮缘厚 δ_{min}	5	5.5	6	7.5	10
	外径 d_a	$d_a = d_d + 2h_a$				
φ	32°	≤60	—	—	—	—
	34°	基准直径 d_d	≤80	≤118	≤190	≤315
	36°	>60	—	—	—	—
	38°	—	>80	>118	>190	>315

普通 V 带两侧面的夹角均为 40°,由于 V 带绕在带轮上弯曲时,其截面变形使两侧面的夹角减小,为使 V 带能紧贴轮槽两侧,轮槽的楔角规定为 32°、34°、36°和 38°。V 带装到轮槽中后,一般不应超出带轮外圆,也不应与轮槽底部接触。因此,规定了轮槽基准直径到带轮外圆和底部的最小高度 h_{amin} 和 h_{fmin}。

V 带带轮的结构形式需要根据带轮的基准直径大小作相应选择。当带轮基准直径 $d_d \leqslant 2.5d(d$ 为带轮与轴安装时相配合的直径,mm)时,可采用实心式(图7-14(a));当 $d_d \leqslant 300$ mm 时,可采用腹板式(图7-14(b));当 $d_d \leqslant 300$ mm,且 $D_1 - d_1 \geqslant 100$ mm 时,可采用孔板式(图 7-14(c));当 $d_d > 300$ mm 时,可采用轮辐式(图7-14(d))。

轮缘部分的结构尺寸由带的截面形式确定(表 7-10)。其他轮毂和轮辐结构尺寸由经验公式确定。

例 7-1　设计某带式输送机传动装置中的 V 带传动。选用异步电动机驱动,已知电动机额定功率 $P = 4$ kW,转速 $n_1 = 1440$ r/min,工作机的转速 $n_2 = 380$ r/min,根据空间尺寸,要求中心距为 500～600 mm。带传动每天工作 16 h,试设计该 V 带传动。

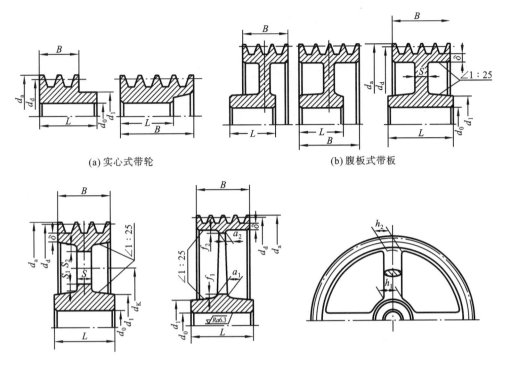

(a) 实心式带轮　　　　　　　　　(b) 腹板式带板

(c) 孔板式带轮　　　　　　　　　(d) 轮辐式带轮

图 7-14　V 带带轮的结构形式

$d_1 = (1.8 \sim 2)d_0$，d_0 为轴的直径，$L = (1.5 \sim 2)d_0$，$S = (0.2 - 0.3)B$，$S_1 \geqslant 1.5S$，$S_2 \geqslant 0.5S$，

$h_1 = 290 \sqrt[3]{\dfrac{P}{nA}}$ mm，P—传递功率(kW)，n—带轮转速(r/min)，A—轮辐数，

$h_2 = 0.8h_1$，$a_1 = 0.4h_1$，$a_2 = 0.8a_1$，$f_1 = f_2 = 0.2h_1$

解　计算步骤及结果如下表所示。

计 算 项 目	计 算 内 容 与 说 明	主 要 结 果
1. 确定计算功率		
工况系数	查表 7-8	$K_A = 1.2$
计算功率	$P_c = K_A P = 1.2 \times 4$ kW $= 4.8$ kW	$P_c = 4.8$ kW
2. 选取 V 带型号	根据 P_c、n_1，查图 7-10	选 A 型 V 带
3. 确定带轮基准直径		
小带轮基准直径	查表 7-9 和图 7-10	$d_{d1} = 90$ mm
大带轮基准直径	$d_{d2} = \dfrac{n_1}{n_2} d_{d1} = \dfrac{1440}{380} \times 90$，由表 7-9 取	$d_{d2} = 355$ mm
校核传动比误差	$i = \dfrac{n_1}{n_2} = \dfrac{1440}{380} = 3.79$，$i' = \dfrac{d_{d2}}{d_{d1}} = \dfrac{355}{90} = 3.94$ $\Delta i = \dfrac{i - i'}{i} = \dfrac{3.94 - 3.79}{3.79} = 0.04$	$\Delta i = 0.04$ 合适

计 算 项 目	计 算 内 容 与 说 明	主 要 结 果
4. 验算带速 v	$v=\dfrac{\pi d_{d1} n_1}{60\times 1000}=\dfrac{3.14\times 90\times 1440}{60\times 1000}$ m/s	$v=6.78$ m/s 合适
5. 确定 V 带的 L_d 和 a		
初选中心距 a_0	$0.7(d_{d1}+d_{d2})\leqslant a_0\leqslant 2(d_{d1}+d_{d2})$，$311.5\leqslant a_0\leqslant 890$ 由题要求取	$a_0=530$ mm
初定基准长度	$L_0=2a_0+\dfrac{\pi}{2}(d_{d1}+d_{d2})+\dfrac{(d_{d2}-d_{d1})^2}{4a_0}$ $=2\times 530+\dfrac{\pi}{2}(90+355)+\dfrac{(355-90)^2}{4\times 530}$ 查表 7-2	$L_0=1791.8$ mm
取定基准长度计算实际中心距	$a=a_0+\dfrac{L_d-L_0}{2}=\left(530+\dfrac{1800-1791.8}{2}\right)$ mm	$L_d=1800$ mm $a=534$ mm
中心距变动范围	$a_{\min}=a-0.015L_d=(534-0.015\times 1800)$ mm $=507$ mm $a_{\max}=a+0.03L_d=(534+0.03\times 1800)$ mm $=588$ mm	$a=507\sim 588$ mm
6. 验算主动轮上的包角	$\alpha_1=180°-\dfrac{d_{d2}-d_{d1}}{a}\times 57.3°$ $=180°-\dfrac{355-90}{534}\times 57.3°$	$\alpha_1=151.56°>120°$ 合适
7. 计算 V 带的根数 单根 V 带基本额定功率	查表 7-3	$P_0=1.07$ kW
功率增量	查表 7-5	$\Delta P_0=0.17$ kW
带长修正系数	查表 7-2	$K_L=1.01$
包角修正系数	查表 7-7	$K_\alpha=0.92$
V 带根数计算	$z\geqslant\dfrac{4.8}{(1.07+0.17)\times 0.92\times 1.01}=4.17$ 查表 7-1	取 $z=5$
8. 计算 V 带的合适初拉力		
每米质量		$q=0.1$ kg/m
计算初拉力	$F_0=\dfrac{500P_c}{zv}\left(\dfrac{2.5}{K_\alpha}-1\right)+qv^2$ $=\left[\dfrac{500\times 4.8}{5\times 6.78}\left(\dfrac{2.5}{0.92}-1\right)+0.1\times 6.78^2\right]N=126.2$ N	$F_0=126.2$ N

计 算 项 目	计算内容与说明	主 要 结 果
9. 计算作用在轴上载荷	$F_Q = 2zF_0 \sin \dfrac{\alpha}{2}$ $= \left(2 \times 5 \times 126.2 \times \sin \dfrac{151.56°}{2}\right)$ N $= 1171.8$ N	$F_Q = 1171.8$ N
10. 带轮结构设计(略)		

7.4 V 带传动的张紧、安装和维护

1. V 带传动的张紧

V 带不是完全的弹性体,长期在张紧状态下工作时会因出现塑性变形而松弛,使初拉力 F_0 减小,传动能力下降。因此,必须定期检查初拉力,发现不足应及时将带重新张紧,以保证带传动正常工作。

带传动常用的张紧方法是调节中心距和采用张紧轮。

1) 定期张紧装置

图 7-15(a)所示为采用滑轨和调节螺钉来调整中心距的滑道式张紧装置。调节带的张紧力时,将固定的螺母松开,旋动调整螺钉,使装有带轮的电动机向右移动到所需位置,然后旋紧螺母。图 7-15(b)所示为采用摆动架和调节螺钉来调整中心距的摆架式张紧装置。调节带的张紧力时,松开调节螺钉上的螺母,调节摆架的位置到合适后旋紧螺母。前者适用于水平或倾斜不大的布置,后者适用于垂直或接近垂直的布置。

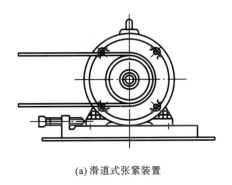
(a) 滑道式张紧装置

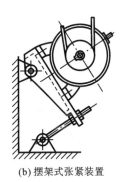
(b) 摆架式张紧装置

图 7-15 定期张紧装置

2) 自动张紧装置

图 7-16(a)所示为浮动摆架式自动张紧装置。它是把装有带轮的电机安装在浮动摆架上,利用电机自重或电机定子的反力矩,使带轮随同电机绕固定轴摆动,自动保持张紧力,电机和带轮的工作转向应有利于减轻配重或减小偏心距。这种张紧装置多用于小功率传动。图 7-16(b)所示为滑道式自动张紧装置,常用于带传动的试验装置。

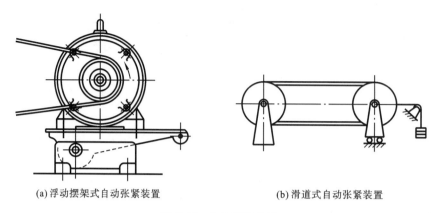

(a)浮动摆架式自动张紧装置　　　　　　　　(b)滑道式自动张紧装置

图 7-16　自动张紧装置

3）张紧轮张紧装置

若中心距不能调节,可采用具有张紧轮的装置。图 7-17(a)所示为定期张紧的张紧轮装置。这种张紧方式将张紧轮放在松边的内侧,且靠近大带轮处,可以避免对小带轮上的包角造成较大影响,而且可以使带只受单向弯曲。图 7-17(b)所示为自动张紧的张紧轮装置。张紧轮在松边外侧,且靠近小带轮,以增加小带轮的包角,但这种张紧方式使带反向弯曲,会影响带的疲劳寿命。设计张紧轮时,张紧轮的轮槽尺寸与带轮相同,直径应小于小带轮直径。张紧轮应安装在带的松边。

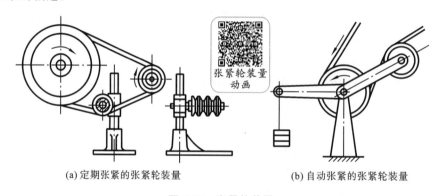

张紧轮装置
动画

(a)定期张紧的张紧轮装量　　　　　　　　(b)自动张紧的张紧轮装量

图 7-17　张紧轮装置

2. V 带传动的正确安装和维护

为了延长带的寿命,保证带传动的正常运转,必须正确地安装使用和维护保养。使用时应注意以下几方面:

(1)安装带时,最好缩小两带轮中心距后套上 V 带,再予以调整,不应硬撬,以免损坏胶带,降低其使用寿命。

(2)两轮轴线必须平行,带轮对应轮槽的对称平面应重合,其公差不得超过 ±20′(图7-18),否则将加剧带的磨损,甚至使带从带轮上脱落。

(3)V 带在轮槽中应保证位置正确(图7-19),带顶面应和带轮外缘相平,底面不应和轮槽底面接触,以保证工作面良好接触,发挥带传动的优点和传动能力。

(4)为了便于装拆,带轮宜悬臂装于轴端。同向水平或接近水平的开口带传动,一般应使带的紧边在下、松边在上,可以借带的自重加大带轮包角。

(5)严防 V 带与油、酸、碱等介质接触,以免变质,也不宜在阳光下暴晒。如果带传动装置

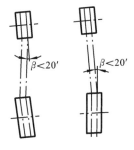

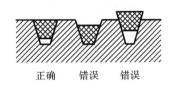

图 7-18　带轮装置安装要求　　　　图 7-19　V 带在轮槽中的位置

正确　　错误　　错误

需闲置一段时间后再用,应先将传动带放松。

(6) 对于带根数较多的传动,若坏了少数几根需进行更换时,应全部更换,不能只更换坏带而使新旧带一起使用。这样会造成载荷分配不匀,反而加速新带的损坏。

(7) 为了保证安全生产,带传动须安装防护罩。

7.5　链传动概述

1. 链传动的特点和应用

链传动由主动链轮 1、从动链轮 2 和中间挠性件链条 3 所组成(图 7-20)。链传动与带传动相似,所不同的是在传动过程中,链轮轮齿和链条链节将连续不断地啮合。因此,链传动是一种啮合传动。

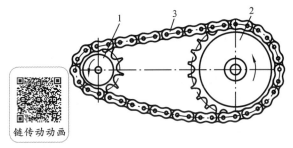

链传动动画

图 7-20　链传动

1—主动链轮；2—从动链轮；3—链条

与带传动相比,链传动无弹性滑动和打滑现象,因而能保持准确的平均传动比;承载能力较大,结构较紧凑;传动效率较高;初拉力小,作用于轴上与轴承上的压力亦小。但工作时有噪声,不宜用于高速传动。

与齿轮传动相比,链传动较易安装,成本低廉,但不能保证准确的瞬时传动比。此外,若铰链磨损,链节距伸长,则容易引起脱链,失去工作能力。

鉴于链传动的这些特点,链传动主要用于要求平均传动比准确、两轴间距较大、工作条件恶劣(如高温、多尘、淋水、淋油等),且不宜采用带传动和齿轮传动的场合。链传动的适用条件是:传递功率 $P \leqslant 100$ kW,传动效率 $\eta = 0.95 \sim 0.98$,传动比 $i \leqslant 7$(最好为 $i = 2 \sim 3.5$),链速 $v \leqslant 15$ m/s。

2. 链条与链轮

1) 链条的类型与结构

链条的类型主要有滚子链和齿形链,滚子链应用较为广泛。

如图 7-21 所示,滚子链由内链板 1、外链板 2、销轴 3、套筒 4 和滚子 5 组成。销轴与外链板、套筒与内链板分别用过盈配合连接,而销轴与套筒、滚子与套筒之间则为间隙配合,内、外链节构成铰链。当链条与链轮轮齿啮合时,内、外链节可自由地相对转动,滚子沿链轮齿廓滚动,可减少链条与链轮之间的磨损。内、外链板均制成"∞"字形,以减轻质量和运动时的惯性力,并保持链板各横截面的抗拉强度几乎相等。

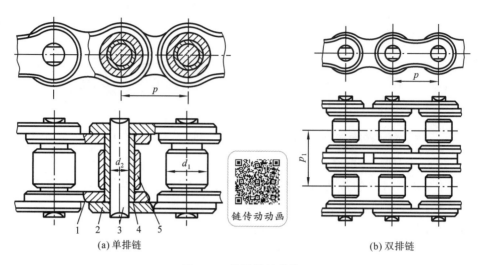

图 7-21 滚子链的结构

1—内链板;2—外链板;3—销轴;4—套筒;5—滚子

链条的各零件由碳钢或合金钢制成,并进行热处理,以提高强度和耐磨性。

滚子链是标准件,其主要参数是链的节距 p,节距是指链条上相邻两销轴中心之间的距离。节距越大,链条各零件的结构尺寸也越大,承载能力也越强,但传动越不稳定,质量也增加。当需要传递大功率而又要求传动结构尺寸较小时,可采用小节距双排链或多排链,其承载能力随排数增多而增大。由于受精度影响,各排受载不易均匀,故排数不宜过多,四排以上很少应用。

表 7-11 列出了 GB/T 1243—2006 规定的几种规格的滚子链。滚子链分 A、B 两个系列。我国标准以 A 系列为主体,供设计用。B 系列主要供维修和出口用。本章主要介绍常用的 A 系列滚子链。

表 7-11 滚子链的规格及主要参数(摘自 GB/T 1243—2006)

链号	节距 p/mm	排距 p_1/mm	滚子外径 d_1/mm	内链节内宽 b_1/mm	销轴直径 d_2/mm	内链板高度 h_2/mm	极限拉伸载荷 (单排)Q/N	每米质量(单排) q/(kg·m^{-1})
05B	8.00	5.64	5.00	3.00	2.31	7.11	4400	0.18
06B	9.525	10.24	6.35	5.72	3.28	8.26	8900	0.40
08A	12.70	14.38	7.95	7.85	3.96	12.07	13800	0.60
08B	12.70	13.92	8.51	7.75	4.45	7.81	17800	0.70
10A	15.875	18.11	10.16	9.40	5.08	15.09	21800	1.00
12A	19.05	22.78	7.91	12.57	5.94	18.08	31100	1.50
16A	25.40	29.29	15.88	15.75	7.92	24.13	55600	2.60
20A	31.75	35.76	19.05	18.90	9.53	30.18	86700	3.80

续表

链号	节距 p/mm	排距 p_1/mm	滚子外径 d_1/mm	内链节内宽 b_1/mm	销轴直径 d_2/mm	内链板高度 h_2/mm	极限拉伸载荷（单排）Q/N	每米质量（单排）q/(kg·m⁻¹)
24A	38.10	45.44	22.23	25.22	7.10	36.20	124600	5.60
28A	44.45	48.87	25.40	25.22	12.70	42.24	169000	7.50
32A	50.80	58.55	28.58	31.55	14.27	48.26	222400	10.10
40A	63.50	71.55	39.68	37.85	19.24	60.33	347000	16.10
48A	76.20	87.93	47.63	47.35	23.80	72.39	500400	22.60

　　链条长度用链节数 L_p 表示。链节数最好取为偶数,以便使链条构成环形时正好是外链板与内链板相接(图 7-22),接头处可用开口销或弹簧卡片锁定。若链节为奇数,则需要采用过渡链节(图 7-23)。过渡链节在链条受力时,会受到附加的弯矩作用,使强度降低,应尽量不采用。

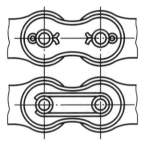

图 7-22　接头链节

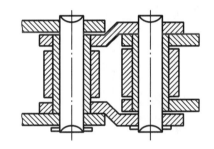

图 7-23　过渡链节

　　滚子链的标记为:链号－排数×链节数　标准的编号。例如:节距为 15.875 mm、A 系列、双排、80 节的滚子链,标记为

$$10A\text{—}2\times80\ GB/T\ 1243\text{—}2006$$

　　2) 滚子链链轮

　　图 7-24 所示为滚子链链轮。链轮的结构如图 7-25 所示,小直径的链轮可制成整体式(图 7-25(a));中等直径尺寸的链轮可制成孔板式(图 7-25(b));大直径的链轮常采用装配式(图 7-25(c))或组合式(图 7-25(d)),将齿圈焊接或者用螺栓连接在轮芯上,当齿圈磨损严重时可以更换。

　　链轮的齿形也已标准化,其端面齿形由三段圆弧一条直线组成。如图 7-26 所示,端面齿形由 $\overgroup{aa}$、$\overgroup{ab}$、$\overgroup{cd}$ 三段圆弧和一段直线 bc 光滑连接而成。其优点是:接触应力小,磨损轻,冲击小,齿顶较高不易跳齿和脱链,切削节距相同而齿数不同的链轮时只需一把滚刀。

　　链轮的分度圆是链轮上链条销轴中心所在的圆,其直径为

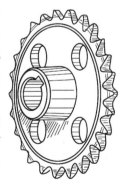

图 7-24　滚子链链轮

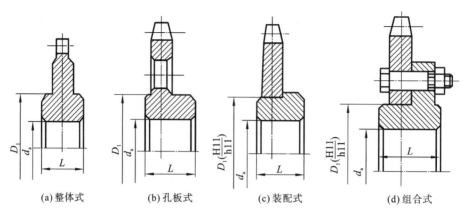

(a) 整体式　　　(b) 孔板式　　　(c) 装配式　　　(d) 组合式

图 7-25　链轮的结构

$L=(1.5-2)d_a$;$D_1=(1.2-2)d_a$;d_a为轴孔直径

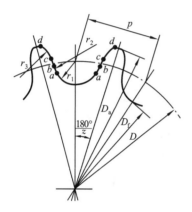

图 7-26　滚子链链轮端面标准齿形

$$D = \frac{p}{\sin(180°/z)} \qquad (7-29)$$

齿顶圆直径

$$\begin{cases} D_{amax} = D + 1.25p - d_1 \\ D_{amin} = D + (1-1.6/z)p - d_1 \end{cases} \qquad (7-30)$$

齿根圆直径　　$D_f = D - d_1$　　(7-31)

式中:d_1 为滚子直径。

　　链轮的轴面齿形呈圆弧状,以便链节的进入和退出。在链轮工作图上,需要画出其轴面齿形,以便车削链轮毛坯。

　　链轮的材料应保证轮齿有足够的强度和耐磨性,一般是根据尺寸及工作条件参照表 7-12 选取。

表 7-12　常用的链轮材料及齿面硬度

链 轮 材 料	齿 面 硬 度	应 用 范 围
15,20	50～60 HRC	$z \leqslant 25$,有冲击载荷的链轮
35	160～200 HBS	正常工作条件下,$z > 25$ 的链轮
45 ZG310-570 ZG340-640	40～45 HRC	在激烈冲击、振动、易磨损条件下工作的链轮
15Cr,20Cr	50～60 HRC	有动载荷和传递较大功率的重要链轮
40Cr,35SiMn,35CrMo	40～50 HRC	采用 A 型链条传动的重要链轮
Q235,Q255	140 HBS	中速,中等功率,直径较大的链轮
不低于 HT150 铸铁	250～280 HBS	$z > 50$ 的从动链轮
夹布胶木	—	功率<6 kW,速度较高,要求传动平稳、噪声小的链轮

7.6　链传动的工作情况分析

1. 运动分析

滚子链是由刚性链节通过销轴铰接而成的,当它绕在链轮上时即形成折线,因此链传动相当于一对多边形轮之间的传动。两多边形的边数分别等于两链轮的齿数 z_1、z_2,边长等于链节距 p,链轮每转一周,随之转过的链长为 zp。设 n_1、n_2 分别为两链轮转速,则平均链速(m/s)为

$$v = \frac{z_1 p n_1}{60 \times 1000} = \frac{z_2 p n_2}{60 \times 1000} \tag{7-32}$$

平均传动比

$$i = n_1/n_2 = z_2/z_1 \tag{7-33}$$

由以上两式求得的链速和传动比都是平均值。实际上,由于链传动的多边形效应,其瞬时速度和瞬时传动比都呈周期性变化。下面通过示意图来具体分析其变化的原因及规律。

如图 7-27 所示,为分析方便,设链条主动边(紧边)在传动时始终处于水平位置。当主动链轮以等角速度 ω_1 回转时,绕在链轮上的铰链 A 的速度即为链轮分度圆的圆周速度 $v_1 = D_1\omega_1/2$,它在沿链条前进方向的分速度为 $v = r_1\omega_1\cos\delta$。当链条主动边处于最高位置($\delta = 0$)时,链速最大 $v_{\max} = D_1\omega_1/2$;当链条主动边处于最低位置($\delta = \pm\varphi/2$)时,链速最小 $v_{\min} = r_1\omega_1\cos\varphi$。每一链节从进入啮合到退出啮合,$\delta$ 角在 $-\varphi/2$ 到 $+\varphi/2$ 的范围内变化,链速 v 由小到大、再由大到小周期性地变化。一个链节在主动链轮上所对应的中心角 $\varphi = 360°/z$。与此同时,链条还在垂直于前进方向的横向往复运动一次,横向瞬时分速度 $v' = r_1\omega_1\sin\delta$ 也作周期性变化,因而链条在工作时会发生抖动。

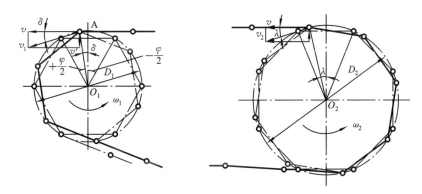

图 7-27　链传动的速度分析

设从动链轮分度圆的圆周速度为 v_2,角速度为 ω_2,则

$$v_2 = \frac{v}{\cos\lambda} = \frac{D_1\omega_1\cos\delta}{2\cos\lambda} = \frac{D_2\omega_2}{2} \tag{7-34}$$

由此可得出主、从动轮的瞬时传动比为

$$i = \frac{\omega_1}{\omega_2} = \frac{D_2\cos\lambda}{D_1\cos\delta} \tag{7-35}$$

由于 δ、λ 均是随时间发生变化的,故链速 v、瞬时传动比 i 也是随时间变化的。即使主动链轮匀速转动,链速和从动链轮的角速度也将周期性变化,每转一个链节就变化一次。链轮齿

数越少,节距 p 越大,则 δ、λ 的变化范围就越大,链传动的运转就越不平稳。只有当链轮齿数 $z_1 = z_2$(即 $D_1 = D_2$),且传动的中心距 a 为链节距 p 的整数倍时,δ、λ 的变化才相同,瞬时传动比才能恒定不变(等于 1)。

2. 受力分析

链传动和带传动相似,在安装时链条也受到一定的张紧力,它并不决定链传动的工作能力,只是为了使链条工作时的松边不致过松,影响链的啮入、啮出,产生跳齿和脱链,所以链条的张紧力不大,受力分析时可忽略其影响。作用在链上的力主要有如下几种。

1) 工作拉力 F(N)

$$F = \frac{1000P}{v} \tag{7-36}$$

式中:P 为所传递的名义功率(kW);v 为链速(m/s)。

2) 离心拉力 F_c(N)

$$F_c = qv^2 \tag{7-37}$$

式中:q 为每米链长的质量(kg/m),见表 7-11。

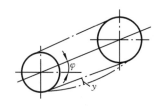

3) 悬垂拉力 F_y(N)

$$F_y = K_y qga \tag{7-38}$$

式中:a 为传动的中心距(m);g 为重力加速度,$g = 9.8$ m/s^2;K_y 为下垂量 $y = 0.02a$ 时的垂度系数,其值与两链轮中心连线与水平面之间夹角 φ(图 7-28)的大小有关,见表 7-13。

图 7-28 链的下垂度

表 7-13 垂度系数 K_y 与角 φ 的关系

φ	0°(水平位置)	30°	60°	75°	90°(垂直位置)
K_y	7	6	4	2.5	1

链的紧边受工作拉力 F、离心拉力 F_c、悬垂拉力 F_y 的作用,故紧边所受的总拉力(N)为

$$F_1 = F + F_c + F_y \tag{7-39}$$

链的松边不受工作拉力 F 的作用,因此松边所受总拉力(N)为

$$F_2 = F_c + F_y \tag{7-40}$$

链条作用在轴上的压轴力 F_Q(N)可近似取为紧边拉力 F_1 与松边拉力 F_2 之和。离心拉力 F_c 不作用在轴上,不应计算在内,又由于悬垂拉力 F_y 不大,约为 $(0.10 \sim 0.15)F$,故可取

$$F_Q = (1.2 \sim 1.3)F \tag{7-41}$$

7.7　滚子链传动的设计

1. 失效形式

实践证明,链传动的失效一般是因链条的失效而引起的,其主要失效形式有以下几种:

(1) 链板疲劳破坏。链条反复经受变载荷作用,经过一定的循环次数后,链板会发生疲劳破坏。正常润滑条件下,疲劳强度是限制链传动承载能力的主要因素。

(2) 套筒、滚子冲击疲劳破坏。在链节与链轮轮齿啮合时,滚子与链轮间会产生冲击。高

速时,冲击载荷较大,套筒与滚子表面发生冲击疲劳破坏。

(3) 销轴与套筒的胶合。当润滑不良或速度过高时,销轴与套筒的工作表面摩擦发热较大,易使两表面发生黏附磨损,严重时则产生胶合。

(4) 链条铰链磨损。销轴和套筒既要承受较大的压力,又要产生相对转动,必然引起磨损,使节距增大,容易引起跳齿和脱链。对于开式传动,如果环境恶劣或润滑不良,则铰链磨损会急剧降低链条的使用寿命。

(5) 过载拉断。在低速($v<6$ m/s)重载或短期过载作用下,链条所受的拉力超过了链条的静强度时,链条将被拉断。

2. 功率曲线与额定功率

链传动的工作情况不同,失效形式也不同。图 7-29 所示为在一定的使用寿命下小链轮在不同的转速下由各种失效形式限定的单排链的极限功率曲线。封闭区 $OABC$ 表示链条在各种条件下容许传递的极限功率。为安全起见,额定功率曲线应在极限功率曲线的范围内。当润滑不良、工况恶劣时,磨损将很严重,所能传递的功率将大幅度下降,如图中虚线所示。

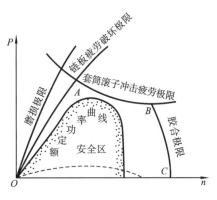

图 7-29　极限功率曲线

图 7-30 所示为 A 系列滚子链的额定功率曲线,它是在下列实验条件下制定的:$z_1=19$、链节数 $L_p=100$ 节、单排链、载荷平稳、水平布置、两链轮共面、采用推荐的润滑方式(图 7-31),工作寿命为 15000 h,链条因磨损而引起的链节相对伸长量不超过 3%。

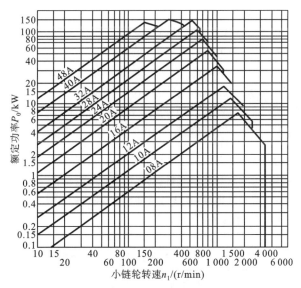

图 7-30　滚子链的额定功率曲线

当实际工作条件与上述实验条件不同时,应引入一系列修正系数对图中额定功率 P_0 进行修正。若润滑条件与图示要求不同,则根据链速 v 的不同,将图中 P_0 值降低。当链速 $v \leqslant$

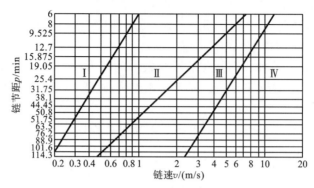

图 7-31　推荐的润滑方式

Ⅰ—人工定期润滑；Ⅱ—滴油润滑；Ⅲ—油浴或飞溅润滑；Ⅳ—压力喷油润滑

1.5 m/s 时,降低至 50%；当 1.5 m/s≤v≤7 m/s 时,降低至 25%；当 v>7 m/s 而润滑又不当时,则不宜采用链传动。

单排链传动的额定功率应按下式确定：

$$P_0 \geqslant \frac{K_A P}{K_z K_L K_p} \tag{7-42}$$

式中：P_0 为单排链的额定功率(kW)；P 为链传动传递的功率(kW)；K_A 为工况系数(表 7-14)；K_z 为小链轮齿数系数(表 7-15)；K_L 为链长系数(表 7-15)；K_p 为多排链系数(表 7-16)。

表 7-14　工况系数 K_A

工　　况		输入动力类型		
		内燃机-液力传动	电动机或汽轮机	内燃机-机械传动
平稳载荷	液体搅拌机,中小型离心式鼓风机,离心式压缩机,谷物机械,均匀负载输送机,发电机,均匀负载、不反转的一般机械	1.0	1.0	1.2
中等冲击	半液体搅拌机,三缸以上往复压缩机,大型或不均匀负载输送机,中型起重机和升降机,重载无轴传动,金属切削机床,食品机械,木工机械,印染纺织机械,大型风机,中等脉动载荷、不反转的一般机械	1.3	1.2	1.4
严重冲击	船用螺旋桨,制砖机,单双缸往复压缩机,挖掘机,往复式、振动式输送机,破碎机,重型起重机械,石油钻井机械,锻压机械,线材拉拔机械,冲床,严重冲击、有反转的机械	1.5	1.4	1.7

表 7-15　小链轮齿数系数 K_z 和链长系数 K_L

链工作点在图 7-30 中的位置	位于曲线顶点左侧	位于曲线顶点右侧
K_z	$(z_1/19)^{1.08}$	$(z_1/19)^{1.5}$
K_L	$(L_p/100)^{0.26}$	$(L_p/100)^{0.5}$

表 7-16 多排链系数 K_p

排　　数	1	2	3	4	5	6
K_p	1.0	1.7	2.5	3.3	4.0	4.6

3. 设计步骤和参数选择

链传动设计的已知条件是：传动的用途、工作情况、原动机和工作机的种类、传递的名义功率 P 及载荷性质、链轮的转速 n_1 和 n_2 或传动比 i、传动布置以及对结构尺寸的要求。主要设计内容有：合理选择传动参数（链轮齿数 z_1 和 z_2、传动比 i、中心距 a、链节数 L_p 等）、确定链条的型号（链节距 p、排数）、确定润滑方式及设计链轮等。下面讨论一般链传动的设计计算和参数选择方法。

1）链轮齿数与传动比

链轮齿数 z 对传动平稳性和使用寿命影响很大。小链轮齿数 z_1 过少，会使运动不均匀性增大，动载荷增加，冲击加大，链传动寿命降低，链节在进入和退出啮合时，相对转角增大，铰链磨损增加，功率损耗也增大。因此 z_1 不宜过少，其值可参照链速 v（表 7-17）和传动比 i 选取，推荐 $z_1 = 29 - 2i$。当链速很低、要求传动结构紧凑时，也可取小链轮最少齿数 $z_{1min} = 9$。

表 7-17 小链轮齿数 z_1 的选择

链速 $v/(m/s)$	0.6~3	3~8	>8
齿数 z_1	≥17	≥21	≥25

但小链轮齿数也不宜过多。如 z_1 太大，大链轮齿数 z_2 将会更大，这样除了增大结构尺寸和质量外，也会因磨损使链条节距伸长而发生跳齿和脱链，导致使用寿命降低。z_1 确定后，从动链轮齿数 $z_2 = iz_1$，通常 $z_{2max} = 120$。

由于链节数通常为偶数，考虑到链条和链轮轮齿的均匀磨损，链轮齿数一般应取为与链节数互质的奇数。

链传动的传动比 i 通常小于 7，推荐 $i = 2 \sim 3.5$，但在 $v < 3$ m/s、载荷平稳、外形尺寸不受限制时，可取 $i_{max} \leqslant 10$。

2）链节距 p 和排数

链节距是链传动的重要参数，它的大小不仅反映了链传动结构尺寸的大小及承载能力的高低，而且直接影响传动质量。在一定条件下，链节距越大，承载能力越高，但运动的不均匀性、动载荷及噪声也随之加大。因此设计时应尽量选用小节距的单排链，高速重载时可选用小节距的多排链。

设计时，先根据单排链的额定功率 P_0 及小链轮转速 n_1 从图 7-30 中选取链的型号，再根据链条型号从表 7-11 中查出节距 p。

3）中心距 a 和链节数 L_p

中心距的大小对传动有很大影响。中心距小时，链节数减少；链速一定时，单位时间内每一链节的应力变化次数和屈伸次数增多，链的疲劳强度降低，磨损增加。中心距大时，链节数增多，吸振能力增强，使用寿命增加。但中心距 a 太大，链会发生颤抖现象，而且结构不紧凑，质量增大。一般推荐初选中心距 $a_0 = (30 \sim 50)p$，最大可为 $a_{0max} = 80p$。

链条长度用链节数 L_p 表示。根据带长计算公式，可导出链节数计算公式为

$$L_{p0} = \frac{2a_0}{p} + \frac{z_1 + z_2}{2} + \frac{p}{a_0}\left(\frac{z_2 - z_1}{2\pi}\right)^2 \tag{7-43}$$

L_{p0} 应圆整为整数,最好取为偶数,以免使用过渡链节。根据圆整后的链节数 L_p 可计算出实际中心距为

$$a = \frac{p}{4}\left[\left(L_p - \frac{z_1 + z_2}{2}\right) + \sqrt{\left(L_p - \frac{z_1 + z_2}{2}\right)^2 - 8\left(\frac{z_2 - z_1}{2\pi}\right)^2}\right] \tag{7-44}$$

一般情况下 a 和 a_0 相差很小,也可由下式近似计算:

$$a \approx a_0 + \frac{L_p - L_{p0}}{2}p \tag{7-45}$$

为了便于链条的安装和保证合理的松边下垂量,实际安装中心距比计算中心距小 $2\sim5$ mm。中心距一般设计成可以调节的,以便链节铰链磨损使节距变长后能调节链条的张紧程度,否则应设有张紧装置。

4) 低速链传动设计计算

在链速 $v<0.6$ m/s 的低速链传动中,其主要失效形式是静强度不够而使链条拉断,故应按静强度进行计算。根据已知的传动条件,由图 7-30 初选链条型号,然后校核安全系数:

$$S = \frac{Q}{K_A F} \geqslant 4\sim8 \tag{7-46}$$

式中:Q 为链条的极限拉伸载荷(N),可查表 7-11;K_A 为工况系数,见表 7-14;F 为工作拉力(N)。

4. 实例分析

例 7-2　设计一链式输送机中的滚子链传动。已知由电动机输入的功率 $P=7.5$ kW,转速 $n_1=720$ r/min,要求传动比 $i=3$,中心距不大于 650 mm,传动水平布置,载荷平稳。

解　具体设计计算如下。

序号	计算项目	计算公式和参数选定	结果和说明
1	主、从动轮齿数	估计链速在 $3\sim8$ m/s 范围,$z_1 = 29-2i = 29-2\times3 = 23$ $z_2 = iz_1 = 69 < 120$,合适	$z_1 = 23$ $z_2 = 69$
2	初定中心距	取 $a_0 = 40p$	$a_0 = 40p$
3	计算链节数	由 $L_{p0} = \dfrac{2a_0}{p} + \dfrac{z_1+z_2}{2} + \dfrac{p}{a_0}\left(\dfrac{z_2-z_1}{2\pi}\right)^2$ 得 $L_{p0} = \dfrac{2\times40p}{p} + \dfrac{23+69}{2} + \dfrac{p}{40p}\left(\dfrac{69-23}{2\pi}\right)^2$ $= 127.34$	$L_p = 128$
4	齿数系数	假定链传动工作点可能落在图 7-30 中某曲线顶点左侧 $K_z = (z_1/19)^{1.08} = (23/19)^{1.08} \approx 1.23$	与假定相符 $K_z = 1.23$
	链长系数	$K_L = (L_p/100)^{0.26} = (128/100)^{0.26} \approx 1.07$	$K_L = 1.07$
	多排链系数	选用单排链,查表 7-16 取 $K_p = 1.0$	$K_p = 1$
	工况系数	查表 7-14,取 $K_A = 1.0$	$K_A = 1$
	额定功率	$P_0 \geqslant \dfrac{K_A P}{K_z K_L K_p} = \dfrac{1.0\times7.5}{1.23\times1.07\times1.0}$ kW ≈ 5.70 kW	取 $P_0 = 5.72$ kW
	链节距	根据 P_0(5.72 kW)和 n_1(720 r/min)从图 7-30 查出链号为 10A,查表 7-11 链节距 $p = 15.875$ mm	$p = 15.875$ mm

续表

序号	计 算 项 目	计算公式和参数选定	结果和说明
5	中心距	由 $a \approx 40p + \dfrac{L_p - L_{p0}}{2}p$ 得 $a = \left(40 \times 15.875 + \dfrac{128 - 127.34}{2} \times 15.875\right)$ mm $= 640.24$ mm < 650 mm	$a = 640$ mm
6	验算链速	$v = \dfrac{z_1 p n_1}{60 \times 1000} = \dfrac{23 \times 15.875 \times 720}{60 \times 1000}$ m/s $= 4.38$ m/s 查表 7-17,当 v 在 3~8 m/s 时,$z_1 \geqslant 21$	$v = 4.38$ m/s 与假设相符 故取 $z_1 = 23$ 合适
7	选择润滑方式	根据 $p(15.875)$、$v(4.38$ m/s$)$ 查图 7-31 确定	油浴润滑
8	工作拉力	$F = \dfrac{1000P}{v} = \dfrac{1000 \times 7.5}{4.38}$ N ≈ 1712 N	取 $F = 1712$ N
9	压轴力	$F_Q = 1.2F = 1.2 \times 1712$ N ≈ 2054.4 N	取 $F_Q = 2054$ N
10	链条标记	计算结果采用节距为 15.875 mm、A 系列、单排 128 节滚子链,标记为:10A—1×128 GB/T 1243—2006	10A—1×128 GB/T 1243—2006

7.8　链传动的合理布置和润滑

1. 链传动的合理布置

链传动合理布置的原则为:①为保证正确啮合,两链轮应位于同一垂直平面内,并保持两轴相互平行;②两轮中心连线最好水平布置或中心连线与水平线夹角 β 不大于 45°;③链传动紧边(主动边)布置在上,松边布置在下,以避免松边在上时因下垂量过大而发生链条与链轮的干涉。具体布置方案如表 7-18 所示。

表 7-18　链传动的布置

传 动 条 件	正 确 布 置	不 正 确 布 置	说　明
i 与 a 较佳场合: $i = 2 \sim 3$ $a = (30 \sim 50)p$		 链传动动画	两链轮中心连线最好呈水平,或与水平面成 60°以下的倾角。紧边在上面较好
i 大、a 小场合: $i > 2$ $a < 30p$			两轮轴线不在同一水平面上,此时松边应布置在下面,否则松边下垂量增大后,链条易被小链轮钩住

传 动 条 件	正 确 布 置	不 正 确 布 置	说　　明
i 小、a 大场合: $i<1.5$ $a>60p$			两轮轴线在同一水平面上,松边应布置在下面,否则松边下垂量增大后,松边会与紧边相碰。此外需经常调整中心距
垂直传动场合: i、a 为任意值		链传动动画	两轮轴线在同一铅垂面内,此时下垂量集中在下端,所以要尽量避免这种垂直或接近垂直的布置。否则会减少下面链轮的有效啮合齿数,降低传动能力。应采用:(a)中心距可调;(b)张紧装置;(c)上下两轮错开,使其轴线不在同一铅垂面内;(d)尽可能将小链轮布置在上方等措施

2. 链传动的润滑

润滑的目的是减少磨损、缓冲、吸振,提高工作效率,延长使用寿命。

开式链传动和不易润滑的链传动,可以定期拆下链条,先用煤油清洗干净,干燥后再浸入油池中,待铰链间充满润滑油后再安装使用。

闭式链传动的润滑方式可由图 7-31 确定。常用的润滑方式有以下几种:

(1) 人工定期润滑:用油壶或油刷给油,每班注油一次,适用于链速 $v\leqslant 4$ m/s 的不重要传动(图 7-32(a))。

(2) 滴油润滑:用油杯通过油管向松边的内、外链板间隙处滴油,用于链速 $v\leqslant 10$ m/s 的传动(图 7-32(b))。

(3) 油浴润滑:链从密封的油池中通过,链条浸油深度以 6～12 mm 为宜,适用于链速 $v=$ 6～12 m/s 的传动(图 7-32(c))。

(4) 飞溅润滑:在密封容器中,用甩油盘将油甩起,经由壳体上的集油装置将油导流到链上。甩油盘速度应大于 3 m/s,浸油深度一般为 12～15 mm(图 7-32(d))。

(5) 压力油循环润滑:用油泵将油喷到链上,喷口应设在链条进入啮合之处,适用于链速 $v\geqslant 8$ m/s 的大功率传动(图 7-32(e))。

链传动常用的润滑油牌号有 L-AN32、L-AN46、L-AN68、L-AN100 等全损耗系统用油。温度较低时,选黏度低的油;载荷大时,选黏度高的油。在低速重载的链传动中润滑油可采用沥青含量高的黑油或润滑脂,但使用时应定期涂抹和清洗。

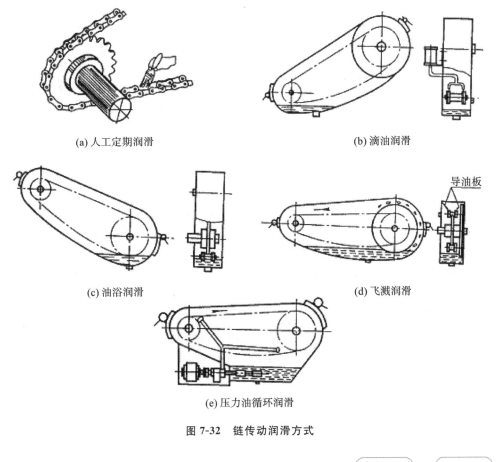

(a) 人工定期润滑　　　　　　　　　　　　(b) 滴油润滑

(c) 油浴润滑　　　　　　　　　　　　(d) 飞溅润滑

(e) 压力油循环润滑

图 7-32　链传动润滑方式

思考与练习

学习指导　　学习课件

7-1　带传动有哪些主要类型？各有什么特点？

7-2　我国生产的普通 V 带和窄 V 带有哪些型号？其尺寸和传动能力的变化规律如何？

7-3　带在工作时受到哪些应力？如何分布？

7-4　带传动中弹性滑动与打滑有何区别？它们对于带传动各有什么影响？

7-5　带传动的主要失效形式是什么？单根 V 带所能传递的功率是根据哪些条件得来的？

7-6　多根 V 带传动中，一根带失效要更换时，其他几根是否更换？为什么？

7-7　带传动时为什么要设置张紧装置？有几种张紧方式？

7-8　当与其他传动一起使用时，带传动一般应放在高速级还是低速级？请给出理由。

7-9　链传动与带传动、齿轮传动相比有何特点？

7-10　滚子链的结构是如何组成的？链的节距和排数对承载能力有何影响？

7-11　链传动的瞬时传动比 $i = n_1/n_2 = z_2/z_1 = d_2/d_1$，对吗？为什么？

7-12　链传动的润滑起什么作用？有哪些润滑方法？在设计中应如何选用？

7-13　为什么链节数常取偶数,而链轮齿数多取奇数?

7-14　为什么链传动的平均传动比等于常数,而瞬时传动比不等于常数? 这对传动有何影响? 如何减轻这种影响?

7-15　小链轮齿数 z_1 不允许过少,大链轮齿数 z_2 不允许过多。这是为什么?

7-16　已知一普通 V 带传动,带的型号为 A 型,两个 V 带轮的基准直径分别为 125 mm 和 250 mm,初定中心距为 450 mm。试确定带的基准长度和实际中心距。

7-17　已知一普通 V 带传动,中心距为 800 mm 左右,转速 $n_1 = 1450$ r/min、$n_2 = 650$ r/min,主动轮基准直径 $d_{d1} = 180$ mm,采用三根 B 型 V 带,载荷平稳,两班制工作。试求此 V 带传动所能传递的功率 P。

7-18　试设计用于带式输送机的 V 带传动,采用 Y 系列电动机驱动,功率 $P = 11$ kW,转速 $n_1 = 970$ r/min、$n_2 = 355$ r/min,载荷有小的变动、两班制工作。

7-19　已知 V 带传递的实际功率 $P = 7$ kW,带速 $v = 10$ m/s,紧边拉力是松边拉力的 2 倍。试求圆周力 F_e 和紧边拉力 F_1 的值。

7-20　试设计一驱动运输机的链传动。已知:传递功率 $P = 200$ kW,小链轮转速 $n_1 = 720$ r/min,大链轮转速 $n_2 = 200$ r/min,运输机载荷不够平稳。同时要求大链轮的分度圆直径最好为 700 mm 左右。

7-21　某往复式压气机上使用的滚子链传动,由电机驱动。已知电动机转速 $n_1 = 960$ r/min,$P = 5.5$ kW,压气机转速 $n_2 = 330$ r/min。试设计该链传动。

第 8 章　齿 轮 传 动

学 习 导 引

齿轮传动作为一种重要的传动形式,广泛地应用在诸如减速器、汽车、机床、飞机等机械设备中。根据齿轮的受载情况、工况条件、齿轮材料及热处理等各因素的不同,齿轮将产生不同形式的失效。因此,根据不同的齿轮失效形式而确定的设计准则,可对闭式传动的软齿面或硬齿面齿轮以及开式齿轮进行齿轮的参数设计、结构设计,也可根据强度条件验算齿轮的强度。同时,齿轮传动的润滑、齿轮的传动精度等问题在齿轮设计中也是十分重要的。通过本章的学习,就可具体地设计机械中的齿轮(如减速器中的圆柱齿轮或其他装置中的齿轮)。

8.1　齿轮传动的失效形式及设计准则

1. 齿轮传动的失效形式

齿轮进行啮合传动时,如果不考虑变载荷的影响,则由渐开线的性质可知,圆柱齿轮整体所受力的大小和方向不变,但齿轮的轮齿渐次进入啮合并依次受力。因此,齿轮的齿面受到脉动循环变化的接触应力,齿根则受到脉动循环(轮齿单侧工作)或对称循环(轮齿双侧工作)的弯曲应力的影响。所以,齿轮传动失效主要发生在轮齿上,齿轮的整体失效则比较少见。齿轮的材料及热处理、载荷的大小以及工作环境不同,齿轮发生的失效形式则不同。实际使用情况表明,齿轮的主要失效形式有轮齿折断、齿面点蚀、齿面磨损、齿面胶合以及齿面塑性变形等几种。

1) 轮齿折断

齿轮的齿根处有应力集中,而且轮齿在齿根处所受的弯曲应力为最大且为变应力,在周期性的弯曲应力和应力集中的共同影响下,齿根所受的弯曲应力超过齿轮材料的弯曲疲劳极限时,将生成疲劳裂纹。齿根的应力集中加速了疲劳裂纹的形成,疲劳损伤不断累积使裂纹扩展,最终造成轮齿的疲劳折断。另外,还有一种是轮齿的过载折断。它是由于突然产生严重的过载或冲击载荷作用而引起的。脆性材料如铸铁、淬火钢等容易发生这种形式的轮齿折断;当轮齿磨损严重变薄时,也会发生轮齿的过载折断,如图 8-1 所示。这两种折断通常先发生在轮齿的受拉侧。

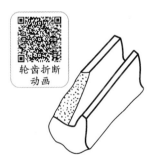

图 8-1 轮齿折断

加大齿根过渡圆角半径、采用正变位齿轮或取较大的模数增加齿根厚度、通过表面处理改善材料的力学性能、减小齿根的轮廓表面粗糙度值以减小应力集中以及对齿根处进行强化处理(如喷丸、滚挤压)等,均可提高轮齿的抗弯疲劳强度,从而提高轮齿的抗折断能力。

2) 齿面点蚀

齿面点蚀是在具有良好润滑的闭式齿轮传动中,齿轮采用软齿面(齿面硬度≤350 HBW)时经常发生的失效现象。脉动循环变化的齿面接触应力如果超过材料的接触疲劳极限,在载荷的反复作用下,将使齿面表层产生细小的疲劳裂纹。润滑油进入这些裂纹后,在两齿啮合时被封住,由此产生很大的压力,使得裂纹扩展。随着裂纹的扩展,将导致小块金属剥落,在齿面上形成小的凹坑,这种现象称为齿面点蚀,如图 8-2 所示。点蚀使齿廓承载面积减小,应力增大,加快了凹坑间的金属疲劳,引起齿廓破坏,使齿轮产生振动和噪声,齿轮不能正常工作。疲劳点蚀分成两种类型:一类为收敛性点蚀,即软齿面齿轮出现少量点蚀以后,如工作的载荷适当,点蚀可能不会继续发展;另一类为扩展性点蚀,即硬齿面(齿面硬度>350 HBW)齿轮一旦出现点蚀,就会继续发展。

实践经验表明,点蚀通常出现在靠近节线的齿根面上。润滑油的黏度对点蚀的影响较大,黏度低的润滑油更易浸透到裂缝中去,造成裂纹的扩展。因此,选择黏度大的润滑油可以减缓点蚀的产生。另外,提高齿面硬度可增大齿面的许用接触应力,从而提高齿面的抗点蚀能力。同时,降低齿面轮廓的表面粗糙度值也是提高齿面接触疲劳强度的方法之一。

开式齿轮传动中,由于齿面磨损较快,点蚀还来不及出现或扩展即被磨掉,所以一般看不到点蚀现象。

3) 齿面磨损

除了节线处,两轮齿啮合时均会有相对滑动。金属微粒或灰尘进入啮合工作面之间会导致轮齿表面磨损,这种磨损也称为磨粒磨损。磨粒磨损使齿面出现与滑动方向平行的浅磨痕(图 8-3),齿面逐渐磨损后,将失去正确的渐开线齿廓形状,导致严重的噪声和振动,严重时会使轮齿变薄而折断。齿面磨损是开式齿轮传动的主要失效形式。

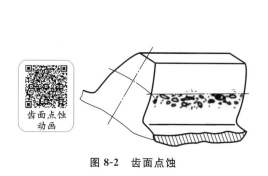

图 8-2　齿面点蚀

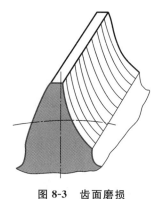

图 8-3　齿面磨损

采用闭式传动、降低齿面轮廓的表面粗糙度、定期更换润滑油以保证其清洁等可以减轻齿面磨损。

图 8-4　齿面胶合

4) 齿面胶合

高速重载齿轮传动,齿面间的压力和滑动速度大,因而摩擦发热量大。如果齿轮润滑剂使用不当,造成啮合面间润滑油膜破裂,使滑动速度较大的两齿面的金属在瞬时高温作用下局部熔融、黏焊在一起,当两齿面继续作相对运动时,黏焊在一起的地方被撕破,从而在较软的齿面上沿着滑动方向形成沟槽或节瘤、峰岗(图 8-4),这种失效形式称为齿面胶合。胶合多发生在滑动速度较大的齿顶和齿根部位。齿面发生胶合后,将加速齿面的磨损,使齿轮传动趋于失效。低速重载的齿轮传动,因为滑动速度低不易形成油膜,摩擦发热虽不大,但也可能因重载而出现胶合破坏。

采用黏度较大或抗胶合性能好的润滑油,降低齿面轮廓的表面粗糙度值,选用抗胶合性能好的配对齿轮副材料,提高齿面硬度、采用变位齿轮传动减小滑动等均可增强齿面的抗胶合能力。

5）齿面塑性变形

硬度较低的软齿面齿轮,在低速重载时,由于齿面压力过大,在摩擦力作用下,轮齿齿面在啮合时因屈服强度不足而产生的局部金属流动现象,称为齿面塑性变形,如图 8-5 所示。主动轮齿面的摩擦力方向背离节线,因而由摩擦力产生的塑性变形使齿面在节线附近出现凹沟;从动轮与主动轮齿面的摩擦力方向正好相反,所以从动轮齿面上的塑性变形是在节线附近呈现凸棱形状。

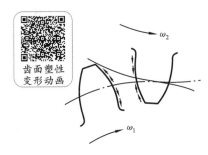

图 8-5　齿面塑性变形

提高齿面硬度和采用黏度较高的润滑油,以及减小接触应力,均有助于防止或减轻齿面塑性变形。

2. 齿轮传动的设计准则

不同的工况条件和不同的齿轮材料及热处理,齿轮传动有不同的失效形式。针对不同的齿轮失效形式,应采用不同的设计准则,从而保证齿轮传动在整个工作寿命期间具有足够的规定的工作能力。齿轮的设计准则主要有齿面接触疲劳强度准则和齿根弯曲疲劳强度准则。根据齿轮的设计准则,确定齿轮的有关参数及结构尺寸。

按照齿轮齿面硬度的高低,一般将齿轮传动分为软齿面齿轮传动(一对齿轮或其中一个齿轮的齿面硬度≤350 HBW)和硬齿面齿轮传动(一对齿轮的齿面硬度均>350 HBW)两类。同时,按照是否有密封和润滑装置,又分成开式齿轮传动和闭式齿轮传动。

1）闭式齿轮传动

对于软齿面的闭式齿轮传动,齿面点蚀是主要失效形式。因此,应按满足齿面接触疲劳强度的设计准则进行齿轮设计,并按齿根弯曲疲劳强度进行校核。对于硬齿面的闭式齿轮传动,其主要失效形式是轮齿折断,一般按齿根弯曲疲劳强度的设计准则进行齿轮的设计计算,同时再校核齿面接触疲劳强度。

2）开式齿轮传动

开式齿轮传动的主要失效形式是齿面磨损,以及严重磨损导致轮齿变薄而发生的轮齿折断。目前,由于抗齿面磨损的设计计算方法尚不成熟,因此,一般先按齿根弯曲疲劳强度进行设计计算,再将模数增大 10%～15% 来考虑磨损对轮齿抗弯强度的影响。因为开式齿轮传动不会发生齿面点蚀,所以不需对齿面接触疲劳强度进行校核。

设计齿轮时,除应满足上述强度条件外,还应考虑传动精度、振动和噪声等问题。

8.2　齿轮的常用材料及热处理

1. 齿轮的常用材料

由轮齿的失效形式可知,齿轮的齿面应具有较好的抗点蚀、耐磨损、抗胶合及抗塑性变形的能力,而齿根要有较高的抗折断能力。因此,齿轮材料应具有齿面硬度高、齿芯韧性好的基本性能。此外,还应具有良好的加工性能,以便获得较高的表面质量和精度,且热处理变形小。常用的齿轮材料有钢、铸铁和非金属材料。这里只介绍常用的锻钢、铸钢和铸铁。

1）锻钢

锻钢有很好的塑韧性,耐冲击,同时具备较高的强度。通过热处理或化学热处理可改善其力学性能并能提高齿面硬度,故最适合用来制造齿轮。除尺寸过大($d_a > 400 \sim 600$ mm)或者齿轮的结构形状复杂只宜铸造者外,一般都采用锻钢作为齿轮的材料。常用的是碳的质量分数在$(0.15 \sim 0.6)$%的碳钢或合金钢。

2)铸钢

铸钢适合用于外形较复杂或尺寸较大的齿轮,其成本较低,耐磨性及强度均较好。但是性能不及锻钢,使用时需注意气孔和裂纹等缺陷。铸钢因收缩率大、内应力大,所以需进行正火或回火处理,以消除其内应力。

3)铸铁

灰铸铁的铸造性能和切削性能、抗胶合及抗点蚀的能力较好,但抗弯强度和抗冲击能力较差。灰铸铁齿轮常用于工作平稳、速度较低、功率不大及开式、低速齿轮传动的场合。另外,铸铁中的石墨成分本身是润滑剂,起减摩作用,对润滑不便的开式齿轮传动是十分有益的。一般开式齿轮的大齿轮采用铸铁,小齿轮采用 45 钢(调质)。

球墨铸铁具有良好的铸造、切削加工和耐磨性能,综合力学性能优于灰铸铁,具有较好的抗冲击性能,在某些情况下可代替调质钢制造大齿轮。

常用的齿轮材料及力学性能见表 8-1。

表 8-1　常用的齿轮材料及力学性能

材料	牌号	热处理方法	齿面硬度	接触疲劳极限 σ_{Hlim}/MPa	弯曲疲劳极限 σ_{FE}/MPa	应用举例
优质碳素钢	35	正火	150~180 HBW	330~370	270~300	低速轻载齿轮或中速中载大齿轮
		表面淬火	40~45 HRC	1100~1120	670~680	高速中载、无剧烈冲击的齿轮。如机床变速箱中的齿轮
	45	正火	169~217 HBW	350~400	280~340	低速轻载的齿轮或中速中载的大齿轮
		调质	217~285 HBW	550~620	410~480	
		表面淬火	40~50 HRC	1100~1150	680~700	高速中载、无剧烈冲击的齿轮。如机床变速箱中的齿轮
合金钢	35SiMn	调质	217~269 HBW	650~760	550~610	低速轻载的齿轮或中速中载的大齿轮
	40Cr	调质	241~286 HBW	650~750	560~720	
		表面淬火	48~55 HRC	1150~1210	700~740	高速中载、无剧烈冲击的齿轮。如机床变速箱中的齿轮
	20Cr	渗碳淬火	56~62 HRC	1500	850	高速中载、承受冲击载荷的齿轮。如汽车、拖拉机中的重要齿轮
	20CrMnTi	渗碳淬火	58~62 HRC	1500	850	
	38CrMnAlA	渗氮	>850 HV	800~950	250~300	载荷平稳、润滑良好的齿轮

续表

材料	牌号	热处理方法	齿面硬度	接触疲劳极限 σ_{Hlim}/MPa	弯曲疲劳极限 σ_{FE}/MPa	应 用 举 例
铸钢	ZG310-570	正火	163～197 HBW	280～330	210～250	重型机械中的低速齿轮
	ZG340-640		179～207 HBW	310～340	240～270	
球墨铸铁	QT700-2	正火	225～305 HBW	530-580	150～220	可用来代替铸钢
	QT600-2		229～302 HBW	530-580	150～220	
灰铸铁	HT250	时效	170～241 HBW	300～380	95～140	低速中载、不受冲击的齿轮。如机床操纵机构的齿轮
	HT300		187～255 HBW	330～390	100～150	

注：表中的数值是根据 GB/T 3480.2,3480.3,3480.5—2021 提供的线图依材料的硬度值查得的,它适用于材质和热处理质量达到中等要求的情况。

2. 齿轮材料的热处理

齿轮材料常采用的热处理方法有正火、调质、淬火、渗碳淬火、渗氮(化学热处理)等。

经过调质或正火处理的齿轮,齿面硬度一般在 120～300 HBW 之间,为软齿面齿轮。常用材料一般为中碳钢,如 45、40Cr 钢等。因齿面硬度一般不高,承载能力受到限制,但制造加工容易、成本低,常用于对尺寸和质量无严格限制的场合。软齿面齿轮的加工工艺过程为齿坯制造加工、正火或调质、切齿。此类齿轮一般是先热处理后进行切齿加工。切齿后不需要再进行齿面硬化,可得到 7、8 级精度的齿轮。

经过淬火处理的齿轮,齿面硬度常大于 350 HBW,为硬齿面齿轮。中碳钢一般进行表面淬火(如表面高频淬火)处理,表面淬火后轮齿变形不大,可不磨齿,齿面硬度可达 52～56 HRC;而低碳钢,如 20Cr、20CrMnTi 等,由于碳的质量分数小,硬度低,需进行渗碳淬火,渗碳淬火后齿面硬度可达 56～62 HRC,但轮齿变形较大,通常要磨齿,故成本较高,多用于承受冲击载荷的重要齿轮传动。

硬齿面齿轮硬度大,承载能力大,抗点蚀、胶合、磨损等性能好。在相同载荷条件下,结构尺寸比软齿面齿轮小得多(一对经渗碳淬火磨齿的中等规格的硬齿面齿轮,其质量仅为相应调质处理经滚齿加工的软齿面齿轮的 1/3)。硬齿面齿轮多用于高速中载或承受冲击载荷的重要场合。另外,含有 Cr、V、Mo、Al 等在渗氮温度下能形成稳定氮化物的元素的合金钢,可以采用渗氮处理,如 38CrMoAlA 材料。渗氮一般变形很小,渗氮后不需磨齿,但渗氮层较薄,容易压碎,适用于平稳载荷下工作的齿轮。硬齿面齿轮的工艺过程为齿轮毛坯制造加工、切齿、表面硬化及磨齿(表面淬火处理不需要)。

为减小胶合的可能,大、小齿轮应尽可能选择不同材料,或选用相同材料而热处理方法不同。在相同的工作期间内,小齿轮的循环次数远多于大齿轮。同时,小齿轮的齿根厚度要小于配对的大齿轮,为使大、小齿轮具有相近的寿命,应使两啮合的齿轮具有一定的硬度差,一般应使小齿轮较之大齿轮的齿面硬度高 20～50 HBW。两齿轮的齿数比越大,硬度差也越大;当齿数比大于 5 时,小齿轮选用硬齿面,大齿轮选用软齿面。

8.3　直齿圆柱齿轮传动的受力分析及计算载荷

1. 轮齿的受力分析

轮齿的受力不仅是齿轮强度计算的依据,也是轴和轴承设计计算的基础。图 8-6 所示为一对外啮合直齿圆柱齿轮传动的受力分析,若略去齿面间的摩擦,则轮齿间相互作用的总压力为法向力 F_n,其方向沿啮合线方向。将法向力 F_n(N)可分解为相互垂直的两个分力圆周力 F_t(N)和径向力 F_r(N):

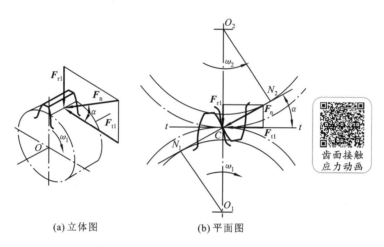

(a) 立体图　　　　　　　(b) 平面图

图 8-6　直齿圆柱齿轮传动的受力分析

$$
\left.
\begin{aligned}
\text{圆周力}\quad & F_t = \frac{2T_1}{d_1} \\
\text{径向力}\quad & F_r = F_t \tan\alpha \\
\text{法向力}\quad & F_n = \frac{F_t}{\cos\alpha}
\end{aligned}
\right\}
\tag{8-1}
$$

式中: d_1 为主动轮分度圆直径(mm); α 为分度圆压力角,标准齿轮 $\alpha = 20°$; T_1 为作用于主动轮上的转矩(N·mm),设计时可根据主动轮传递的功率 P_1(kW)及转速 n_1(r/min)由下式求得

$$
T_1 = 9.55 \times 10^6 \frac{P_1}{n_1}
\tag{8-2}
$$

作用在主、从动轮上的力是作用力与反作用力,大小相等,方向相反,即 $F_{t1} = -F_{t2}$, $F_{r1} = -F_{r2}$。圆周力 F_t 在主动轮上是工作阻力,方向与转向相反;在从动轮上是驱动力,方向与转向相同。径向力 F_r 的方向与齿轮转向无关,均由力作用点指向各自的轮心。

2. 计算载荷与载荷系数

由式(8-1)计算出的法向力 F_n 为名义载荷。实际上,由于制造误差,齿轮轮齿、轴和轴承承受载荷后的变形以及传动中工作载荷和速度的变化等因素的影响,齿轮所受的实际载荷大于名义载荷。因此,在齿轮强度计算中,引入载荷系数 K 来考虑各种影响因素对实际载荷的影响,以计算载荷 F_{nc} 代替名义载荷 F_n。其计算公式为

$$
F_{nc} = K F_n
\tag{8-3}
$$

载荷系数 K 值见表 8-2。

表 8-2　载荷系数 K

原动机	工作机的载荷特性		
	均匀平稳 （如发电机、 机床进给机构等）	中等冲击 （如轻型球磨机、 单缸活塞泵等）	严重冲击 （如破碎机、 重型给水泵等）
电动机	1.0～1.2	1.2～1.6	1.6～1.8
多缸内燃机	1.2～1.6	1.6～1.8	1.9～2.1
单缸内燃机	1.6～1.8	1.8～2.0	2.2～2.4

注：斜齿轮、圆周速度低、精度高、齿宽系数小时取小值，反之则取大值。

8.4　直齿圆柱齿轮传动的强度计算

1. 齿面接触疲劳强度计算

为了防止齿面过早发生疲劳点蚀，在强度计算时，应使 $\sigma_H \leqslant [\sigma_H]$。

齿面接触应力 σ_H 的计算公式是以弹性力学中的赫兹公式为依据的，将齿面接触应力的计算点简化取在节线处。因为齿轮在节线处啮合时仅有单对齿在啮合，齿面接触应力相对较大，而且节线处的齿轮参数比较容易计算确定。

将一对齿轮在节点处的啮合近似地看成半径分别为 ρ_1、ρ_2 的两圆柱体沿齿宽 b 压紧（图 8-7），这对圆柱体的曲率就等于两齿廓曲线在节点处的曲率半径。由弹性力学中的赫兹公式可知，两齿面接触处的最大接触应力 σ_H 为

$$\sigma_H = Z_E \sqrt{\frac{F_{nc}}{b}\left(\frac{1}{\rho_1} \pm \frac{1}{\rho_2}\right)} \qquad (8\text{-}4)$$

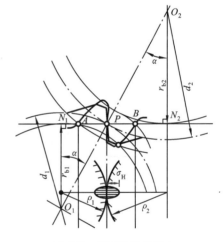

图 8-7　齿面的接触应力

对于标准直齿圆柱齿轮传动，$\rho_1 = \overline{N_1 P} = \dfrac{d_1}{2}\sin\alpha$，$\rho_2 = \overline{N_2 P} = \dfrac{d_2}{2}\sin\alpha$

$$\frac{1}{\rho_1} \pm \frac{1}{\rho_2} = \frac{\rho_2 \pm \rho_1}{\rho_1 \rho_2} = \frac{2(d_2 \pm d_1)}{d_1 d_2 \sin\alpha} = \frac{2\left(\dfrac{d_2}{d_1} \pm 1\right)}{d_1\left(\dfrac{d_2}{d_1}\sin\alpha\right)} = \frac{2}{d_1 \sin\alpha}\left(\frac{i \pm 1}{i}\right)$$

将 $F_{nc} = \dfrac{2KT_1}{d_1 \cos\alpha}$ 代入式（8-4），则

$$\sigma_H = Z_E \sqrt{\frac{2KT_1}{bd_1\cos\alpha}\left(\frac{2}{d_1\sin\alpha}\right)\left(\frac{i \pm 1}{i}\right)} = Z_E \sqrt{\frac{2}{\sin\alpha\cos\alpha}}\sqrt{\frac{2KT_1}{bd_1^2}\left(\frac{i \pm 1}{i}\right)}$$

令 $Z_H = \sqrt{\dfrac{2}{\sin\alpha\cos\alpha}}$，可得齿面接触疲劳强度的校核公式为

$$\sigma_H = Z_E Z_H \sqrt{\frac{2KT_1}{bd_1^2}\left(\frac{i \pm 1}{i}\right)} \leqslant [\sigma_H] \tag{8-5}$$

式中:"±"分别用于外啮合、内啮合齿轮传动;Z_E 为齿轮材料的弹性系数,用以考虑材料弹性模量 E 和泊松比 μ 对赫兹应力的影响,其值可由表8-3查取;Z_H 为节点区域系数,用以考虑节点处齿廓曲率对接触应力的影响,对于标准直齿圆柱齿轮传动,$Z_H = 2.5$;i 为齿数比,即大齿轮齿数与小齿轮齿数之比;d_1 是小齿轮分度圆直径,b 为齿轮的齿宽,d_1、b 的单位为 mm;$[\sigma_H]$ 为许用接触应力(MPa),由式(8-6)计算,设计时应取两轮中较小的值代入。

$$[\sigma_H] = \frac{\sigma_{Hlim}}{S_H} \tag{8-6}$$

式中:σ_{Hlim} 为试验齿轮的接触疲劳极限,它与齿面硬度有关,见表8-1;S_H 为接触强度的最小安全系数,见表8-4。由于发生疲劳点蚀只引起噪声及振动增大,不会引起齿轮停止运转的失效,因此,通常接触疲劳强度的最小安全系数取值比较小。

表 8-3　齿轮材料弹性系数 Z_E　　　　　　　(单位:$\sqrt{MPa}$)

大齿轮材料		锻　钢	铸　钢	球墨铸铁	灰　铸　铁
小齿轮材料	锻钢	189.8	188.9	181.4	165.4
	铸钢	—	188.0	180.5	161.4
	球墨铸铁	—	—	173.9	156.6
	灰铸铁	—	—	—	146.0

表 8-4　最小安全系数 S_H、S_F 的参考值

使 用 要 求	S_H	S_F
高可靠度	1.50	2.00
较高可靠度	1.25	1.60
一般可靠度	1.00	1.25
低可靠度	0.85	1.00

注:对于一般工业用齿轮传动,可用一般可靠度。

引入齿宽系数 $\psi_d = b/d_1$,可得齿面接触疲劳强度的设计公式为

$$d_1 \geqslant \sqrt[3]{\left(\frac{Z_E Z_H}{[\sigma_H]}\right)^2 \frac{2KT_1}{\psi_d}\left(\frac{i \pm 1}{i}\right)} \tag{8-7}$$

在进行齿面接触疲劳强度的校核计算或设计计算时应当注意的是:

(1) 用式(8-5)计算齿面接触应力 σ_H 时,大、小齿轮的齿面接触应力相等,即 $\sigma_{H1} = \sigma_{H2}$;

(2) 材料及热处理不相同时,大、小齿轮的许用接触应力不同,即 $[\sigma_H]_1 \neq [\sigma_H]_2$,因此,取 $[\sigma_H]_1$、$[\sigma_H]_2$ 二者中较小者代入式(8-5)和式(8-7)进行强度计算;

(3) 由式(8-7)可知,按接触疲劳强度设计齿轮时,主要参数是齿轮的分度圆直径 d_1(或中心距 a)。齿轮的分度圆 d_1(或中心距 a)越大,齿面接触疲劳强度越高,即齿轮的模数与齿数的乘积共同决定了齿轮的齿面接触强度。

2. 轮齿弯曲疲劳强度计算

为了防止轮齿过早发生疲劳折断,在强度计算时,应使 $\sigma_F \leqslant [\sigma_F]$。

轮齿的疲劳折断与弯曲应力有关。而在计算弯曲应力时,必须知道力作用点的位置和危

险截面所在的位置。如本书 4.5 节所述,齿轮的重合度 ε 恒大于 1,轮齿在齿顶或齿根啮合时,相邻的另一对轮齿也在啮合,则载荷由两对轮齿分担;而在节点附近啮合时,只有一对轮齿啮合,轮齿上的单位载荷最大。因此,应以单对齿啮合的上界点 A(图 8-8)为应力计算点(力作用点),齿轮啮合处于点 A 时力臂较大且单位载荷最大(载荷仅由一对齿承担),此时的齿根弯曲应力最大。但是,随着重合度 ε 的不同,上界点 A 的位置也会发生变化,这样使轮齿弯曲应力的计算很烦琐,一般在计算精确度要求较高的齿轮中采用。

考虑到加工和安装的误差,对一般精度的齿轮简化了计算方法,按最不利的情况考虑,假定:载荷 F_n 全部由一对轮齿承受;载荷作用在齿顶上(图 8-9)。

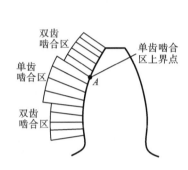

图 8-8　单对齿啮合区上界点

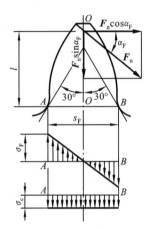

图 8-9　齿根危险截面和弯曲应力

在计算轮齿弯曲强度时,将轮齿看作悬臂梁,其危险截面可用 30°切线法确定,即作与轮齿对称中心线成 30°夹角并与齿根圆角相切的两条直线,连接两切点的截面即为齿根的危险截面。危险截面处齿厚为 s_F。

作用于齿顶的法向力 F_n 可分解为互相垂直的两个分力:$F_n\cos\alpha_F$ 和 $F_n\sin\alpha_F$。水平分力 $F_n\cos\alpha_F$ 使齿根产生弯曲应力 σ_F 和剪应力 τ;垂直分力 $F_n\sin\alpha_F$ 使齿根产生压应力 σ_c。与弯曲应力 σ_F 相比,剪应力 τ 和压应力 σ_c 都很小,故可忽略。齿根危险截面的弯曲力矩为

$$M = KF_n l\cos\alpha_F$$

式中:K 为载荷系数;l 为弯曲力臂。危险截面的弯曲截面系数 W 为

$$W = \frac{bs_F^2}{6}$$

故危险截面的弯曲应力为

$$\sigma_F = \frac{M}{W} = \frac{6KF_n l\cos\alpha_F}{bs_F^2} = \frac{2KT_1}{bd_1 m}\frac{6(l/m)\cos\alpha_F}{(s_F/m)^2\cos\alpha}$$

令 $Y_{Fa} = \dfrac{6(l/m)\cos\alpha_F}{(s_F/m)^2\cos\alpha}$,称为齿形系数,用来考虑轮齿形状对抗弯能力的影响,它只与轮齿的齿廓形状有关,而与齿的大小(模数 m)无关,按齿数 z(或当量齿数 z_v)查表 8-5;考虑齿根过渡曲线处的应力集中效应,以及弯曲应力以外的其他应力对齿根弯曲应力的影响,引入应力修正系数 Y_{Sa}(其值列于表 8-5),可得齿根弯曲疲劳强度的校核公式为

$$\sigma_F = \frac{2KT_1}{bd_1 m}Y_{Fa}Y_{Sa} = \frac{2KT_1}{bm^2 z_1}Y_{Fa}Y_{Sa} \leqslant [\sigma_F] \tag{8-8}$$

以 $b = \psi_d d_1$ 代入上式,经整理可得齿根弯曲疲劳强度的设计公式为

$$m \geqslant \sqrt[3]{\frac{2KT_1}{\psi_d z_1^2} \frac{Y_{Fa} Y_{Sa}}{[\sigma_F]}} \qquad (8\text{-}9)$$

式中：$[\sigma_F]$是许用弯曲应力，可表示为

$$[\sigma_F] = \frac{\sigma_{FE}}{S_F} \qquad (8\text{-}10)$$

σ_{FE}为试验齿轮的齿根弯曲疲劳极限值，见表 8-1。若轮齿两面工作时，齿面受对称循环变应力作用（如惰轮、行星轮），应将表中的数值乘以 0.7。S_F 为弯曲疲劳强度的最小安全系数，见表 8-4。

表 8-5　齿形系数 Y_{Fa} 和应力修正系数 Y_{Sa}

$z(z_v)$	17	18	19	20	21	22	23	24	25	26	27	28	29
Y_{Fa}	2.97	2.91	2.85	2.80	2.76	2.72	2.69	2.65	2.62	2.60	2.57	2.55	2.53
Y_{Sa}	1.52	1.53	1.54	1.55	1.56	1.57	1.575	1.58	1.59	1.595	1.60	1.61	1.62
$z(z_v)$	30	35	40	45	50	60	70	80	90	100	150	200	∞
Y_{Fa}	2.52	2.45	2.40	2.35	2.32	2.28	2.24	2.22	2.20	2.18	2.14	2.12	2.06
Y_{Sa}	1.625	1.65	1.67	1.68	1.70	1.73	1.75	1.77	1.78	1.79	1.83	1.865	1.97

在进行齿根弯曲疲劳强度的校核或设计计算时应当注意的是：

（1）传动比 $i \neq 1$ 时，大、小齿轮的弯曲应力不同，即 $\sigma_{F1} \neq \sigma_{F2}$，因此，要分别计算大、小齿轮齿根的弯曲应力 σ_F；

（2）大、小齿轮的材料、热处理不相同时，$[\sigma_F]_1 \neq [\sigma_F]_2$，因此，要分别对大、小齿轮进行强度校核，即应满足 $\sigma_{F1} \leqslant [\sigma_F]_1$、$\sigma_{F2} \leqslant [\sigma_F]_2$；

齿根应力动画

（3）由式（8-9）可知，两轮的 $\dfrac{Y_{Fa} Y_{Sa}}{[\sigma_F]}$ 比值可能不同，比值大者其弯曲疲劳强度较弱，设计时应将 $\dfrac{Y_{Fa1} Y_{Sa1}}{[\sigma_F]_1}$ 与 $\dfrac{Y_{Fa2} Y_{Sa2}}{[\sigma_F]_2}$ 两者中较大者代入计算，求得的 m 是齿轮所需的最小模数值，应将其取为标准模数；

（4）由式（8-9）可知，模数是影响弯曲疲劳强度最重要的因素。模数越大，轮齿弯曲疲劳强度越高。当弯曲强度不足时，首先应增大模数。

3. 设计参数的确定和选取

1）齿数 z 的选择和模数 m 的确定

对于闭式软齿面齿轮传动，传动的尺寸主要取决于齿面接触疲劳强度。因此，在保持分度圆直径 d_1 不变并满足弯曲疲劳强度的条件下，齿数 z_1 应选得多些，以提高传动的平稳性和降低噪声；同时，齿数增多，模数减小，还可减少金属的切削量，节省制造费用；模数减小，还能降低齿高，减小滑动系数，减少磨损，提高抗胶合能力。一般可取 $z_1 \geqslant 20 \sim 40$。对于高速齿轮或要求噪声小的齿轮传动，建议 $z_1 \geqslant 25$。

对于闭式硬齿面齿轮传动、开式齿轮传动和铸铁齿轮传动，传动的尺寸主要取决于齿根弯曲疲劳强度，故应取较少齿数以增大模数，提高轮齿的抗弯强度。一般取 $z_1 \geqslant 17 \sim 20$。

根据齿轮强度条件计算出的模数，应取为标准值。对于传递动力的圆柱齿轮，其模数应不小于 1.5 mm，一般在 2 mm 以上，以防止齿根的抗弯强度不足而意外断齿。开式齿轮传动，考虑到齿面磨损对抗弯强度的影响，由式（8-9）计算的模数应加大 10% ～15%，并取为标准值。

2) 齿宽系数 ψ_d 的选择及齿宽 b 的确定

在载荷一定时，齿宽系数大，可减小齿轮的直径或中心距，能在一定程度上减轻整个传动的质量，但增大了轴向尺寸，增加了载荷沿齿宽分布的不均匀性，设计时必须合理选择。一般可按表 8-6 选用。其中，闭式传动，支承刚性好，齿宽系数可取大值；开式传动，齿轮一般悬臂布置，轴的刚性差，齿宽系数应取小值。

齿宽可由 $b=\psi_d d_1$ 计算得到，并应加以圆整作为大齿轮的齿宽 b_2。为便于装配和调整，保证啮合时的有效齿宽 b，常将小齿轮齿宽加大 5～10 mm，即 $b_1=b_2+(5～10)\,\mathrm{mm}$。

表 8-6　齿宽系数 ψ_d

齿轮相对于轴承的位置		对 称 布 置	非对称布置	悬 臂 布 置
齿面硬度	软齿面	0.8～1.4	0.6～1.2	0.3～0.4
	硬齿面	0.4～0.9	0.3～0.6	0.2～0.25

3) 传动比 i

一对齿轮的传动比 i 不宜过大，否则将增大传动装置的结构尺寸，因此，一般取一对直齿圆柱齿轮的传动比 $i\leqslant7$。

4. 齿轮精度等级的选择

一般来说，对齿轮的使用要求体现在四个方面：①齿轮传递运动的准确性；②齿轮传动平稳性；③载荷分布的均匀性；④适当的侧隙。

渐开线圆柱齿轮传动的精度分为 13 个等级（0,1,2,……,12 级），其中 0 级最高，12 级最低。6～9 级为使用最广的中等精度等级。

齿轮精度等级的选择应从降低制造成本的角度出发，首先满足主要使用功能，然后兼顾其他要求。例如，仪表中的齿轮传动，以保证运动精度为主；航空动力传输装置中的齿轮传动，以保证平稳性精度为主；轧钢机中的齿轮传动，以保证接触精度为主。表 8-7 给出了齿轮常用精度的应用示例，可供设计时参考。

表 8-7　齿轮传动精度等级的选择及应用

精度等级	圆周速度 $v/(\mathrm{m/s})$			应 用
	直齿圆柱齿轮	斜齿圆柱齿轮	直齿圆锥齿轮	
6 级	$\leqslant15$	$\leqslant25$	$\leqslant12$	高速重载的齿轮传动，如飞机、汽车和机床中的重要齿轮；分度机构的齿轮
7 级	$\leqslant10$	$\leqslant17$	$\leqslant8$	高速中载或中速重载的齿轮传动，如标准系列的减速器中的齿轮，汽车和机床中的齿轮
8 级	$\leqslant5$	$\leqslant10$	$\leqslant4$	用于中等速度，较平稳传动的齿轮，如工程机械、起重运输机械和小型工业齿轮箱（普通减速器）的齿轮
9 级	$\leqslant3$	$\leqslant3.5$	$\leqslant1.5$	用于一般性工作和噪声要求不高的齿轮，受载低于计算载荷的传动齿轮，速度大于 1 m/s 的开式齿轮和转盘齿轮

5. 实例分析

例 8-1　设计一单级直齿圆柱齿轮减速器中的齿轮传动。已知输入功率 $P_1=12$ kW，小轮

转速 $n_1=960$ r/min,传动比 $i=3.2$,电机驱动,载荷有较大冲击,单向转动,齿面选用软齿面。

解 一般应用场合的减速器,转速不高,参考表8-7,齿轮传动精度选8级精度。因题目要求齿面选用软齿面,故查表8-1,小齿轮选用45钢调质,硬度217～285 HBW,平均硬度250 HBW;大齿轮选用45钢正火,硬度169～217 HBW,平均硬度200 HBW(大小齿轮的硬度差为50 HBW)。

对于闭式软齿面齿轮传动,应先按齿面接触疲劳强度设计,再校核齿根弯曲疲劳强度。设计步骤如下表。

计 算 项 目	计算内容与说明	主 要 结 果
1. 按齿面接触疲劳强度设计	$d_1 \geqslant \sqrt[3]{\left(\dfrac{Z_E Z_H}{[\sigma_H]}\right)^2 \dfrac{2KT_1}{\psi_d}\left(\dfrac{i\pm 1}{i}\right)}$	
(1) 许用接触应力。		
确定极限应力	查表8-1,$\sigma_{Hlim1}=590$ MPa,$\sigma_{Hlim2}=380$ MPa	$\sigma_{Hlim1}=590$ MPa $\sigma_{Hlim2}=380$ MPa
选安全系数	取一般可靠度,查表8-4,$S_{H1}=S_{H2}=S_H=1$	$S_H=1$
计算$[\sigma_H]$	由$[\sigma_H]=\dfrac{\sigma_{Hlim}}{S_H}$ 求得,$[\sigma_H]_1=590$ MPa,$[\sigma_H]_2=380$ MPa,$[\sigma_H]=\min\{[\sigma_H]_1,[\sigma_H]_2\}$,即取两者中小值	$[\sigma_H]=380$ MPa
(2) 计算小齿轮的分度圆直径。		
选载荷系数	查表8-2,$K=1.6\sim 1.8$,取 $K=1.8$	$K=1.8$
求小齿轮转矩	$T_1=9.55\times 10^6\dfrac{P_1}{n_1}=9.55\times 10^6\times\dfrac{12}{960}$ N·mm$=1.19\times 10^5$ N·mm	$T_1=1.19\times 10^5$ N·mm
选齿宽系数	单级减速器,齿轮相对于轴承是对称布置,又是软齿面,查表8-6,$\psi_d=0.8\sim 1.4$	取 $\psi_d=1.2$
选弹性系数	大、小齿轮均选锻钢,查表8-3,$Z_E=189.8\sqrt{MPa}$	$Z_E=189.8\sqrt{MPa}$
节点区域系数	标准直齿轮:$Z_H=2.5$	$Z_H=2.5$
求小齿轮分度圆直径	由式(8-7)有 $d_1 \geqslant \sqrt[3]{\left(\dfrac{Z_E Z_H}{[\sigma_H]}\right)^2 \dfrac{2KT_1}{\psi_d}\left(\dfrac{i\pm 1}{i}\right)}$ $=\sqrt[3]{\left(\dfrac{189.8\times 2.5}{380}\right)^2\times\dfrac{2\times 1.8\times 1.19\times 10^5}{1.2}\times\dfrac{3.2+1}{3.2}}$ mm $=90.07$ mm	$d_1\geqslant 90.07$ mm
2. 确定几何尺寸		
选取齿数	初取小齿轮齿数 $z_1=32$(由于是软齿面,齿数可取多些),则 $z_2=iz_1=3.2\times 32=102.4$,取 $z_2=104$(为了圆整中心距);实际传动比 $i=104/32=3.25$(误差不超过3%～5%可用)	$z_1=32,z_2=104$

续表

计 算 项 目	计 算 内 容 与 说 明	主 要 结 果
确定模数	$m=d_1/z_1=90.07/32$ mm$=2.815$ mm，按表 4-1，取 $m=3$ mm（接触强度与分度圆直径 d_1 有关，即与模数和齿数的乘积有关，而不单独取决于模数或齿数。所以 m 可往大或小取值均可，视验算结果而定，本例模数往大取值）	$m=3$ mm
确定 d_1	$d_1=mz_1=3\times32$ mm$=96$ mm>90.07 mm，满足接触疲劳强度要求，可用	$d_1=96$ mm
确定齿宽	$b=\psi_d d_1=1.2\times96$ mm$=115.2$ mm，取 $b_2=116$ mm，则 $b_1=b_2+(5\sim10)$ mm	$b_2=116$ mm $b_1=120$ mm
求中心距	中心距 $a=(d_1+d_2)/2=m(z_1+z_2)/2=[3\times(32+104)/2]$ mm$=204$ mm	$a=204$ mm

3. 校核轮齿弯曲疲劳强度及齿轮速度

（1）许用弯曲应力。

确定极限应力	查表 8-1，$\sigma_{FE1}=450$ MPa，$\sigma_{FE2}=310$ MPa	$\sigma_{FE1}=450$ MPa $\sigma_{FE2}=310$ MPa
选安全系数	取一般可靠度，查表 8-4，$S_{F1}=S_{F2}=S_F=1.25$	$S_F=1.25$
计算 $[\sigma_F]$	由 $[\sigma_F]=\dfrac{\sigma_{FE}}{S_F}$ 求得，$[\sigma_F]_1=360$ MPa，$[\sigma_F]_2=248$ MPa	$[\sigma_F]_1=360$ MPa $[\sigma_F]_2=248$ MPa

（2）验算齿根弯曲应力。

$$\sigma_F=\frac{2KT_1}{bm^2z_1}Y_{Fa}Y_{Sa}\leqslant[\sigma_F]$$

选齿形系数	查表 8-5，$Y_{Fa1}=2.492$，$Y_{Fa2}=2.176$	$Y_{Fa1}=2.492$ $Y_{Fa2}=2.176$
应力修正系数	查表 8-5，$Y_{Sa1}=1.635$，$Y_{Sa2}=1.793$	$Y_{Sa1}=1.635$ $Y_{Sa2}=1.793$
验算齿根弯曲疲劳强度	$\sigma_{F1}=\dfrac{2KT_1}{bm^2z_1}Y_{Fa1}Y_{Sa1}$ $=\dfrac{2\times1.8\times1.19\times10^5}{120\times3^2\times32}\times2.492\times1.635$ $=50.51<[\sigma_F]_1$ $\sigma_{F2}=\sigma_{F1}\dfrac{Y_{Fa2}Y_{Sa2}}{Y_{Fa1}Y_{Sa1}}=50.51\times\dfrac{2.176\times1.793}{2.492\times1.635}$ $=48.37<[\sigma_F]_2$	$\sigma_{F1}<[\sigma_F]_1$ $\sigma_{F2}<[\sigma_F]_2$ 齿根弯曲强度足够
齿轮圆周速度	$v=\dfrac{\pi d_1 n_1}{60\times1000}=\dfrac{3.14\times96\times960}{60\times1000}$ m/s$=4.82$ m/s 查表 8-7，可知初选的 8 级精度的齿轮是合适的	$v=4.82$ m/s

4. 结构设计（略）

8.5 斜齿圆柱齿轮传动

斜齿圆柱齿轮广泛应用于机械传动中。由于斜齿轮的轮齿具有螺旋角,因此斜齿轮的受力分析、强度计算等与直齿轮存在一定的差异。

1. 斜齿圆柱齿轮传动的受力分析

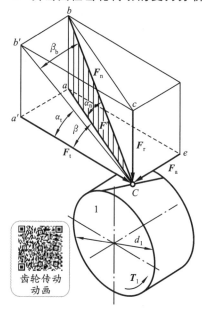

图 8-10 斜齿圆柱齿轮传动的受力分析

斜齿圆柱齿轮轮齿受力是在啮合平面内,作用在轮齿节圆上的法向力 F_n 可分解为相互垂直的圆周力 F_t、径向力 F_r 和轴向力 F_a(图 8-10)。以齿轮 1 为例,各分力的大小为

$$\left.\begin{array}{ll} 圆周力 & F_{t1}=\dfrac{2T_1}{d_1} \\[2mm] 径向力 & F_{r1}=F_{t1}\cdot\tan\alpha_t=F_{t1}\dfrac{\tan\alpha_n}{\cos\beta} \\[2mm] 轴向力 & F_{a1}=F_{t1}\cdot\tan\beta \end{array}\right\} \quad (8\text{-}11)$$

式中:α_t 为端面压力角;α_n 为法面压力角;β 为螺旋角。

各力的方向如下:圆周力在主动轮上与啮合点的速度方向相反,在从动轮上与啮合点速度方向相同;主、从动轮径向力由啮合点指向各自的轮心;主动轮轴向力 F_{a1} 的方向取决于齿轮的回转方向和轮齿的旋向,需要用左、右手定则判断。左、右手定则是指左旋齿轮用左手(右旋齿轮用右手),四指弯曲方向为主动轮的转向,拇指指向则为 F_{a1} 的方向(注意:左、右手定则只适用于主动轮轴向力方向的判定,不能用于从动轮)。

主、从动轮各分力方向的对应关系如下:

$$F_{a2}=-F_{a1}, \quad F_{r2}=-F_{r1}, \quad F_{t2}=-F_{t1}$$

2. 斜齿圆柱齿轮传动的强度计算

斜齿圆柱齿轮的强度计算是按斜齿轮的法面进行分析的,其基本原理与直齿圆柱齿轮传动相似。但是,斜齿圆柱齿轮传动因螺旋角 $\beta\neq 0°$ 使啮合时的接触线变长、重合度增大,单位长度上的载荷降低,故斜齿轮的接触应力和弯曲应力均比直齿轮有所降低。关于斜齿轮的强度问题的详细讨论,可参阅机械类机械设计教材。下面直接写出经过简化处理的斜齿轮强度计算公式。

1)齿面接触疲劳强度计算

一对钢制标准斜齿圆柱齿轮传动的齿面接触疲劳强度的校核和设计公式仍然可采用直齿圆柱齿轮传动的计算公式(8-5)和公式(8-7)。只是式中的节点区域系数 Z_H 将按图 8-11 查取;载荷系数 K 的取值,仍按表 8-2 查取,但是,随着螺旋角的增大,K 应取小值;其他参数与直齿圆柱齿轮的相同。

2)齿根弯曲疲劳强度计算

斜齿圆柱齿轮的齿根弯曲疲劳强度条件为:

(1)齿根弯曲疲劳强度 σ_F(MPa)校核公式

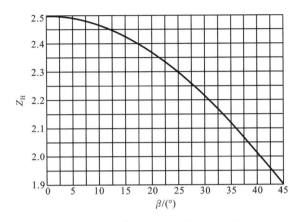

图 8-11　节点区域系数 $Z_H(\alpha_n=20°)$

$$\sigma_F = \frac{2KT_1}{bd_1 m_n} Y_{Fa} Y_{Sa} \leqslant [\sigma_F] \tag{8-12}$$

（2）齿轮模数 m_n（mm）设计公式

$$m_n \geqslant \sqrt[3]{\frac{2KT_1}{\psi_d z_1^2} \frac{Y_{Fa} Y_{Sa}}{[\sigma_F]} \cos^2\beta} \tag{8-13}$$

式中：Y_{Fa}、Y_{Sa} 分别为齿形系数和应力修正系数，应根据当量齿数[①] $z_v = \dfrac{z}{\cos^3\beta}$ 查表 8-5。

3. 实例分析

例 8-2　试设计双级减速器中的标准斜齿圆柱齿轮传动，已知主动轴由电动机直接驱动，功率 $P_1=35$ kW，转速 $n_1=1470$ r/min，双向运转，高速级传动比 $i=3.5$，工作载荷有中等冲击，要求结构紧凑。试设计此高速级齿轮传动。

解　一般应用场合的减速器，转速稍高，参考表 8-7，齿轮传动精度暂选 7 级精度。因题目要求结构紧凑，考虑到该减速器功率较大，且载荷有中等冲击，故齿面选用硬齿面。查表 8-1，小齿轮选用 40Cr 表面淬火，硬度 48～55 HRC，平均硬度 52 HRC；大齿轮选用 45 钢表面淬火，硬度 40～50 HRC，平均硬度 45 HRC。

对于闭式硬齿面齿轮传动，应先按齿根弯曲疲劳强度设计，再校核齿面接触疲劳强度。设计步骤如下表。

计 算 项 目	计 算 内 容 与 说 明	主 要 结 果
1. 按齿根弯曲疲劳强度设计	$m_n \geqslant \sqrt[3]{\dfrac{2KT_1}{\psi_d z_1^2} \dfrac{Y_{Fa} Y_{Sa}}{[\sigma_F]} \cos^2\beta}$	
（1）许用弯曲应力。		
确定极限应力	查表 8-1，$\sigma_{FE1}=720$ MPa，$\sigma_{FE2}=690$ MPa	$\sigma_{FE1}=720$ MPa $\sigma_{FE2}=690$ MPa
选安全系数	取一般可靠度，查表 8-4，$S_{F1}=S_{F2}=S_F=1.25$	$S_F=1.25$

[①]　与斜齿轮法面齿形相似的直齿圆柱齿轮，称为该斜齿轮的当量齿轮，它的齿数称为当量齿数。

计 算 项 目	计 算 内 容 与 说 明	主 要 结 果
计算$[\sigma_F]$	因是双向运转,所以,应用$[\sigma_F]=\dfrac{0.7\sigma_{FE}}{S_F}$求$[\sigma_F]$	$[\sigma_F]_1=403.2$ MPa $[\sigma_F]_2=386.4$ MPa
(2) 计算齿轮的模数。		
选载荷系数	查表 8-2,$K=1.2\sim1.6$,取 $K=1.4$	$K=1.4$
求小齿轮转矩	$T_1=9.55\times10^6\dfrac{P_1}{n_1}=9.55\times10^6\times\dfrac{35}{1470}$ N·mm$=2.27\times10^5$ N·mm	$T_1=2.27\times10^5$ N·mm
选齿宽系数	双级减速器,齿轮相对于轴承非对称布置,又是硬齿面,查表 8-6,$\psi_d=0.3\sim0.6$	取 $\psi_d=0.5$
选取齿数	初取小齿轮齿数 $z_1=20$(由于是硬齿面,齿数要取小些),则 $z_2=iz_1=3.5\times20=70$	$z_1=20,z_2=70$
选螺旋角	初取 $\beta=15°$	$\beta=15°$
齿形系数	根据 $z_v=\dfrac{z}{\cos^3\beta}$查表 8-5,$z_{v1}=22.192$、$z_{v2}=77.672$,$Y_{Fa1}=2.714$、$Y_{Fa2}=2.226$	$Y_{Fa1}=2.714$ $Y_{Fa2}=2.226$
应力修正系数	根据 z_v,查表 8-5,$Y_{Sa1}=1.571$,$Y_{Sa2}=1.764$	$Y_{Sa1}=1.571$ $Y_{Sa2}=1.764$
确定$\dfrac{Y_{Fa}Y_{Sa}}{[\sigma_F]}$	比较$\dfrac{Y_{Fa1}Y_{Sa1}}{[\sigma_F]_1}$与$\dfrac{Y_{Fa2}Y_{Sa2}}{[\sigma_F]_2}$的大小:$\dfrac{Y_{Fa1}Y_{Sa1}}{[\sigma_F]_1}=0.010\,575>$ $\dfrac{Y_{Fa2}Y_{Sa2}}{[\sigma_F]_2}=0.010\,162$	$\dfrac{Y_{Fa}Y_{Sa}}{[\sigma_F]}=0.010\,575$
求模数 m_n	由式(8-13)有: $m_n\geqslant\sqrt[3]{\dfrac{2KT_1}{\psi_d z_1^2}\dfrac{Y_{Fa}Y_{Sa}}{[\sigma_F]}\cos^2\beta}$ $=\sqrt[3]{\dfrac{2\times1.4\times2.27\times10^5}{0.5\times20^2}\times0.010575\times\cos^2 15°}$ mm $=3.12$ mm 查表 4-1,取标准模数 $m_n=3.5$ mm 根据公式 $a=\dfrac{m_n(z_1+z_2)}{2\cos\beta}$,求得 $a=163.056$ mm	$m_n=3.5$ mm
圆整中心距	圆整中心距,取 $a=160$ mm	$a=160$ mm
重定螺旋角	$\beta=\arccos\dfrac{m_n(z_1+z_2)}{2a}=10.142°$,在 8°~20°之间,合适	$\beta=10.142°$

续表

计 算 项 目	计算内容与说明	主 要 结 果
2. 确定几何尺寸		
确定 d_1、d_2	$d_1 = \dfrac{m_n z_1}{\cos\beta} = \dfrac{3.5 \times 20}{\cos 10.142°}$ mm $= 71.111$ mm $d_2 = \dfrac{m_n z_2}{\cos\beta} = \dfrac{3.5 \times 70}{\cos 10.142°}$ mm $= 248.889$ mm	$d_1 = 71.111$ mm $d_2 = 248.889$ mm
确定齿宽	$b = \psi_d d_1 = 0.5 \times 71.111$ mm $= 35.6$ mm，取 $b_2 = 40$ mm，则 $b_1 = b_2 + (5\sim10)$ mm	$b_1 = 45$ mm $b_2 = 40$ mm
3. 校核齿面接触疲劳强度及齿轮速度		
（1）许用接触应力。		
确定极限应力	查表 8-1，$\sigma_{Hlim1} = 1180$ MPa，$\sigma_{Hlim2} = 1125$ MPa	$\sigma_{Hlim1} = 1180$ MPa $\sigma_{Hlim2} = 1125$ MPa
选安全系数	取一般可靠度，查表 8-4，$S_{H1} = S_{H2} = S_H = 1.0$	$S_H = 1.0$
计算 $[\sigma_H]$	由 $[\sigma_H] = \dfrac{\sigma_{Hlim}}{S_H}$，求得 $[\sigma_H]_1 = 1180$ MPa，$[\sigma_H]_2 = 1125$ MPa，$[\sigma_H] = \min\{[\sigma_H]_1, [\sigma_H]_2\}$，即取两者中小值	$[\sigma_H] = 1125$ MPa
（2）验算齿面接触疲劳强度。		
$\sigma_H = Z_E Z_H \sqrt{\dfrac{2KT_1}{bd_1^2}\left(\dfrac{i\pm1}{i}\right)} \leqslant [\sigma_H]$		
选弹性系数	大、小齿轮均选锻钢，查表 8-3，$Z_E = 189.8 \sqrt{\text{MPa}}$	$Z_E = 189.8 \sqrt{\text{MPa}}$
节点区域系数	标准斜齿轮：查图 8-11，$Z_H = 2.46$	$Z_H = 2.46$
验算齿面接触疲劳强度	$\sigma_H = Z_E Z_H \sqrt{\dfrac{2KT_1}{bd_1^2}\left(\dfrac{i\pm1}{i}\right)} = 189.8 \times 2.46$ $\times \sqrt{\dfrac{2\times1.4\times2.27\times10^5}{40\times71.111^2}\times\left(\dfrac{3.5+1}{3.5}\right)}$ MPa $= 938.5$ MPa $< [\sigma_H]$	$\sigma_H = 938.5$ MPa $< [\sigma_H]$ 齿面接触强度足够
齿轮圆周速度	$v = \dfrac{\pi d_1 n_1}{60\times1000} = \dfrac{3.14\times71.111\times1470}{60\times1000}$ m/s $= 5.47$ m/s 查表 8-7 知，$v = 5.47$ m/s 时，选 8 级精度的齿轮即可满足要求，因此该用 8 级精度的齿轮	$v = 5.47$ m/s 8 级精度的齿轮
4. 结构设计（略）		

8.6 直齿圆锥齿轮传动

1. 受力分析

一对直齿圆锥齿轮啮合传动时,轮齿间的作用力可以近似简化为作用于齿宽中点节线的集中载荷 F_n,其方向垂直于工作齿面。图 8-12 为直齿锥齿轮的受力情况,轮齿间的法向力 F_n 可分解为三个互相垂直的分力:

$$\left.\begin{array}{ll} \text{圆周力} & F_{t1} = \dfrac{2T_1}{d_{m1}} \\[2mm] \text{径向力} & F_{r1} = F_{t1}\tan\alpha\cos\delta_1 \\[2mm] \text{轴向力} & F_{a1} = F_{t1}\tan\alpha\sin\delta_1 \end{array}\right\} \tag{8-14}$$

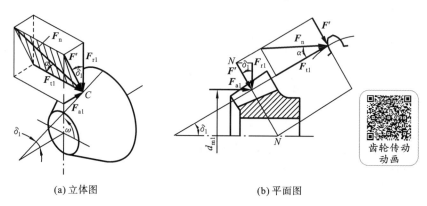

(a) 立体图 (b) 平面图

图 8-12 直齿圆锥齿轮的受力分析

式中:d_{m1} 为小齿轮齿宽中点的分度圆直径,也称分度圆锥的平均直径,$d_{m1} = (1-0.5\psi_R)d_1$,$\psi_R$ 为齿宽系数($\psi_R = b/R$,通常取 $\psi_R = 0.25 \sim 0.35$;为便于计算,可取 $\psi_R = 1/3$);δ_1 为小锥齿轮的分度圆锥角。

各分力的方向为:主动轮上圆周力方向与回转方向相反,在从动轮上与回转方向相同;主、从动轮的径向力方向分别指向各自的轮心,轴向力的方向都是从小端指向大端。根据作用力与反作用力的关系可得主、从动轮上三个分力之间的关系:$F_{t1} = -F_{t2}$、$F_{r1} = -F_{a2}$、$F_{a1} = -F_{r2}$,与圆柱齿轮不同的是,主动轮的径向力和轴向力与从动轮的轴向力和径向力互为反力。

2. 强度计算

直齿圆锥齿轮在垂直于齿轮轴线的各个截面上具有不同的分度圆直径,各截面上轮齿的大小不等,其强度计算比较复杂。为简化计算,常采用位于齿宽中点的一对当量直齿圆柱齿轮作为计算模型来对直齿圆锥齿轮进行强度分析。

将齿宽中点处的当量直齿圆柱齿轮的有关参数代入式(8-5)和式(8-7),经过适当变换,即可得到下述相应的计算公式。

齿面接触疲劳强度 σ_H(MPa)的校核和齿轮直径(mm)设计公式分别为

$$\sigma_H = Z_E Z_H \sqrt{\frac{4KT_1}{\psi_R(1-0.5\psi_R)^2 d_1^3 i}} \leqslant [\sigma_H] \tag{8-15}$$

$$d_1 \geqslant \sqrt[3]{\frac{4KT_1}{\psi_R(1-0.5\psi_R)^2 i}\left(\frac{Z_E Z_H}{[\sigma_H]}\right)^2} \tag{8-16}$$

齿根弯曲疲劳强度 σ_F(MPa)的校核和齿轮模数(mm)设计公式分别为

$$\sigma_F = \frac{4KT_1 Y_{Fa} Y_{Sa}}{\psi_R(1-0.5\psi_R)^2 z_1^2 m^3 \sqrt{i^2+1}} \leqslant [\sigma_F] \tag{8-17}$$

$$m \geqslant \sqrt[3]{\frac{4KT_1}{\psi_R z_1^2(1-0.5\psi_R)^2 \sqrt{i^2+1}} \frac{Y_{Fa} Y_{Sa}}{[\sigma_F]}} \tag{8-18}$$

式中：Y_{Fa} 和 Y_{Sa} 应按当量齿数 $z_v = z/\cos\delta$ 查表 8-5；其他参数的取值与直齿圆柱齿轮传动相同。

8.7　齿轮的结构设计

根据齿轮的工作条件选择适当的材料并确定设计准则，通过齿轮传动的强度计算确定齿数、模数、螺旋角等主要参数和尺寸后，即可进行齿轮的结构设计。齿轮的结构形式主要依据齿轮的尺寸大小、毛坯材料、加工工艺、经济性等因素而定。轮缘、轮辐、轮毂等结构尺寸由经验公式确定。

齿轮的结构因其直径不同而异。当齿顶圆直径 $d_a \leqslant 160$ mm，而齿根圆至键槽底部的距离满足图 8-13 中的 e 值时，一般制成图 8-13 所示的实心式结构。否则，应将齿轮与轴做成一体，称为齿轮轴(图 8-14)。

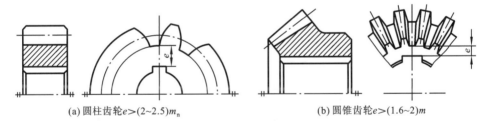

(a) 圆柱齿轮 $e > (2\sim2.5)m_n$　　　　(b) 圆锥齿轮 $e > (1.6\sim2)m$

图 8-13　实心式齿轮

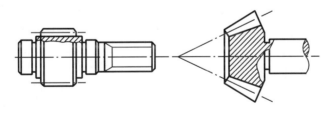

图 8-14　齿轮轴

直径较大的齿轮应把齿轮和轴分开制造。采用锻造毛坯可提高材料的强度以承受更大的载荷，一般齿顶圆直径 $d_a = 160\sim500$ mm 时，常选用锻造毛坯。为减轻质量、节省材料，可做成腹板式结构(图 8-15)。腹板上开孔的数目根据结构尺寸大小及需要而定。

当圆柱齿轮齿顶圆直径 $d_a > 400$ mm、圆锥齿轮齿顶圆直径 $d_a > 300$ mm 时，受锻造设备的限制，常采用铸造齿轮(图 8-16)。圆柱齿轮可铸成轮辐式结构，圆锥齿轮可铸成带加强肋的腹板式结构。

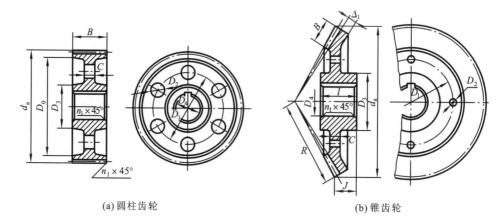

(a) 圆柱齿轮　　　　　　　　　　　　　(b) 锥齿轮

图 8-15　腹板式齿轮

$$D_1 \approx (D_0 + D_3)/2; D_2 \approx (0.25 \sim 0.35)(D_0 - D_3);$$

$$D_3 \approx 1.6 D_4(钢材); D_3 \approx 1.7 D_4(铸铁); n_1 \approx 0.5 m_n; r \approx 5 \text{ mm};$$

$$圆柱齿轮: D_0 \approx d_a - (10 \sim 14) m_n; C \approx (0.2 \sim 0.3) B;$$

$$锥齿轮: l \approx (1 \sim 1.2) D_4; C \approx (3 \sim 4) m; 尺寸 J 由结构设计而定; \Delta_1 = (0.1 \sim 0.2) B$$

常用齿轮的 C 值不应小于 10 mm

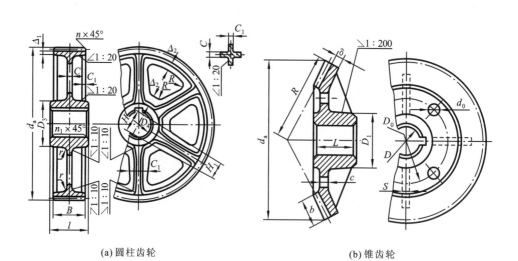

(a) 圆柱齿轮　　　　　　　　　　　　　(b) 锥齿轮

图 8-16　轮辐式铸造齿轮

$$B < 240 \text{ mm}; D_3 \approx 1.6 D_4(铸钢); D_3 \approx 1.7 D_4(铸铁); \Delta_1 \approx (3 \sim 4) m_n, 但不应小于 8 \text{ mm};$$

$$\Delta_2 \approx (1 \sim 1.2) \Delta_1; H \approx 0.8 D_4(铸钢); H \approx 0.9 D_4(铸铁); H_1 \approx 0.8 H; C \approx H/5; C_1 \approx H/6;$$

$$R \approx 0.5 H; 1.5 D_4 > l \geqslant B; 轮辐数常取为 6$$

8.8　齿轮传动的润滑和效率

1. 齿轮传动的润滑

闭式齿轮传动必须要有良好的润滑。润滑可以改善齿轮的工作状态,减小摩擦、减轻磨损,延长齿轮的使用寿命,同时可以起到散热及防锈蚀、降低噪声等作用。

齿轮传动装置的润滑方式是根据其圆周速度的大小来确定的。常用的齿轮润滑方式为油池润滑和喷油润滑。

(1) 油池润滑。当齿轮圆周速度 $v \leqslant 12$ m/s 时,通常将大齿轮浸入油池中进行润滑,如图 8-17(a)所示。齿轮浸入油中的深度 h_1 一般为大齿轮的 1 个齿高,转速低时可浸深一些,但浸入过深则会增大运动阻力并使油温升高。在 $v = 0.5 \sim 0.8$ m/s 时,浸入深度可达齿轮半径的 1/6。在多级齿轮传动中,当大齿轮直径不相等时,对于未浸入油池内的齿轮,可采用惰轮蘸油进行润滑,如图 8-17(b)所示。油浴润滑比较简单,适用于速度不高、独立工作的中小齿轮箱。

(2) 喷油润滑。当齿轮圆周速度 $v > 12$ m/s 时,因为离心力作用使润滑油自齿面抛离,同时为了避免搅油损失,常采用喷油润滑(图 8-18)。喷油润滑适合圆周速度大、功率较大的齿轮传动。喷油润滑需采用循环油的润滑系统,可在满足润滑要求的同时起到冷却和冲洗齿面的作用。

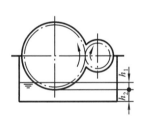
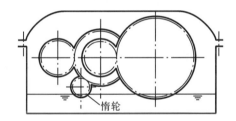
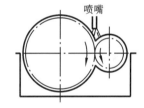

图 8-17　油池润滑　　　　　　　　　　　　　　图 8-18　喷油润滑

由于开式齿轮传动的传动速度较低,可采用人工定期加油润滑(润滑油或润滑脂)。对大型开式齿轮副传动系统,如球磨机、回转窑、干燥机等的齿轮润滑,应采用开式齿轮喷油雾润滑系统。

2. 齿轮润滑油的选择

合理选择齿轮润滑剂是满足齿轮润滑的关键。齿轮传动的润滑剂多采用润滑油。通常根据计算出的低速级齿轮的圆周速度和环境温度参考表 8-8 确定所选润滑油的黏度等级。速度不高的开式齿轮也可采用脂润滑。润滑油的牌号用运动黏度 ν 表示,ν 是在 40 ℃温度下标定的,单位为 mm^2/s。因此,根据润滑油黏度即可确定润滑油的牌号。常用的润滑油的种类和使用场合见表 8-9。

必须经常检查齿轮传动润滑系统的状况(如润滑油的油面高度等)。油面过低,则润滑不良;油面过高,会增加搅油功率的损失。对于压力喷油润滑系统,还需检查油压状况。油压过低,会造成供油不足;油压过高,则可能是因为油路不畅通所致,需及时调整油压。

表 8-8　齿轮润滑油黏度选择　　　　　　　　　　　　　　　　(单位:mm²/s)

齿轮材料	强度极限 σ_b/MPa	圆周速度 v/(m/s)						
		<0.5	0.5～1	1～2.5	2.5～5	5～12.5	12.5～25	>25
铸铁、青铜	—	320	320	150	100	68	46	—
钢	450～1000	460	320	220	150	100	68	46
	1000～1250	460	460	320	220	150	100	68
	1250～1600	1000	460	460	320	220	150	100
渗碳或表面淬火钢								

表 8-9　工业闭式齿轮润滑油种类的选择

条　件		润滑油牌号	
齿面接触应力 σ_H/MPa	齿轮使用工况	闭式传动	开式传动
<350	一般齿轮传动(轻负荷,v<25 m/s)	抗氧防锈工业齿轮油(L-CKB)	L-CKH
350～500(轻负荷)	一般齿轮传动	抗氧防锈工业齿轮油(L-CKB)	L-CKH
	有冲击的齿轮传动	中负荷工业齿轮油(L-CKC)	L-CKH
500～1100[①](中负荷)	矿井提升机、露天采掘机、水泥磨、化工机械、水力电力机械、冶金矿山机械、船舶海港机械等的齿轮	中负荷工业齿轮油(L-CKC)	L-CKJ
>1100(重负荷)	冶金轧钢、井下采掘、高温有冲击、含水部位的齿轮	重负荷工业齿轮油(L-CKD)	L-CKM
≥500	在更低的、低的或更高的环境温度和轻负荷下运转的齿轮	极温工业齿轮油(L-CKS)	
≥500	在更低的、低的或更高的环境温度和重负荷下运转的齿轮	极温重负荷工业齿轮油(L-CKT)	

注:①在计算出的齿面接触应力略小于 1100 N/mm² 时,若齿轮工况为高温、有冲击或含水等,为安全考虑,应选用重负荷工业齿轮油。

3. 齿轮传动效率

齿轮传动具有较高的传动效率,一级齿轮传动效率最高可达 99%。齿轮传动的功率损耗主要包括啮合中的摩擦损耗、搅动润滑油的油阻损耗和轴承中的摩擦损耗。齿轮传动系统的效率可根据试验获得,一般情况下,齿轮传动(采用滚动轴承)的平均效率见表 8-10。

表 8-10　齿轮传动的平均效率

传动装置	6级或7级精度的闭式传动	8级精度的闭式传动	开式传动
圆柱齿轮	0.98	0.97	0.95
圆锥齿轮	0.97	0.96	0.93

思考与练习

学习指导

学习课件

8-1 齿轮传动常见的失效形式有哪些? 产生的原因是什么? 如何提高齿轮抗失效能力?

8-2 常用的齿轮材料有哪些? 对齿轮材料的要求是什么?

8-3 硬齿面和软齿面的齿轮材料通常采用哪些热处理(或化学处理)方法? 说明在设计软齿面齿轮传动时,常使小齿轮的齿面硬度高于大齿轮齿面硬度 30~50 HBW 的原因。

8-4 闭式软齿面、闭式硬齿面和开式齿轮传动的设计计算准则各是什么? 决定轮齿弯曲疲劳强度和齿面接触疲劳强度的主要参数是什么?

8-5 圆柱齿轮传动中大、小两齿轮的齿宽是否相等? 为什么?

8-6 齿轮传动中相啮合的两齿轮的齿面接触应力和齿根弯曲应力是否相等? 为什么?

8-7 齿轮润滑的意义何在? 常用的润滑方式有哪些?

8-8 两级斜齿圆柱齿轮减速器如图 8-19 所示,设主动齿轮 1 为右旋齿轮,为使中间轴上两齿轮的轴向力能相互抵消一部分,试对齿轮进行受力分析,确定减速器中各斜齿轮轮齿的旋向及各齿轮所受力的方向(F_r、F_t、F_a)。

8-9 有一单级圆柱齿轮减速器,已知:$z_1=32$,$z_2=108$,中心距 $a=210$ mm,齿宽 $b=72$ mm,大、小齿轮材料均为 45 钢,小齿轮调质,硬度为 250~270 HBW,大齿轮正火,硬度为 190~210 HBW,齿轮精度为 8 级。输入转速为 $n_1=1460$ r/min,电机驱动,载荷平稳,齿轮工作寿命为 10000 h。试求该齿轮传动允许传递的最大功率。

8-10 在图 8-20 所示的传动中:

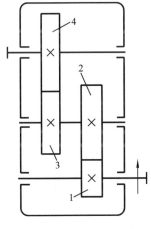

图 8-19　题 8-8 图

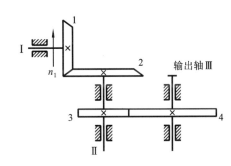

图 8-20　题 8-10 图

(1) 确定并画出各齿轮的转动方向;

(2) 欲使中间轴Ⅱ所受轴向力 F_a 最小,斜齿轮 3、4 轮齿的旋向如何?

(3) 画图标出各齿轮所受力的方向(F_r、F_t、F_a)。

8-11 已知一对直齿圆锥齿轮传动,模数 $m=4$ mm,齿数 $z_1=20$,$z_2=40$,齿宽 $b=25$ mm,小锥齿轮上的功率 $P=2$ kW,转速 $n=250$ r/min,试计算作用在轮齿上的各分力大小。

8-12　试设计一单级减速器中的标准直齿圆柱齿轮传动,已知主动轮由电动机直接驱动,功率 $P=10$ kW,转速 $n_1=960$ r/min,传动比 $i=4.2$,单向运转,载荷平稳。

8-13　试设计一单级减速器中的标准斜齿圆柱齿轮传动,已知主动轮由电动机直接驱动,功率 $P=16$ kW,转速 $n_1=970$ r/min,传动比 $i=4.5$,双向运转,工作载荷有中等冲击。

第 9 章 连 接

学 习 导 引

连接是指被连接件与连接件的组合结构。为了便于机器的制造、安装、运输、维修以及提高劳动生产率等,广泛地使用各种连接,因此,需要熟悉各种机器中常用的连接方法以及有关连接零件的结构、类型、性能与适用场合,掌握它们的设计理论和选用方法。本章将介绍有关知识。

连接是将两个或两个以上的零件连成一体的结构。连接按其是否可拆,分为可拆连接与不可拆连接两大类。可拆连接允许多次拆装而无须损坏连接中的任何一个零件,且不影响其使用性能;不可拆连接在连接拆开时,至少要损坏连接中的某一部分。常用连接的类型、结构特点和应用见表 9-1。

表 9-1 常用连接的类型、特点和应用

类别	类 型	结 构 简 图	特点及应用
可拆连接	螺纹连接	应用最广的一种可拆连接,本章将重点介绍螺纹连接	
	键连接	主要用于轴毂连接。其中过盈连接视其过盈量的大小、安装方法的不同亦可做成不可拆的连接	
	花键连接		
	过盈连接		
	销连接		主要用于固定零件的相对位置,并可传递不大的载荷,还可作为安全装置中的过载剪断元件
不可拆连接	焊接		利用局部加热熔化使被连接件连成一体。其质量轻、强度高、工艺简单,主要用于金属构架、容器和壳体等结构的制造
	粘接		用黏合剂粘接被连接件。其质量轻、耐磨损、密封性能好,亦可用于不同材料的连接。主要用于所受载荷平行于粘接面的接头连接

类别	类 型	结 构 简 图	特点及应用
不可拆连接	铆接	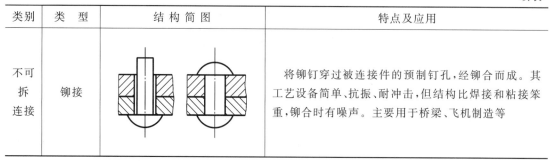	将铆钉穿过被连接件的预制钉孔,经铆合而成。其工艺设备简单、抗振、耐冲击,但结构比焊接和粘接笨重,铆合时有噪声。主要用于桥梁、飞机制造等

本章主要介绍应用最广的螺纹连接、键连接和销连接。

9.1　螺纹连接的基本类型

螺纹连接是指用螺纹件(或被连接件的螺纹部分)将被连接件连成一体的可拆卸连接。常用的螺纹连接件有螺栓、螺柱、螺钉和紧定螺钉等,多为标准件。螺纹连接是一种广泛使用的可拆卸的固定连接,具有结构简单、连接可靠、装拆方便等优点。

1. 螺纹的基本知识

1) 螺纹的形成及主要参数

如图 9-1 所示将倾斜角为 ϕ 的直线绕在一圆柱体的表面便形成一条螺旋线。取一平面图形(如三角形、梯形、锯齿形等)沿圆柱(或圆锥)表面上的螺旋线运动而形成具有相同断面的连续凸起和沟槽,在圆柱(或圆锥)外表面上所形成的螺纹称为外螺纹;在圆柱(或圆锥)内表面上所形成的螺纹称为内螺纹。

螺纹的类型很多,如有圆柱螺纹、圆锥螺纹、内螺纹、外螺纹等。下面以图 9-2 所示的普通圆柱螺纹为例,介绍螺纹的主要几何参数。

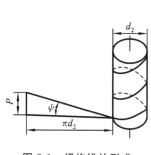

图 9-1　螺旋线的形成

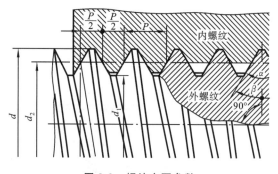

图 9-2　螺纹主要参数

(1) 大径 d——螺纹的最大直径,即与外螺纹牙顶(内螺纹牙底)相重合假想圆柱的直径,在标准中规定为公称直径(管螺纹除外)。

(2) 小径 d_1——螺纹的最小直径,即与外螺纹牙底(或内螺纹牙顶)相重合假想圆柱的直径,也是外螺纹危险截面的计算直径。

(3) 中径 d_2——通过螺纹轴向截面内牙型上的沟槽和凸起宽相等处的假想圆柱体面的直

径,近似等于螺纹的平均直径($d_2 \approx (d+d_1)/2$)。中径是确定螺纹的几何参数和配合性质的直径。

（4）螺距 P——相邻螺纹牙在中径线上对应两点间的轴向距离。

（5）导程 P_h——同一条螺旋线上相邻两螺纹牙在中径线上相对应两点间的轴向距离。$P_h = nP$，n 为螺纹的线数。对于单线螺纹，$P_h = P$。

（6）升角 ψ——在中径圆柱上,螺旋线的切线与垂直于螺纹轴线平面间的夹角。在螺纹的不同直径处,螺纹升角各不相同。通常按螺纹中径 d_2 处计算,即

$$\tan\psi = \frac{nP}{\pi d_2} \tag{9-1}$$

（7）牙型角 α 和牙侧角 β——在轴向截面内,螺纹牙两侧边的夹角称为牙型角 α。螺纹牙侧边与垂直于螺纹轴线的平面间的夹角称为牙侧角 β。

2）螺纹的分类

表 9-2 列出了常用的螺纹牙型及其特点和应用。表中普通螺纹主要用于连接,其余三种主要用于传动。除矩形螺纹外,都已标准化。

表 9-2　常用的螺纹牙型

类　别	牙　型　图	特点和应用
普通螺纹	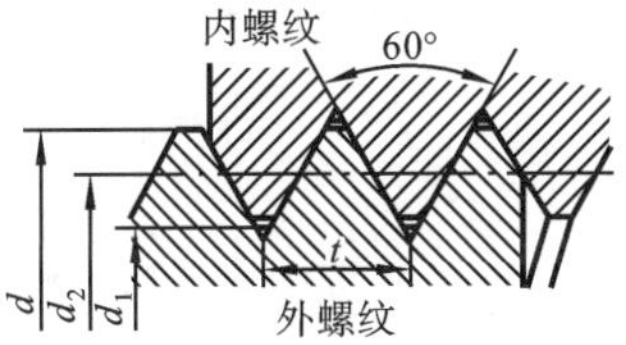	牙型角 $\alpha = 60°$。牙根较厚,牙根强度较高。当量摩擦系数较大,主要用于连接。同一公称直径按螺距 P 的大小分粗牙和细牙。一般情况下用粗牙;薄壁零件或受动载荷的连接常用细牙
矩形螺纹	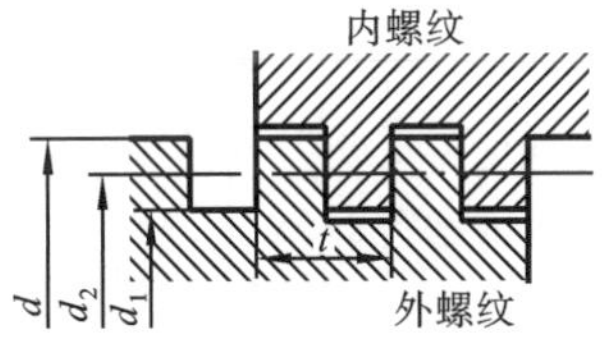	螺纹牙的截面通常为正方形,牙厚为螺距的一半(尚未标准化),牙根强度较低,难以精确加工,磨损后间隙难以补偿,对中精度低。当量摩擦系数最小,效率较其他螺纹高,故用于传动
梯形螺纹	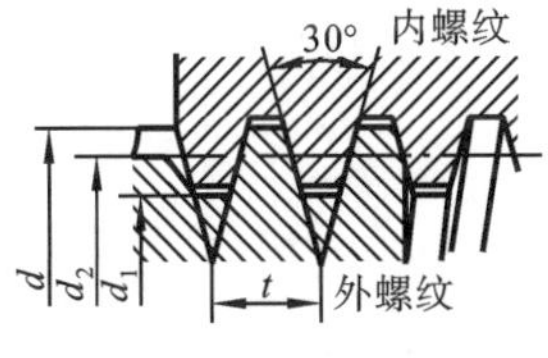	牙型角 $\alpha = 30°$。效率比矩形螺纹低,但可避免矩形螺纹的缺点,广泛用于传动
锯齿形螺纹	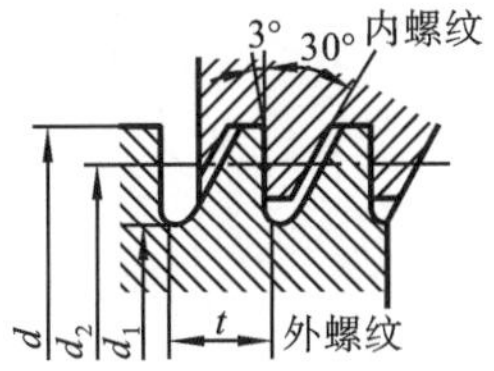	工作面的牙侧角为 $3°$,非工作面的牙侧角为 $30°$,兼有矩形螺纹效率高和梯形螺纹牙根强度高的优点,但只能用于单向受力的传动

按旋向不同,螺纹可分为左旋螺纹和右旋螺纹。一般习惯上都采用右旋螺纹,但有些特殊要求的连接和传动也常用左旋螺纹。如自行车脚踏轴左端为左旋螺纹,右端为右旋螺纹,使其受力合理。夹紧虎钳利用左旋螺纹,顺时针转手柄时夹紧,这样比较符合人们的操作习惯。

按螺纹螺旋线的根数不同,可分为单线螺纹和多线螺纹。通常,单线螺纹用于连接,而多线螺纹用于传动。

同一公称直径的螺纹按螺距不同,可分为粗牙螺纹和细牙螺纹,常用的是粗牙螺纹。

按照用途不同,螺纹可分为连接螺纹和传动螺纹。

2. 螺纹连接的基本类型

1) 螺纹连接的基本类型

螺纹连接的类型有:螺栓连接、双头螺柱连接、螺钉连接、紧定螺钉连接。它们的连接形式、特点和应用场合见表 9-3。

表 9-3　螺纹连接的类型、特点和应用

类型	结构简图	尺寸关系	特点及应用

螺栓连接	普通螺栓连接
	
	铰制孔螺栓连接
	
	螺纹连接动画
		①螺纹余留长度 l_1:
		静载荷 $l_1 \geqslant (0.3 \sim 0.5)d$
		变载荷 $l_1 \geqslant 0.75d$
		冲击载荷 $l_1 \geqslant d$
		②螺纹伸出长度 l_2:
		$l_2 \approx (0.2 \sim 0.3)d$
		受剪螺栓应尽可能使 $l_1 < l_2$
		③螺栓轴线到边缘的距离 e:
		$e = d + (3 \sim 6)\text{mm}$
		④螺栓孔直径:
		受拉螺栓 $d_0 = 1.1d$
		⑤受剪螺栓的 d_0 与 d 的对应关系见下表:
		
		  d/mm M6~M27 M30~M48
		  d_0/mm $d+1$ $d+2$
			被连接件不需要切制螺纹。孔壁与螺栓杆之间有间隙;既可以承受横向载荷,也可以承受轴向载荷,但螺栓都是只受拉力。连接结构简单、装拆方便,应用广泛。通常用于被连接件不太厚且便于加工通孔的场合
			
			被连接件不需要切制螺纹,通孔与螺栓杆之间做成基孔制的过渡配合;一般只能用来承受横向载荷。由于螺栓大径小于螺栓杆直径,因此工作时螺栓杆受剪切力和挤压力,同时兼有定位作用,适用于被连接件不太厚且便于加工通孔的场合

类型	结构简图	尺寸关系	特点及应用
双头螺柱连接		①螺纹旋入长度 l_3： 钢或青铜 $l_3 \approx d$ 铸铁 $l_3 \approx (1.25\sim1.5)d$ 铝合金 $l_3 \approx (1.5\sim2.5)d$ ②螺纹孔深度 l_4： $l_4 \approx l_3+(2\sim25)P$ ③钻孔深度 l_5： $l_5 \approx l_4+(0.5\sim1)d$ ④其余尺寸同螺栓连接	螺柱的一端旋入一被连接件的螺纹孔中，另一端则穿过另一被连接件的通孔，旋上螺母并拧紧。常用于被连接件之一较厚且需经常拆卸的场合。受载情况与普通螺栓连接相同
螺钉连接			这种连接不用螺母，而是直接将螺钉穿过一被连接件的通孔，并旋入另一被连接件的螺纹孔中，其结构比双头螺柱连接简单。常用于被连接件之一较厚且不需经常拆卸的场合。受载情况也与普通螺栓连接相同
紧定螺钉连接		螺钉直径： $d = (0.2\sim0.3)d_h$ 当力或力矩大时取较大值	将紧定螺钉旋入一零件的螺纹孔，并以其末端顶紧另一零件来固定两零件的相对位置。只能传递较小的载荷，多用于轴与轴上零件的固定

2）螺纹连接的应用实例

螺纹连接在机械上应用极为广泛，可用于紧固、定位或用于零件位置调整。图 9-3 至图 9-10 为一些常见的应用实例。

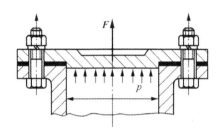

图 9-3　用螺栓紧固缸盖与缸体

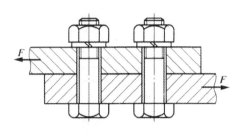

图 9-4　用螺栓紧固两板

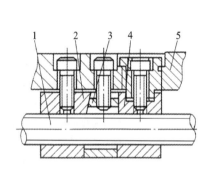

图 9-5　用螺钉调整双螺母间隙

1—丝杠；2—螺母；3—楔块；4—螺母；5—支承座

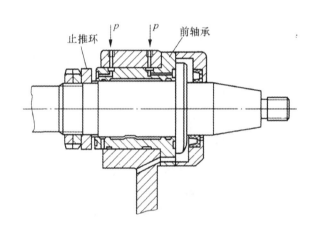

图 9-6　双螺母锁紧

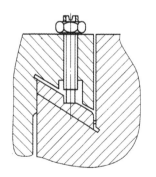

图 9-7　调整斜铁间隙

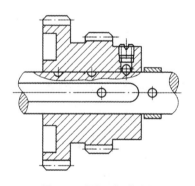

图 9-8　螺钉、钢球定位

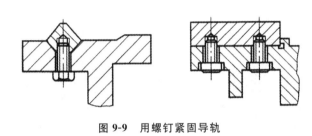

图 9-9　用螺钉紧固导轨

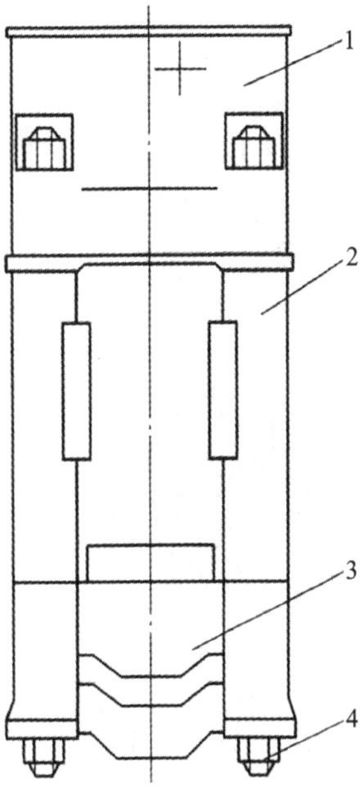

图 9-10　螺栓连接压力机横梁、
立柱、底座

1—横梁;2—立柱;3—底座;
4—拉紧螺栓、螺母

9.2　螺纹连接的强度计算

1. 失效形式与设计准则

下面以螺栓为例讨论螺纹连接强度的计算方法和设计准则。

实际工程中,螺栓通常成组使用,称为螺栓组。对螺栓组而言,所受的载荷可能有轴向载荷、横向载荷、弯矩或倾覆力矩等。但对其中单个螺栓而言,其所受的载荷不外乎是轴向拉力或横向剪力。设计时,应先进行螺栓组的受力分析,求出受载最大螺栓的受力,然后进行强度计算。

受拉的普通螺栓的主要失效形式是螺栓杆被拉断,其设计准则是保证螺栓杆的抗拉强度。

受剪的铰制孔螺栓的主要失效形式是螺栓杆或被连接件的孔壁被压溃或螺栓杆被剪断,其设计准则是保证连接的挤压强度和螺栓的剪切强度。

2. 受轴向载荷的螺栓连接

1)松螺栓连接

松螺栓连接在装配时,螺母不需拧紧,在承受工作载荷之前螺栓不受力。

现以图 9-11 所示起重吊钩的螺纹连接为例,介绍松螺栓连接的强度计算方法。

当连接承受轴向工作载荷 $F(\mathrm{N})$ 时,其强度条件为:

$$\sigma = \frac{4F}{\pi d_1^2} \leqslant [\sigma] \tag{9-2}$$

式中:d_1 为螺纹的小径(mm);$[\sigma]$ 为许用拉应力(MPa)。

2) 紧螺栓连接

紧螺栓连接在装配时必须拧紧,使连接在承受工作载荷之前螺栓受到预紧力 F' 的作用。

(1) 只受预紧力 F' 作用的紧螺栓连接。

如图 9-12 所示,普通螺栓连接承受横向载荷时,靠预紧在接合面间产生的摩擦力来传载。此时,螺栓仅受预紧力作用,且预紧力受工作载荷的影响。

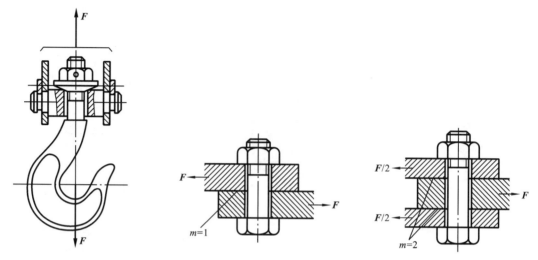

图 9-11　吊钩的松螺栓连接　　　　　**图 9-12　受横向载荷的普通螺栓连接**

这种螺栓连接在拧紧螺母时,螺栓除受预紧力 F' 的拉伸产生拉应力外,还受螺纹副间摩擦力矩 T_1 的扭转作用而产生扭转切应力,使螺栓处于拉伸与扭转的复合应力状态。

对于普通螺栓连接,应保证连接预紧后产生的总摩擦力大于或等于横向载荷,即

$$zmfF' \geqslant CF \quad 或 \quad F' \geqslant \frac{CF}{zmf} \tag{9-3}$$

式中:f 为被连接件接合面间的摩擦系数;m 为接合面数;z 为螺栓个数;C 为防滑系数,通常 $C = 1.1 \sim 1.3$。

螺栓危险截面的拉应力为 $\sigma = \dfrac{F'}{\frac{\pi}{4}d_1^2}$,扭转切应力为 $\tau = \dfrac{T_1}{\frac{\pi}{16}d_1^3} \approx 0.5\sigma$。

按第四强度理论,螺栓危险截面的当量应力 $\sigma_c = \sqrt{\sigma^2 + 3\tau^2} = \sqrt{\sigma^2 + 3(0.5\sigma)^2} \approx 1.3\sigma$。则螺纹部分的强度校核公式为

$$\frac{1.3F'}{\frac{\pi}{4}d_1^2} \leqslant [\sigma] \tag{9-4}$$

(2) 受预紧力 F' 和轴向工作载荷 F 的紧螺栓连接。

这种受载形式比较常见,也是最重要的一种。连接承受轴向工作载荷后,由于螺栓和被连接件的变形,螺栓所受的总拉力并不等于预紧力 F' 和工作拉力 F 之和。下面以图 9-13 来分析。

图 9-13(a)所示为连接尚未预紧的情形,此时螺栓和被连接件都不受力。

图 9-13(b)所示为连接已预紧但未承受轴向外载荷的情形。此时螺栓受到拉力 F' 的作用而伸长了 δ_{b0};被连接件同样受到拉力 F' 的作用而压缩了 δ_{c0}。

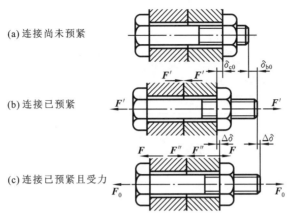

图 9-13 载荷与变形示意图

图 9-13(c)所示为连接预紧后进一步承受轴向工作载荷 F,此时螺栓伸长量的增量为 $\Delta\delta$,伸长的总量为 $\delta_{b0}+\Delta\delta$,对应的拉力就是螺栓的总拉力 F_0。此时被连接件随着螺栓的伸长而放松,其压缩量随之减小。根据变形协调条件可知,被连接件压缩量的减小量等于螺栓伸长量的增加量。因此,被连接件总的压缩量为 $\delta_{c0}-\Delta\delta$。被连接件所受的压力也由原来的 F' 减小至 F''。F'' 称为残余预紧力。

由力的平衡可得,螺栓所受的总的拉伸载荷为

$$F_0 = F + F''\qquad(9\text{-}5)$$

残余预紧力 F'' 与螺栓的刚度、被连接件的刚度、预紧力及工作载荷有关。紧螺栓连接受轴向载荷后连接接合面不应出现间隙,因此,残余预紧力应大于零。当 F 为静载荷时,可取 $F''=(0.2\sim0.6)F$;当 F 为变载荷时,可取 $F''=(0.6\sim1.0)F$;对于有紧密性要求的连接,可取 $F''=(1.5\sim1.8)F$。

考虑到螺栓在总拉力 F_0 作用下可能需要补充拧紧,其强度条件为

$$\sigma = \frac{1.3F_0}{\frac{\pi}{4}d_1^2} \leqslant [\sigma]\qquad(9\text{-}6)$$

3. 受剪切的螺栓连接

如图 9-14 所示,铰制孔螺栓连接承受横向载荷,螺栓在连接接合面处受剪,并与被连接件孔壁互相挤压。其主要失效形式是螺栓杆被剪断,螺栓杆或孔壁被压溃。

计算时,忽略预紧力和摩擦力的作用,并假设螺栓杆与孔壁上的压力是均匀分布的。

螺栓杆与孔壁的挤压强度条件为

$$\sigma_p = \frac{F}{d_0 L_{\min}} \leqslant [\sigma_p]\qquad(9\text{-}7)$$

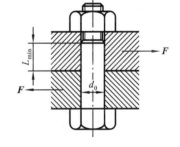

图 9-14 受剪螺栓连接

螺栓的剪切强度条件为

$$\tau = \frac{F}{\frac{\pi}{4}d_0^2} \leqslant [\tau]\qquad(9\text{-}8)$$

式中:F 为螺栓所受的工作剪力(N);d_0 为螺栓受剪面的直径(mm);$L_{\min}$ 为螺栓杆与孔壁的最小接触高度(mm);$[\sigma_p]$ 为螺栓杆与孔壁材料的许用挤压应力(MPa);$[\tau]$ 为螺栓杆材料的许用

切应力(MPa)。

4. 螺栓的材料和许用应力

螺栓常用的材料有 Q215、Q235、10、35、45 钢。重要的和特殊类型的连接可采用高强度的合金钢。常用材料的性能等级见表9-4。

表9-4　螺栓、螺钉、螺柱和螺母的性能等级

| | | | 力学性能级别 | | | | | | | | | | |
			3.6	4.6	4.8	5.6	5.8	6.8	8.8 ≤M16	8.8 >M16	9.8	10.9	12.9
螺栓、螺钉、螺柱	强度极限 σ_b/MPa	公称值	300	400		500		600	800		900	1 000	1 200
	屈服极限 σ_s/MPa	公称值	180	240	320	300	400	480	640	640	720	900	1 080
	布氏硬度 HBS		90	114	124	147	152	181	238	242	276	304	366
	推荐材料		低碳钢	低碳钢或中碳钢				低碳合金钢或中碳钢				40Cr 15MnVB	30CrMnSi 15MnVB
相配合螺母	性能级别		4 或 5			5		6	8 或 9		9	10	12
	推荐材料		低碳钢				低碳合金钢或中碳钢					40Cr 15MnVB	30CrMnSi 15MnVB

螺纹连接的许用应力及安全系数见表9-5及表9-6。

表9-5　螺纹连接的许用应力

螺纹连接受载情况			许用应力	
松螺栓连接				$S=1.2\sim1.7$
紧螺栓连接	受轴向、横向载荷		$[\sigma]=\sigma_s/S$	控制预紧力时 $S=1.2\sim1.5$ 不严格控制预紧力时,查表9-6
	铰制孔用螺栓受横向载荷	静载荷		$[\tau]=\sigma_s/2.5$ $[\sigma_p]=\sigma_s/1.25$(被连接件为钢) $[\sigma_p]=\sigma_b/(2\sim2.5)$(被连接件为铸铁)
		变载荷		$[\tau]=\sigma_s/(3.5\sim5)$ $[\sigma_p]$按静载荷的值降低 $20\%\sim30\%$

表9-6　螺纹连接的安全系数

材　　料	静　载　荷		变　载　荷	
	M6~M16	M16~M30	M6~M16	M16~M30
碳素钢	4~3	3~2	10~6.5	6.5
合金钢	5~4	4~2.5	7.6~5	5

5. 实例分析

例 9-1 如图 9-15 所示，一钢制液压油缸，油缸内径 $D=160$ mm，油缸壁厚为 10 mm，油压 $p=1.6$ MPa，螺栓间距 $l\leqslant 7d$，试计算其上盖的螺栓连接和螺栓分布圆直径 D_0。

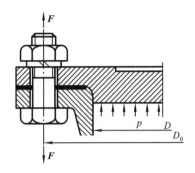

图 9-15　压力容器的螺栓连接

解　（1）确定螺栓工作载荷 F。暂取螺栓数 $z=8$，则每个螺栓承受的平均轴向工作载荷 F 的大小为

$$F = \frac{p \cdot \pi D^2/4}{z} = 1.6 \times \frac{\pi \times 160^2}{4 \times 8} \text{ kN} = 4.02 \text{ kN}$$

（2）确定螺栓总拉伸载荷 F_0。根据前面所述，对于压力容器取残余预紧力 $F''=1.8F$，则由式（9-5）可得：

$$F_0 = F + 1.8F = 2.8 \times 4.02 \text{ kN} = 11.3 \text{ kN}$$

（3）求螺栓直径 d。按表 9-4 选取螺栓材料性能等级为 6.8 级，$\sigma_s=480$ MPa。装配时不要求严格控制预紧力，按表 9-6 暂取安全系数 $S=3$，则螺栓许用应力为

$$[\sigma] = \frac{\sigma_s}{S} = \frac{480}{3} \text{ MPa} = 160 \text{ MPa}$$

由式（9-6）得螺纹的小径为

$$d_1 \geqslant \sqrt{\frac{4 \times 1.3 F_0}{\pi[\sigma]}} = \sqrt{\frac{4 \times 1.3 \times 11.3 \times 10^3}{\pi \times 160}} \text{ mm} = 10.815 \text{ mm}$$

查机械设计手册普通螺纹的基本尺寸，取 M16 螺栓（小径 $d_1=13.835$ mm）。按照表 9-6 知所取安全系数 $S=3$ 是正确的。

（4）确定螺栓分布圆直径 D_0。螺栓置于凸缘中部，从表 9-3 可以决定螺栓分布圆直径 D_0 为

$$D_0 = D + 2e + 2 \times 10 = \{160 + 2 \times [16 + (3 \sim 6)] + 2 \times 10\} \text{ mm} = 218 \sim 224 \text{ mm}$$

取 $D_0=220$ mm。

螺栓间距 l 为

$$l = \frac{\pi D_0}{z} = \frac{\pi \times 220}{8} \text{ mm} = 86.4 \text{ mm}$$

因为 $l\leqslant 7d=7 \times 16$ mm$=112$ mm，所以选取的 D_0 和 z 是合宜的。

在本例题中，求螺纹直径时要用到许用应力 $[\sigma]$，而 $[\sigma]$ 又与螺纹直径有关，所以常需采用试算法。这种方法在其他零件设计计算中还会经常用到。

9.3　螺纹连接的结构设计

1. 防松

虽然连接用的普通螺纹都具有自锁性，在静载和温度变化不大时一般不会松脱，但在冲击、振动、变载及高温下，螺纹副间的摩擦力可能瞬间减小或消失，最终导致连接失效。

螺纹连接防松的根本问题在于防止螺纹副的相对转动。防松的方法很多，按工作原理可分为摩擦防松、机械防松等。常用的防松方法列于表 9-7 中。

表 9-7 常用的防松方法

防松方法		结 构 形 式	特点和应用
摩擦防松	对顶螺母	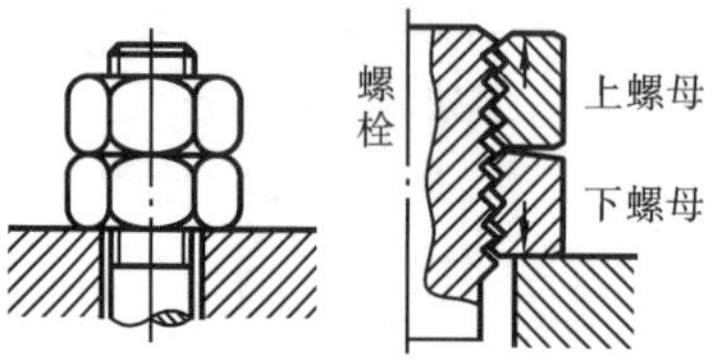	两螺母对顶拧紧后,使旋合螺纹间始终受到附加的压力和摩擦力的作用。工作载荷有变动时,该摩擦力仍然存在。旋合螺纹间的接触情况如图所示,下螺母螺牙受力较小,其高度可小些,但为了防止装错,两螺母的高度取成相等为宜。 结构简单,适用于平稳、低速和重载的固定装置上的连接
摩擦防松	弹簧垫圈		螺母拧紧后,靠垫圈压平而产生的弹性反力使旋合螺纹间压紧。同时垫圈斜口的尖端抵住螺母与被连接件的支承面也有防松作用。 结构简单、使用方便。但由于垫圈的弹力不均,在冲击、振动的工作条件下,其防松效果较差,一般用于不甚重要的连接
摩擦防松	自锁螺母	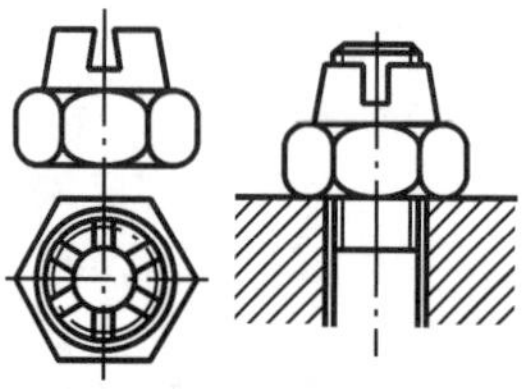	螺母一端制成非圆形收口或开缝径向收口。当螺母拧紧后,收口胀开,利用收口的弹力使旋合螺纹间压紧。 结构简单,防松可靠,可多次装拆而不降低防松性能
机械防松	开口销与六角开槽螺母	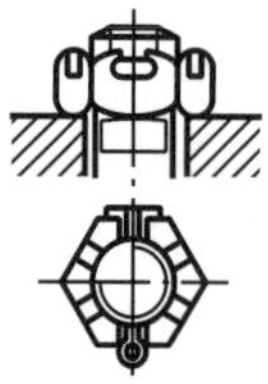	六角开槽螺母拧紧后将开口销穿入螺栓尾部小孔和螺母的槽内,并将开口销尾部掰开与螺母侧面贴紧。也可用普通螺母代替六角开槽螺母,但需拧紧螺母后再配钻销孔。 适用于较大冲击、振动的高速机械中运动部件的连接
机械防松	止动垫圈	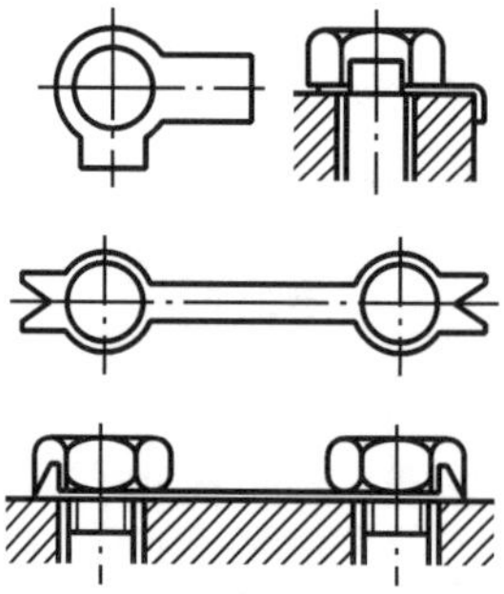	螺母拧紧后,将单耳或双耳止动垫圈分别向螺母和被连接件的侧面折弯贴紧,即可将螺母锁住。若两个螺栓需要双联锁紧时,可采用双联止动垫圈,使两个螺母相互制动。 结构简单,使用方便,防松可靠
机械防松	串联钢丝	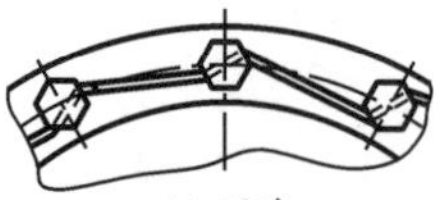 (a)正确 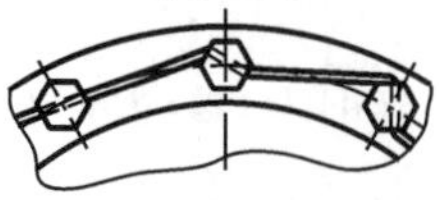 (b)不正确	用低碳钢丝穿入各螺钉头部的孔内,将各螺钉串联起来,使其相互制动。使用时必须注意钢丝的穿入方向((a)图正确,(b)图错误) 适用于螺钉组连接,防松可靠,但装拆不便

防松动画

2. 避免或减小附加载荷

由于设计、制造、安装不当，被连接件与螺母或螺栓头部接触的表面不平或倾斜，会使螺栓受到附加弯曲应力作用（图 9-16），致使连接的承载能力降低，应设法避免。例如，当连接的支承面为有斜面的型材时，可采用斜面垫圈，在铸件或锻件等未加工面上装螺栓时，可采用凸台或沉头座孔等结构，经加工后可获得平整的支承面（图 9-17）。

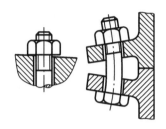

图 9-16　引起附加应力的原因

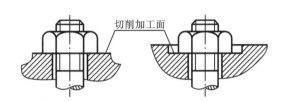

图 9-17　避免附加载荷的方法

3. 减小应力集中

螺纹的牙根和收尾、螺栓头部与螺栓杆交接处都有应力集中。为减小应力集中，可增大过渡处圆角，如图 9-18(a)所示；或加工卸载槽，如图 9-18(b)、(c)所示。但应注意采用特殊结构会使连接的成本增加。

4. 合理设计结构

合理设计螺栓连接的结构能使螺栓和连接接合面受力均匀，便于加工和装配，避免附加载荷。为此，设计结构时应综合考虑以下几个方面的问题。

(1) 连接接合面一般应设计成轴对称的简单几何形状，如图 9-19 所示。这样不仅便于加工制造，连接接合面的受力也较均匀。

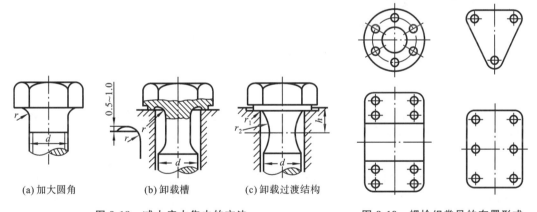

(a) 加大圆角　(b) 卸载槽　(c) 卸载过渡结构

图 9-18　减小应力集中的方法

$r=0.2d; r_1 \approx 0.15d; r_2 \approx 1.0d; h \approx 0.5d$

图 9-19　螺栓组常见的布置形式

(2) 分布在同一圆周上的螺栓数目，应取为 3、4、6、8 等便于分度划线钻孔的数目。同一组螺栓的材料、直径、长度应尽量相同，以简化结构和便于加工装配。

(3) 螺栓的排列应有合理的边距、间距，保证必要的扳手空间。扳手空间尺寸可查阅有关标准。

(4) 螺栓的布置应使各螺栓受力合理。铰制孔螺栓连接不要在平行于载荷方向布置 8 个以上螺栓，以免受载不均。连接承受弯矩或转矩时，螺栓应布置在连接接合面的边缘，以减小螺栓的受力，如图 9-20 所示。

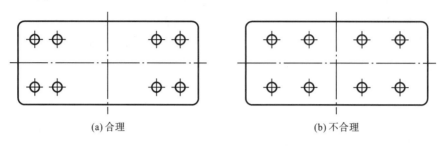

(a) 合理   (b) 不合理

图 9-20   受弯矩或转矩时螺栓的布置

9.4   键连接和花键连接

1. 键连接的类型、特点和应用

键是一种标准件，主要用于轴和轴上零件的周向固定并传递转矩。有些类型的键还能实现轴上零件的轴向固定或轴向滑动的导向。键的一部分被安装在轴上键槽内，另一凸出部分则嵌入轮毂槽内，使两个零件一起转动，起到传递扭矩的作用，如图 9-21 所示。

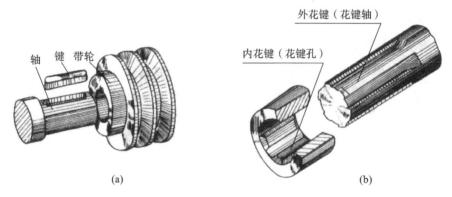

(a)   (b)

图 9-21   键连接

键连接的主要类型有：平键连接、半圆键连接、楔键连接和切向键连接。设计时应根据工作要求及各类型键的结构和应用特点进行选择，必要时还应做强度校核计算。

1）平键连接

如图 9-22(a) 所示，平键的上表面与轮毂键槽顶面留有间隙，依靠键与键槽间的两侧面挤压力来传递转矩，所以两侧面为工作面。平键具有制造容易、装拆方便、定心良好等优点，常用于传动精度要求较高的场合。平键连接不能承受轴向力，因而对轴上零件不能起到轴向固定的作用。根据用途的不同，可将其分为如下三种：

（1）普通平键连接。平键的形状如图 9-22 所示，有 A、B、C 三种类型。A 型两端为圆弧，B 型两端为平头，C 型一端平头一端圆弧。

（2）导向平键连接。当零件（如变速箱中的滑移齿轮）需要作轴向移动时，可采用导向平键连接。导向平键（图 9-23）较普通平键长，为防止键体在轴中松动，用两个螺钉将其固定在轴上，键上制有起键螺孔，以便拆卸。

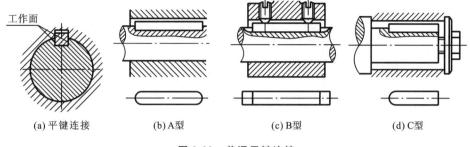

(a) 平键连接   (b) A型   (c) B型   (d) C型

图 9-22 普通平键连接

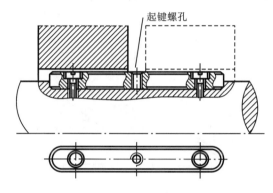

图 9-23 导向平键连接

（3）滑键连接。当轴上零件轴向移动距离较大（如变速箱中的滑移齿轮）时，可采用滑键连接（图 9-24）。滑键与轴上的零件固定为一体，工作时二者一起沿长长的键槽滑动。

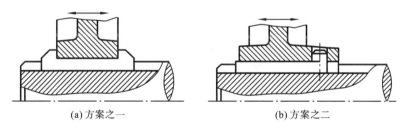

(a) 方案之一   (b) 方案之二

图 9-24 滑键连接

2）半圆键连接

如图 9-25 所示，半圆键的两个侧面为半圆形，工作时靠两侧面受挤压传递转矩。键在轴槽内绕其几何中心摆动，以适应轮毂槽底部的斜度，装拆方便，但轴上键槽较深，对轴的强度削弱较大，因而主要用于轻载静连接场合。

普通平键和半圆键键槽的加工方法如图 9-26 所示，可在普通铣床上加工。图 9-26(a) 为指状铣刀加工键槽，图(b)和图(c)为盘形铣刀加工。

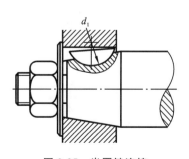

图 9-25 半圆键连接

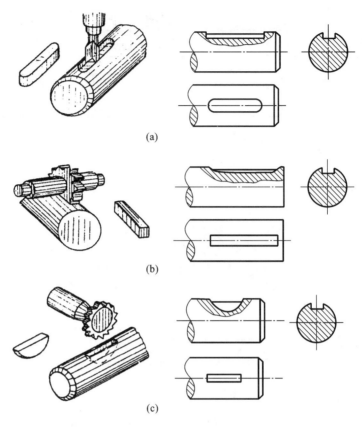

图 9-26　键槽的加工

3）楔键连接

楔键连接如图 9-27 所示。键的上下两面是工作面,键的上表面和轮毂槽底面均制成 1∶100的斜度,装配时将键用力打入槽内,使轴与轮毂之间的接触面产生很大的径向压紧力,转动时靠接触面的摩擦力来传递转矩及单向轴向力。楔键分普通楔键和钩头楔键两种形式,钩头楔键与轮毂端面之间应留有余地,以便于拆卸。楔键的定心性差,在冲击、振动或变载荷下,连接容易松动,因此适用于不要求准确定心、低速运转的场合。

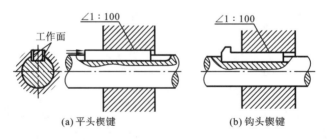

图 9-27　楔键连接

4）切向键连接

如图 9-28 所示,切向键由两个 1∶100 的单边倾斜楔键组成,装配后两个键的斜面相互贴合,共同楔紧在轮毂和轴之间。

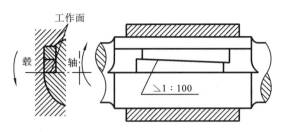

图 9-28　切向键连接

传递较大转矩时,可采用由两个 1:100 的单边倾斜楔键组成的切向键连接。键的上、下面互相平行,需两边打入,定心性差,适用于不要求准确定心、低速运转的场合。

2. 平键连接的选择与强度校核

1) 键的选择

平键是标准件,选择键时主要考虑类型和尺寸两个方面。键的类型可根据连接的结构特点、使用要求和工作条件来选定;键的截面尺寸(键宽 b 和键高 h)按轴的直径 d 由标准中选定;键的长度 L 可根据轮毂长度确定,一般轮毂长度要求不小于$(1.5\sim2)d$,而键长应略短于轮毂长度。键的长度还应符合标准规定的长度系列(表 9-8)。重要的键连接在选出键的类型和尺寸后,还应进行强度校核计算。

表 9-8　普通平键的主要尺寸　　　　　　　　　　　　　　　　　（单位:mm）

轴的直径 d	>6~8	>8~10	>10~12	>12~17	>17~22	>22~30
键宽 b×键高 h	2×2	3×3	4×4	5×5	6×6	8×7
轴的直径 d	>30~38	>38~44	>44~50	>50~58	>58~65	>65~75
键宽 b×键高 h	10×8	12×8	14×9	16×10	18×11	20×12
轴的直径 d	>75~85	>85~95	>95~110	>110~130		
键宽 b×键高 h	22×14	25×14	28×16	32×18		
键的长度系列 L	6,8,10,12,14,16,18,20,22,25,28,32,36,40,45,50,56,63,70,80,90,100,110,125,140,180,200,220,250,…					

2) 平键连接强度计算

平键连接的主要失效形式是工作面的压溃(静连接)和磨损(动连接),严重过载时也会出现键被剪断的情况。因此,对普通平键一般只作连接的挤压强度校核;对于导向平键连接和滑键连接,通常按工作面上的压力进行条件性的强度校核计算。

假设载荷分布均匀,由图 9-29 可得普通平键连接的挤压强度条件为

$$\sigma_{\mathrm{p}}=\frac{2T}{dkl}=\frac{4T}{dhl}\leqslant[\sigma_{\mathrm{p}}] \qquad (9-9)$$

导向平键和滑键连接的强度条件为

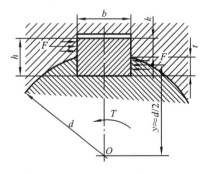

图 9-29　平键连接的受力

$$p = \frac{2T}{dkl} = \frac{4T}{dhl} \leqslant [p] \qquad (9\text{-}10)$$

式中:T 为转矩(N·mm);d 为轴径(mm);h 为键的高度(mm),$k=0.5h$;l 为键的工作长度(mm),其中圆头平键 $l=L-b$,平头平键 $l=L$,单圆头平键 $l=L-b/2$;b 为键宽(mm);$[\sigma_p]$ 为键、轴、轮毂三者中最弱材料的许用挤压应力(MPa);$[p]$ 为键、轴、轮毂三者中最弱材料的许用压强(MPa)。键连接的许用挤压应力和许用压强见表9-9。

若键的强度不够,通常采用双键。两个平键最好沿周向相隔 180° 布置;两个半圆键应布置在轴的同一母线上;两个楔键则应沿周向相隔 120°～130° 布置。考虑到载荷分布的不均匀性,在强度校核中可按 1.5 个键计算。

表 9-9　键连接的许用挤压应力、许用压强 （单位：MPa）

	连接工作方式	键或毂、轴的材料	载荷性质		
			静载荷	轻微冲击	冲击
$[\sigma_p]$	静连接	钢	120～150	100～120	60～90
		铸铁	70～80	50～60	30～45
$[p]$	动连接	钢	50	40	30

3. 花键连接

花键连接是由轴上加工出多个纵向键齿的花键轴和轮毂孔上加工出的同样数量的键齿槽组成的。工作时靠键齿的侧面互相挤压传递转矩。花键连接具有承载能力强、对轴和毂的强度削弱程度小、定心精度高和导向性好等优点。其缺点是需要专用设备加工,成本较高。因此,花键连接适用于定心精度要求高和载荷较大的场合。在汽车、拖拉机、航空航天等工业中都获得了广泛的应用。

花键已标准化,按齿廓的不同,可分矩形花键和渐开线花键。

1) 矩形花键连接

矩形花键的齿侧面为互相平行的平面(图 9-30(a)),制造方便,应用广泛。国标规定矩形花键按齿高不同分为轻系列和中系列;前者用于载荷较轻的静连接,后者用于中等载荷的连接。

矩形花键的定心方式为小径定心,即外花键和内花键的小径为配合面。其优点是定心精度高,稳定性好,并能用磨削的方法消除热处理引起的变形。矩形花键连接应用广泛。

2) 渐开线花键连接

渐开线花键的齿廓为渐开线(图 9-30(b)),分度圆上的压力角有 30° 和 45° 两种。与矩形花键相比,渐开线花键具有制造工艺性好、承载能力大、使用寿命长、易于定心和精度高等优点,因此,常用于重载及尺寸较大的连接。分度圆压力角为 45° 的渐开线花键,由于齿形钝而短,承载能力较低,多用于载荷较轻、直径较小的静连接,特别适用于薄壁零件的轴毂连接。

渐开线花键的定心方式为齿形定心。当齿受载时,齿上的径向力能起到自动定心作用,有利于各齿均匀承载。

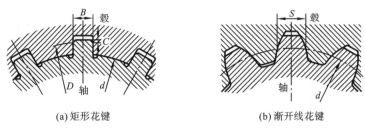

(a) 矩形花键　　　　　　　　　(b) 渐开线花键

图 9-30　花键连接

9.5　销　连　接

销主要用来固定零件之间的相对位置,称为定位销(图 9-31),它是组合加工和装配时的重要辅助零件;也可用于连接,称为连接销(图 9-32),可传递不大的载荷;还可以作为安全装置中的过载剪断元件,称为安全销(图 9-33)。

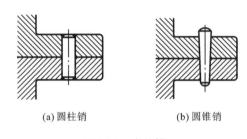

(a) 圆柱销　　　　　　　(b) 圆锥销

图 9-31　定位销

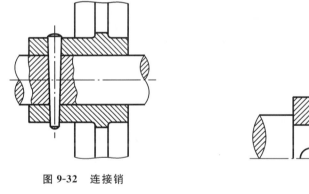

图 9-32　连接销

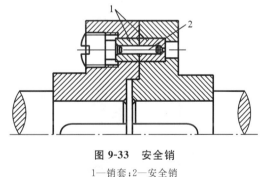

图 9-33　安全销

1—销套;2—安全销

销有多种类型,如圆柱销、圆锥销和销轴等,这些销均已标准化。圆柱销(图 9-31(a))靠过盈配合固定在销孔中,多次装拆会降低定位精度和可靠性;圆锥销(图 9-31(b))具有 1∶50 锥度,在受横向力时可以自锁,它安装方便,定位精度较高,多次装拆而不影响定位精度。端部带螺纹的圆锥销(图 9-34)可用于盲孔或拆卸困难的场合。开尾圆锥销(图 9-35)用于有冲击、振动的场合。销轴用于两零件的铰接处,构成铰链连接(图 9-36),销轴通常用开口销锁定,工作可靠,拆卸方便。

销的类型可根据工作要求选定。定位销是组合加工和装配时的重要辅助零件,它通常不受或只受很小的载荷,可不作强度校核计算,其直径可按结构确定。连接销的直径按连接和定

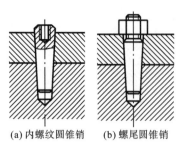

(a) 内螺纹圆锥销　　(b) 螺尾圆锥销

图 9-34　端部带螺纹的圆锥销

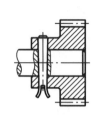

图 9-35　开尾圆锥销

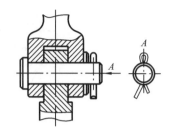

图 9-36　销轴连接

位零件及传递载荷查手册或凭经验确定,必要时进行挤压和剪切强度校核计算。安全销的尺寸按过载时被剪断的条件确定。销连接的强度校核计算公式可参阅《机械设计手册》。

9.6　无 键 连 接

轴和轮毂不用键和花键的连接称为无键连接,无键连接通常有胀紧连接、型面连接和过盈配合连接三种。

1. 胀紧连接

胀紧连接是在毂孔与轴之间装入与锥面贴合的一对内、外弹性钢环,在对钢环施加外力后使轴毂被楔紧的一种静连接。胀紧连接中的弹性钢环又称胀套,可以是一对,也可以是数对。如图 9-37 所示,当拧紧螺母时,在轴向压力作用下,两个胀套互相楔紧,内环缩小而箍紧轴,外环胀大而撑紧毂,于是轴与内环、内环与外环、外环与毂在接触面间产生很大的正压力,利用此压力所引起的摩擦力矩来传递载荷。当采用多对弹性钢环时,由于摩擦力的作用,轴向压紧力传到后面的弹性钢环时会有所降低,从而使在接触面间产生的正压力降低,进而减小接触面的摩擦力。所以,胀紧连接中的弹性钢环对数不宜太多,一般以 3～4 对为宜。弹性钢环通常采用 65、65Mn、55Cr2、60Cr2 等材料制造。胀套环的半锥角 α 愈小,在相同的轴向力的作用下,膨胀连接中的配合面的压力愈大,传递载荷的能力也就愈强,但 α 角过小,不便于拆卸,通常取半锥角 $\alpha = 12.5° \sim 17°$。

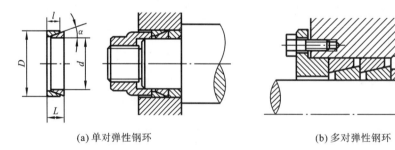

(a) 单对弹性钢环　　　　　　　　　　　　(b) 多对弹性钢环

图 9-37　胀紧连接

2. 型面连接

型面连接是非圆截面的轴与非圆截面的毂孔相配合而构成的连接。轴与轮毂孔既可以做成表面光滑的非圆形截面的柱体(图 9-38(a)),也可以做成非圆形截面的锥体(图 9-38(b))。这两种表面都能传递转矩,除此之外,前者还可以形成沿轴向移动的动连接,后者则能承受单方向的轴向力。

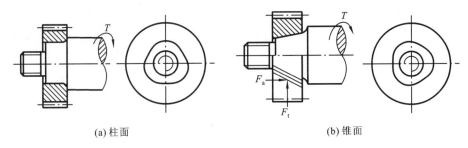

(a) 柱面　　　　　　　　　　　　　　(b) 锥面

图 9-38　型面连接

　　型面连接装拆方便、定心性好、连接面上没有键槽和尖角,减少了应力集中,承载能力大。但加工复杂,特别是为了保证配合精度,后续工序多且要在专用机床上进行磨削加工,故目前型面连接的应用还不广泛。

　　型面连接常用的型面有带切口的非圆形截面、方形、正六边形及等距曲线形状等,如图9-39所示。

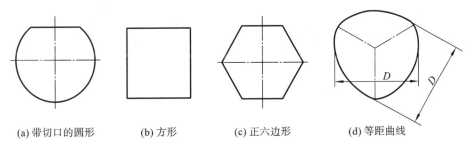

(a) 带切口的圆形　　　(b) 方形　　　(c) 正六边形　　　(d) 等距曲线

图 9-39　型面连接的型面形状

3. 过盈配合连接

　　过盈配合连接是利用零件间的过盈配合来实现的连接,也是一种常用的轴毂连接。这种连接在轴与毂孔间存在着较大的过盈量,如图 9-40 所示,装配后的轴与毂孔表面间产生很大的径向压力。因此,工作时配合面上会产生摩擦力,并以此来传递转矩和轴向力。这种连接的结构简单、定心性好、承载能力大、承受冲击载荷的性能好、对轴削弱小,但配合面的加工精度要求较高,装配困难。

　　过盈配合连接的装配通常采用压入法(适用于过盈量较小)和温差法(适用于过盈量较大)。为了装配方便,过盈配合连接对轴与毂孔的倒角也有一定的要求,如图 9-41 所示。

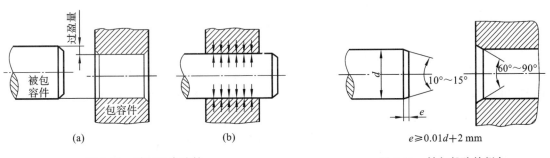

$e \geqslant 0.01d + 2$ mm

图 9-40　过盈配合连接　　　　　　　　　　图 9-41　轴与毂孔的倒角

学习指导

学习课件

思考与练习

9-1 常用的螺纹牙型有哪几种？试说明它们的主要用途。

9-2 普通螺纹的公称直径是指哪个直径？管螺纹的公称直径是指哪个直径？

9-3 怎么判别常见的螺栓中的螺纹是右旋还是左旋、是单线还是多线？多线螺纹与单线螺纹的特点如何？

9-4 螺旋线和螺纹牙是如何形成的？螺纹的主要参数有哪些？螺距与导程有何不同？螺纹的线数和螺旋方向如何判定？

9-5 试说明 M30、M16×1.5 中各代号表示的含义。

9-6 螺纹连接的基本类型有哪些？各适用于什么场合？

9-7 在哪些工作条件下，螺纹连接需要应用防松装置？常用的防松方法有哪些？

9-8 平键连接有何特点？

9-9 销有哪几种类型？各用于何种场合？销连接有哪些失效形式？

9-10 如图 9-42 所示，拉杆端部采用普通粗牙螺纹连接。已知拉杆所受最大载荷 $F = 15$ kN，载荷很少变动，拉杆材料为 Q235，试确定拉杆螺纹的直径。

9-11 如图 9-43 所示的螺栓连接，采用两个 M20 的螺栓，其许用拉应力 $[\sigma] = 150$ MPa，被连接件接合面间摩擦系数 $f = 0.2$。试计算该连接允许传递的载荷 F。

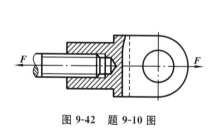

图 9-42 题 9-10 图

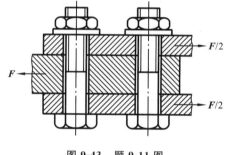

图 9-43 题 9-11 图

9-12 如图 9-44 所示，一刚性联轴器，其允许最大转矩 T 为 1500 N·m，刚性联轴器若采用 M16 螺栓以摩擦力来传递扭矩，螺栓材料为 45 钢，接合面摩擦系数 $f = 0.15$，安装时不控制预紧力，试确定螺栓个数（螺栓数取偶数）。

9-13 在题 9-12 中，若采取 4 个 M16 铰制孔用螺栓，螺栓材料为 45 钢，试选取合宜的螺栓长度，并校核其剪切和挤压强度。

9-14 图 9-45 所示为一钢制液压缸。已知油压 $p = 4$ MPa，液压缸内径 $D_2 = 160$ mm，在 $D_0 = 200$ mm 的圆周上用 8 个均布的螺栓将缸盖与缸体固连，螺栓材料为 35 钢，性能等级为 4.8 级，安装时用定力矩扳手拧紧连接。试计算所需螺栓的直径。

9-15 试指出图 9-46 中的错误结构，并画出正确的结构图。

9-16 试找出图 9-47 中螺纹连接结构的错误，说明其原因，并在图上改正。

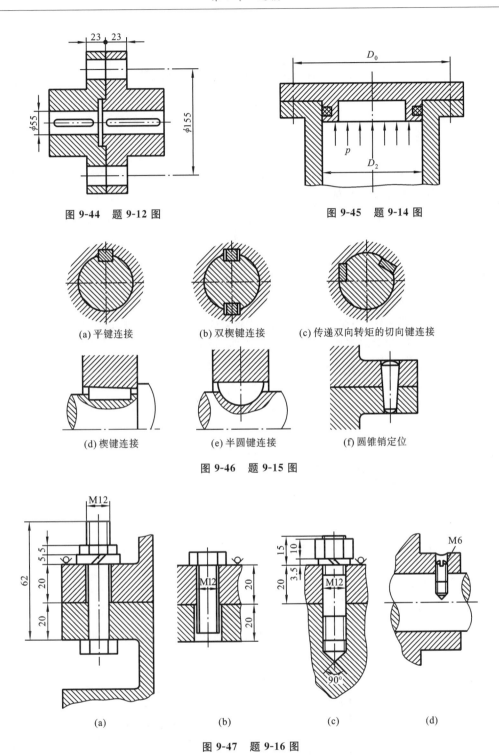

图 9-44 题 9-12 图

图 9-45 题 9-14 图

(a) 平键连接　　(b) 双楔键连接　　(c) 传递双向转矩的切向键连接

(d) 楔键连接　　(e) 半圆键连接　　(f) 圆锥销定位

图 9-46 题 9-15 图

(a)　　　　(b)　　　　(c)　　　　(d)

图 9-47 题 9-16 图

第10章　轴与联轴器

学习导引

前几章研究的旋转零件,如齿轮、带轮、链轮等在工作中需要轴来支承才能实现其旋转运动。联轴器是用来连接两轴或轴与其他回转零件使其一起转动并传递扭矩的部件。有时,联轴器也用作安全保险装置;用联轴器连接的两轴,只有在机器停车后,经过拆卸才能把它们分离。

10.1　轴的功用及类型

1. 轴的功用和类型

轴用来支承旋转零件,传递运动和动力,同时又被轴承支承,是机械中必不可少的重要零件。按轴的不同用途和受力情况,轴可以分为转轴、心轴和传动轴三类。

（1）转轴。工作时既承受弯矩（支承转动零件）又承受转矩（传递动力）的轴称为转轴,如齿轮减速器中的轴（图 10-1）。

（2）传动轴。主要传递转矩,不承受或承受很小的弯矩的轴称为传动轴,如汽车中的传动轴（图 10-2）。

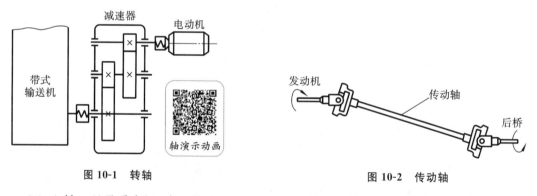

图 10-1　转轴

图 10-2　传动轴

（3）心轴。只承受弯矩（支承转动零件）而不传递转矩的轴称为心轴,如铁路车辆的轴（图 10-3）、自行车的前轴（图 10-4）。

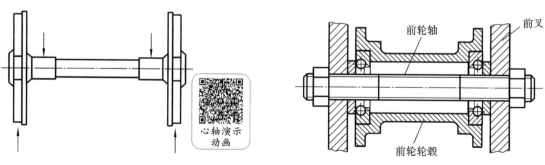

图 10-3　转动心轴

图 10-4　固定心轴

按轴线情况的不同,轴还可分为直轴和曲轴(图 10-5(c))。直轴又分为光轴(图 10-5(a))和阶梯轴(图 10-5(b))两种。

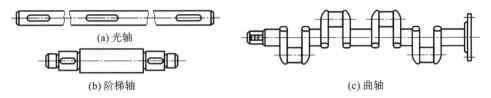

(a) 光轴

(b) 阶梯轴

(c) 曲轴

图 10-5 轴

轴一般都制成实心的,但为了减轻重量(如大型水轮机轴、航空发动机轴)或满足工作要求(如需要在轴中心穿过其他零件或润滑油),也可用空心轴。

此外,还有一些特殊用途的轴,如钢丝软轴(图 10-6),其具有良好的挠性,可不受限制地把回转运动传到空间任何位置,常用于机械式远距离控制机构、仪表传动及手持电动小型机具等。

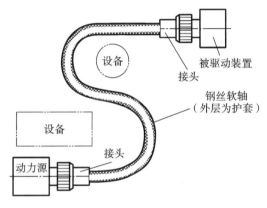

设备

被驱动装置

接头

钢丝软轴
（外层为护套）

设备

接头

动力源

图 10-6 钢丝软轴

最常用的轴为实心阶梯转轴,本章将重点介绍此类轴。

2. 轴的材料

轴工作时产生的应力多为变应力,所以轴的失效多为疲劳损坏。因此,轴的材料应具有足够的强度和对应力集中的敏感性小,此外还应具有良好的工艺性。

轴的材料品种很多,常用材料为碳素钢和合金钢。

(1)碳素钢。碳素钢价格低廉,其强度、韧性等综合力学性能较好,故应用较广。对于中载和一般要求的轴,可采用 35、40、45 和 50 钢等优质碳素钢,其中以 45 钢应用最广。常经正火或调质处理,以改善材料的综合力学性能。对于轻载或不重要的轴,可采用 Q235、Q275 等普通碳素钢,轴不进行热处理。

(2)合金钢。合金钢具有较高的强度和优越的淬火性能,但价格较贵,故多用于要求强度高、尺寸小、质量轻、提高轴颈耐磨性以及非常温条件下工作或有其他特殊要求的轴。对于要求高强度、重载而无很大冲击的轴,可采用 40Cr、40MnB、35SiMn、40CrNi 等合金钢,其中以 40 Cr 最常用,进行调质处理。对于要求强度、韧性及耐磨性均较好的轴,可采用 20Cr、20CrMnTi 等低碳合金钢,进行渗碳淬火及低温回火处理后可提高耐磨性能。值得注意的是:钢的种类和热处理对其材料的弹性模量影响很小,故当其他条件相同时,用合金钢或通过热处理来提高轴的刚度并无实效。

轴常用的一些材料及其力学性能见表 10-1。

表 10-1　轴的常用材料、主要力学性能、许用弯曲应力及用途

材料	牌号	热处理	毛坯直径/mm	硬度/HBS	力学性能/MPa 抗拉强度极限 σ_b	抗拉屈服极限 σ_s	弯曲疲劳极限 σ_{-1}	剪切疲劳极限 τ_{-1}	许用弯曲应力/MPa $[\sigma_{+1b}]$	$[\sigma_{0b}]$	$[\sigma_{-1b}]$	用途
普通碳素钢	Q235	热轧或锻后空冷	≤100		400~420	250	170	105	125	70	40	用于不重要或载荷不大的轴
			>100~250		375~390	215	170	105	125	70	40	
优质碳素钢	45	正火	≤100	170~217	590	295	255	140	195	95	55	应用最广泛
		回火	>100~300	162~217	570	285	245	135	195	95	55	
		调质	≤200	217~255	640	355	275	155	215	100	60	
合金钢	40Cr	调质	≤100	241~286	735	540	355	200	245	120	70	用于载荷较大而无很大冲击的重要轴
		调质	>100~300	241~286	685	490	335	185				
	35SiMn (42SiMn)	调质	≤100	229~286	785	510	355	205	245	120	70	性能接近于 40Cr，用于中小型轴
		调质	>100~300	219~269	735	440	335	185				
	40MnB	调质	≤200	241~286	735	490	345	195	245	120	70	性能接近于 40Cr，用于重要的轴
	40CrNi	调质	≤100	270~300	900	735	430	260	285	130	75	低温性能好，用于很重要的轴
		调质	>100~300	240~270	785	570	370	210				
	38SiMnMo	调质	≤100	229~286	735	590	365	210	275	120	70	性能接近 40CrNi，用于重载荷轴
		调质	>100~300	217~269	685	540	345	195				
	20Cr	渗碳，淬火，回火	≤60	渗碳 56~62 HRC	640	390	305	160	215	100	60	用于要求强度和韧性均较高的轴
	20CrMnTi		15	渗碳 56~62 HRC	1 080	835	480	300	365	165	100	用于要求强度高、耐腐蚀性强、且热处理变形很小的轴
	38CrMoAlA	调质	≤60	293~321	930	785	440	280	275	125	75	
			>60~100	277~302	835	685	410	270				
			>100~160	241~277	>85	590	370	220				
铸铁	QT400-15			156~197	400	300	145	125	100			用于曲轴、凸轮轴、水轮机主轴
	QT600-3			197~269	600	420	215	185	150			

注：① 表中所列疲劳极限 σ_{-1} 的计算公式为：碳钢 $\sigma_{-1}\approx0.43\sigma_B$；合金钢 $\sigma_{-1}\approx0.2(\sigma_b+\sigma_s)+100$；不锈钢 $\sigma_{-1}\approx0.27(\sigma_b+\sigma_s)$；球墨铸铁 $\sigma_{-1}\approx0.36\sigma_b$；$\tau_{-1}\approx0.31\sigma_b$。
② 当选用其他钢号时，许用弯曲应力 $[\sigma_{+1b}]$、$[\sigma_{0b}]$、$[\sigma_{-1b}]$ 的值可根据相应的 σ_b 选取。③ 剪切屈服极限 $\tau_s\approx(0.55\sim0.62)\sigma_s$。④ 等效系数 ψ：对于碳素钢 $\psi_\sigma=0.1\sim0.2$，$\psi_\tau=0.05\sim0.1$；对于合金钢，$\psi_\sigma=0.2\sim0.3$，$\psi_\tau=0.1\sim0.15$。

10.2　轴的结构设计

1. 轴的初估计算

轴径的初步估算常用如下两种方法。

1）按扭转强度初估轴径

这种估算方法假设轴只受转矩，根据轴上所受转矩估算轴的最小直径，并用降低许用剪应力的方法来考虑弯矩的影响。

由材料力学可知，受转矩作用的圆轴，其扭转强度条件为

$$\tau_T = \frac{T}{W_T} = \frac{9.55 \times 10^6 P}{0.2 d^3 n} \leqslant [\tau_T] \tag{10-1}$$

式中：τ_T、$[\tau_T]$ 为轴的扭转切应力和许用扭转切应力（MPa）；T 为轴所传递的扭矩（N·mm）；W_T 为轴的抗扭截面系数（mm^3），$W_T = \frac{\pi d^3}{16} \approx 0.2 d^3$；$P$ 为轴所传递的功率（kW）；d 为轴的直径（mm）；n 为轴的转速（r/min）。

由上式经整理得满足扭转强度的轴径估算式为

$$d \geqslant \sqrt[3]{\frac{9.55 \times 10^6}{0.2[\tau_T]}} \sqrt[3]{\frac{P}{n}} = C \sqrt[3]{\frac{P}{n}} \tag{10-2}$$

式中：C 为由轴的材料和承载情况确定的常数，其值可查表 10-2。

表 10-2　轴的几种材料的 C 值

轴的材料	Q235,20	Q275,35	45	40Cr、35SiMn、42SiMnMo、20CrMnTi
$[\tau_T]$/MPa	12～20	20～30	30～40	40～52
C	158～134	134～117	117～106	106～97

注：① 表中 $[\tau_T]$ 已考虑了弯矩对轴的影响。② 当弯矩相对于扭矩的影响较大及对轴的刚度要求较高时，C 取大值，例如圆柱齿轮减速器的高速轴、跨距较大的轴等；当弯矩相对于扭矩的影响较小时，C 取小值，例如圆柱齿轮减速器中的低速轴、跨距较小的轴等。③ 当用 Q235、Q275 及 35SiMn 时，C 取较大值。

按式（10-2）求得的轴径，一般作为轴的最小处的直径。如果该处有键槽，应考虑到键槽会削弱轴的强度。因此，若轴上有一个键槽，轴径应增大 5%，有两个键槽，应增大 10%，最后需将轴径圆整为整数。

2）按经验公式估算轴径

对一般减速器中的轴，也可用经验公式估算轴的最小直径。对于高速级输入轴，可按 $d_{min} = (0.8～1.2)D$ 估算（D 为电动机轴径）；相应各级低速轴的最小直径可按同级齿轮中心距 a 估算，$d_{min} = (0.3～0.4)a$。

2. 轴的结构

轴的结构设计就是使轴的各部分具有合理的形状和尺寸。其主要要求是：①轴应便于加工，轴上零件要易于装拆（制造安装要求）；②轴和轴上零件要有准确的工作位置（定位）；③各零件要牢固而可靠地相对固定（固定）；④改善受力状况，减小应力集中。

现以图 10-7 所示单级减速器的低速轴来说明轴的结构。

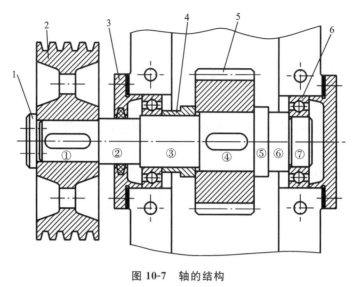

图 10-7　轴的结构

1—轴端挡圈；2—带轮；3—轴承盖；4—套筒；5—齿轮；6—滚动轴承

轴上支承旋转零件的部分称为轴头(如图中①、④)，其直径尺寸必须符合标准直径。被轴承支承的部分称为轴颈(图中③、⑦)，其直径尺寸必须符合轴承内径尺寸。连接轴颈和轴头的部分称为轴身(如图中②、⑥)。轴颈、轴头与轴上零件的配合要根据工作条件合理地确定，同时还要规定这些部分的表面粗糙度，这些技术条件对轴的运转性能影响很大。为使运转平稳，必要时还应对轴颈和轴头提出平行度和同轴度的要求。

1) 制造安装要求

如图 10-7 所示，齿轮、套筒、轴承盖及带轮均从左端进行装拆，滚动轴承从右端装拆。因此，轴的直径一般是从两端向中间逐段增大，形成阶梯形的轴。

有配合要求的部位，如装滚动轴承、齿轮等处，为了装拆方便和减少配合表面擦伤，零件装拆时所经过的各段轴径都要小于零件的孔径。图 10-7 中，齿轮在装拆时所需经过的轴段为①、②、③，这些轴段的直径均小于齿轮的孔径。为了保证零件轴向定位可靠，安装齿轮、带轮的轴段长度应比零件轮毂的长度短 2～3 mm，图中①、④的长度短于相应轮毂长度。定位滚动轴承处的轴肩高度应低于轴承内圈，以便拆卸轴承。

为了便于加工及尽量减少应力集中，轴各段直径变化应尽可能减少，轴径变化处应加工成圆角，过渡圆角半径应尽量相同；各键槽的槽宽应尽量统一，并布置在轴上的同一母线上，如图 10-7 中轴段①、④的键槽。为了便于装拆零件，轴端应有 45°倒角。

轴上需要磨削加工的表面，一般应制出砂轮越程槽，以利磨削加工，如图 10-7 中⑥与⑦的交界处的砂轮越程槽。轴上需要加工螺纹处应有螺纹退刀槽。

在满足使用要求的情况下，轴的形状和尺寸应力求简单，以便于加工。

2) 轴上零件的定位和固定

为了防止轴上零件受力时发生沿轴向或周向的相对移动，轴上零件除了有游动或空转要求者外，都必须进行轴向和周向定位，以保证其准确的工作位置。

零件的定位分为周向定位和轴向定位。周向定位的目的是限制轴上零件与轴发生相对转动,常用的周向定位零件有平键、花键、销、紧定螺钉以及过盈配合等,其中紧定螺钉只用在传力不大之处。轴向定位的目的是防止零件工作时发生轴向相对移动,轴上零件的轴向定位是以轴肩、套筒、轴端挡圈、轴承端盖和圆螺母等来保证的。

阶梯轴上截面变化处称为轴肩,轴肩宽度 b 较小时称为轴环。轴肩分为定位轴肩和过渡轴肩。定位轴肩起轴向定位作用,在图 10-7 中,④、⑤间的轴肩使齿轮轴向定位,①、②间的轴肩使带轮定位,⑥、⑦间的轴肩使右端滚动轴承定位。过渡轴肩主要出于轴上零件安装和拆卸上的需要,在图 10-7 中,②、③之间和③、④之间的轴肩就是过渡轴肩,它的作用是便于轴上零件(轴承和齿轮)的装卸,区分不同精度的加工区域以降低加工成本。为了减少应力集中,轴肩过渡要做成圆角。当轴肩处装有零件时,为了保证零件能靠紧轴肩定位,轴上的圆角半径 r 应小于零件孔的倒角 C 或零件的圆角 R,即 $r<C<h$、$r<R<h$,一般取定位轴肩高度 $h=(0.07-0.1)d$,轴环宽度 $b\leqslant1.4h$,如图 10-8 所示。

当两个零件相隔间距不大,可用套筒来定位,如图 10-9 所示。这种方法定位可靠,轴的结构简化,应力集中得到改善,但套筒与轴的配合较松,不宜用于高速轴。

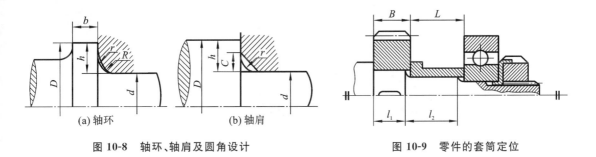

图 10-8　轴环、轴肩及圆角设计　　　　　　　　图 10-9　零件的套筒定位

为防止零件在运转中因振动或受力的作用而改变工作位置,轴上零件定位以后还需要进行可靠的固定。常用的轴向固定方法如图 10-10 所示。锁紧挡圈用紧定螺钉固定在轴上(图 10-10(a)),在轴上零件两侧各用一个挡圈(图 10-10(c))时,可任意调整轴上零件的位置。轴向力不大时,也可采用弹性挡圈固定(图 10-10(b)),但挡圈槽会削弱轴的强度。当轴上零件一边采用轴肩定位时,另一边可采用套筒固定(图 10-10(d)),以便于装拆;如果套筒过长,则可采用圆螺母来固定轴上零件,圆螺母固定可承受大的轴向力。采用圆螺母固定时,轴上切制螺纹处有较大的应力集中,故常用于轴端零件固定,如图 10-10(e);轴端挡圈常用于轴端零件的固定,如图 10-10(f)、(g);圆锥形轴头对中性好,常用于转速较高的轴,与轴端挡圈一起固定轴上零件,如图 10-10(h)。

当采用键连接进行周向固定时,为了便于加工,各轴段的键槽应设计在同一加工直线上,并尽可能采用同一规格的键槽截面尺寸,以减少工件的装夹次数和换刀次数。

3. 提高轴的强度与刚度的措施

1) 改善轴的受力情况

合理布置轴上零件,改善轴的受力情况,可提高轴的强度。如图 10-11 所示起重卷筒的两种结构方案中,图(a)的方案是大齿轮和卷筒做成一体,扭矩经大齿轮直接传给卷筒,卷筒轴只受弯矩而不受扭矩;而图(b)的方案是大齿轮将扭矩通过轴传到卷筒,因而卷筒轴既受弯矩又受扭矩。在同样的载荷 F 作用下,图(a)中轴的直径显然可比图(b)中的轴的直径小。如图

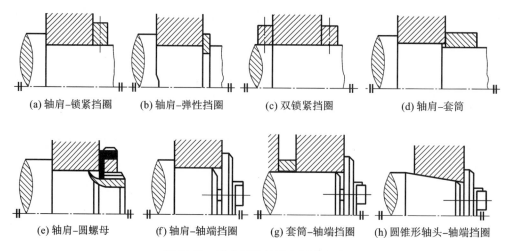

(a) 轴肩–锁紧挡圈   (b) 轴肩–弹性挡圈   (c) 双锁紧挡圈   (d) 轴肩–套筒

(e) 轴肩–圆螺母   (f) 轴肩–轴端挡圈   (g) 套筒–轴端挡圈   (h) 圆锥形轴头–轴端挡圈

图 10-10   轴上零件的轴向固定方法

10-12 所示的两种布置方案,输入扭矩为 $T_1 = T_2 + T_3 + T_4$,轴所受最大扭矩为轴各轮按图 10-12(a)的布置方式,上 $T_2 + T_3 + T_4$;若改为图 10-12(b)的布置方式,最大扭矩仅为 $T_3 + T_4$。

轴演示动画

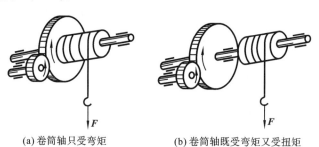

(a) 卷筒轴只受弯矩   (b) 卷筒轴既受弯矩又受扭矩

图 10-11   起重卷筒的两种结构方案

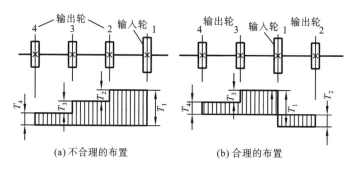

(a) 不合理的布置   (b) 合理的布置

图 10-12   轴的两种布置方案

2) 减小轴的应力集中,提高轴的疲劳强度

改善轴受力状况的另一方面是减小应力集中。合金钢对应力集中比较敏感,尤其需要加以注意。轴通常是在变应力条件下工作的,轴肩的过渡截面、轮毂与轴的配合、键槽及有小孔的截面各处,都会产生应力集中(图 10-13),导致轴的疲劳破坏。为了减小应力集中,阶梯轴的相邻截面变化不要太大,轴肩过渡圆角半径不要太小。如果结构上不宜增大圆角半径,可采用卸载槽(图 10-14(a))、肩环(图 10-14(b))、凹切圆角(图 10-14(c))等结构。

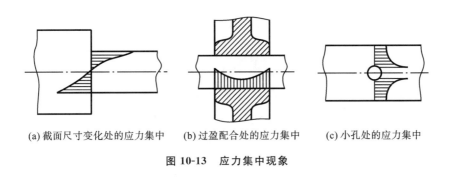

(a) 截面尺寸变化处的应力集中　　(b) 过盈配合处的应力集中　　(c) 小孔处的应力集中

图 10-13　应力集中现象

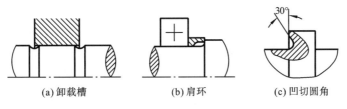

(a) 卸载槽　　　　　　　　　(b) 肩环　　　　　　　　　(c) 凹切圆角

图 10-14　减小应力集中的措施

3）采用力平衡或局部互相抵消的方法减小轴的载荷

若一根轴上安装有两个斜齿圆柱齿轮，则可以合理确定轮齿的螺旋方向，使轴向力互相抵消一部分。

4）改进轴的表面质量，提高轴的疲劳强度

越粗糙的表面，其疲劳强度也越低，因此，设计时应合理减小轴的表面及圆角处的加工粗糙度值。采用对应力集中甚为敏感的高强度材料制作轴时，表面质量尤应予以注意。

对轴的表面进行强化处理，可提高轴的疲劳强度。其主要方法有表面高频淬火、表面渗碳、碳氮共渗、渗氮、碾压、喷丸等。此外，必须减少材料的内部缺陷，对重要的轴要经过探伤检验。

5）提高轴的刚度

在满足机器零件相互位置尺寸要求的前提下，为提高轴的刚度，轴在支承间的跨度应尽量小；悬臂布置的工作件其悬臂尺寸应尽量缩短。

10.3　轴的强度计算

对于一般用途的轴，按当量弯矩校核轴径可作为轴的精确强度验算方法。下面仅介绍按当量弯矩进行轴的强度验算的方法。

完成传动零件的受力分析和轴的结构设计后，即可确定轴上载荷的大小、方向及作用点和轴的支点位置，从而可求出支承反力，画出弯矩图和扭矩图，这时可按当量弯矩校核轴径。

由弯矩图和扭矩图可初步判断某些危险截面（即当量弯矩大或有应力集中或截面直径相对较小的截面）。对于一般钢制的轴，可用第三强度理论，其强度条件为

$$\sigma_c = \sqrt{\sigma_b^2 + 4\tau_T^2} \leqslant [\sigma_b] \tag{10-3}$$

对于实心圆轴 $\sigma_b = \dfrac{M}{W}$、$\tau_T = \dfrac{T}{W_T}$，上式变为

$$\sigma_c = \sqrt{\left(\frac{M}{W}\right)^2 + 4\left(\frac{T}{W_T}\right)^2} \leqslant [\sigma_{-1b}] \tag{10-4}$$

式中：σ_c 为当量应力(MPa)；M 为轴危险截面的弯矩(N·mm)；T 为轴危险截面的扭矩(N·mm)；W 为轴的抗弯截面系数(mm^3)，对实心圆轴 $W = \pi d^3/32$；W_T 为轴的抗扭截面系数(mm^3)，对实心圆轴，$W_T = \pi d^3/16$；$[\sigma_b]$ 为许用弯曲应力(MPa)。

由于 $W_T = 2W$，则式(10-4)又可写成

$$\sigma_c = \frac{\sqrt{M^2 + T^2}}{W} = \frac{M_c}{W} \leqslant [\sigma_b] \tag{10-5}$$

其中，$M_c = \sqrt{M^2 + T^2}$，称为计算弯矩，或称为当量弯矩。

对于一般的转轴，由弯矩所产生的弯曲应力通常是对称循环变应力，而由扭矩所产生的扭剪应力往往是非对称循环变应力，因此在求计算弯矩时，必须考虑这种应力循环特性差异对轴疲劳强度的影响，于是将扭矩 T 转化为相当于对称循环时的当量弯矩。而将式(10-5)修正为

$$\sigma_c = \frac{M_c}{W} = \frac{\sqrt{M^2 + (\alpha T)^2}}{W} \leqslant [\sigma_{-1b}] \tag{10-6}$$

式中：α 为考虑扭矩性质的应力校正系数。对于不变的扭矩，取 $\alpha = \dfrac{[\sigma_{-1b}]}{[\sigma_{+1b}]} \approx 0.3$；对于受脉动循环变化的扭矩，取 $\alpha = \dfrac{[\sigma_{-1b}]}{[\sigma_{0b}]} \approx 0.6$；对于受对称循环变化的扭矩，取 $\alpha = \dfrac{[\sigma_{-1b}]}{[\sigma_{-1b}]} \approx 1$。$[\sigma_{-1b}]$、$[\sigma_{0b}]$、$[\sigma_{+1b}]$ 分别为对称循环、脉动循环、静应力状态下的许用弯曲应力，其值查表 10-1。应该说明，所谓不变的扭矩只是一个理论值，实际上机器运转时常有扭转振动的存在，故为安全计，单向回转的轴常按受脉动扭矩计算，双向回转的轴常按受对称循环的扭矩计算。

由式(10-6)且取 $W = 0.1d^3$ 时得到轴直径的设计式为

$$d \geqslant \sqrt[3]{\frac{M_c}{0.1[\sigma_{-1b}]}} \tag{10-7}$$

对于有键槽的截面，应将计算出来的轴径 d 加大 5% 左右。

对于重要的轴，还需要进行精确的安全系数校核。其计算方法可参阅有关资料。

10.4　轴设计的实例分析

轴的设计包括结构设计和强度计算两部分内容。下面通过典型实例对轴的设计的具体方法和步骤进行分析。

例 10-1 设计带式运输机中单级斜齿轮减速器的输出轴。齿轮减速器的简图如图 10-15 所示。输入轴与电动机相连，输出轴与工作机相连。已知电动机功率 $P = 25\ \text{kW}$，转速 $n_1 = 970\ \text{r/min}$，齿数比 $u = 3.95$，齿轮机构的参数列于表 10-3 中。

解 (1)选择轴的材料。

该轴无特殊要求，因而选用调质处理的 45 钢，由表 10-1 知，$\sigma_b = 640\ \text{MPa}$。

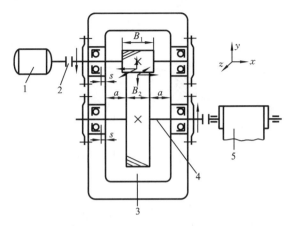

图 10-15　齿轮减速器简图(图中 a 取为 10~20 mm；s 取 5~10 mm)

1—电动机；2—联轴器；3—减速器；4—低速轴；5—输送带

表 10-3　例 10-1 中齿轮机构的参数

z_1	z_2	m_n/mm	β	α	h_a^*	齿宽/mm
20	79	4	$8°6'34''$	$20°$	1	$B_1=85,B_2=80$

（2）求输出轴的功率 P、转速 n 及扭矩 T。

输出轴的功率 P_2 为

$$P_2 = P\eta_1\eta_2\eta_3 = 25 \times 0.99 \times 0.99 \times 0.98 \text{ kW} = 24 \text{ kW}$$

其中 η_1 为联轴器的机械效率，取 0.99；η_2 为滚动轴承效率，取 0.99；η_3 为齿轮啮合效率，取 0.98。

输出轴的转速 n_2 为

$$n_2 = n_1/u = 970/3.95 \text{ r/min} = 245.6 \text{ r/min}$$

则输出轴扭矩 T_2 为

$$T_2 = 9.55 \times 10^3 \frac{P_2}{n_2} = 9.55 \times 10^3 \times \frac{24}{245.6} \text{ N} \cdot \text{m} = 933.2 \text{ N} \cdot \text{m}$$

（3）初步估算轴的最小直径 d_{min}。

查表 10-2，45 钢取 $C=110$，根据式（10-2）得

$$d_{min} \geqslant C\sqrt[3]{\frac{P}{n}} = 110\sqrt[3]{\frac{24}{245.6}} \text{ mm} = 50.7 \text{ mm}$$

轴的最小直径处是安装的联轴器，由于安装联轴器处有一个键槽，轴径应增加 5%，则 d_{min} = 53.2 mm。

为使所选轴径与联轴器孔径相适应，需同时选择联轴器。从设计手册上查得选用 HL4 $\frac{JC55 \times 84}{YA55 \times 112}$（GB/T 5014—2003）型弹性柱销联轴器，该联轴器传递的公称转矩 $T_n=1250$ N·m；故轴径 $d_1=55$ mm，半联轴器的长度 $L=112$ mm，与轴配合部分的长度 $L_1=84$ mm。

（4）轴的结构设计。

① 拟定轴上零件的装配方案。

根据减速器的安装要求，图 10-15 中给出了减速器中主要零件的相互位置关系。圆柱齿轮端面距箱体内壁的距离 a，滚动轴承内侧端面与箱体内壁间的距离 s（用以考虑箱体的铸造误差）等，设计时选择合适的尺寸确定轴上主要零件的相互位置，如图 10-16(a)。图 10-16(b)

所示为输出轴的装配方案。圆柱齿轮、套筒、右端轴承及轴承盖和联轴器依次由轴的右端装入;而左端轴承从轴的左端装入。

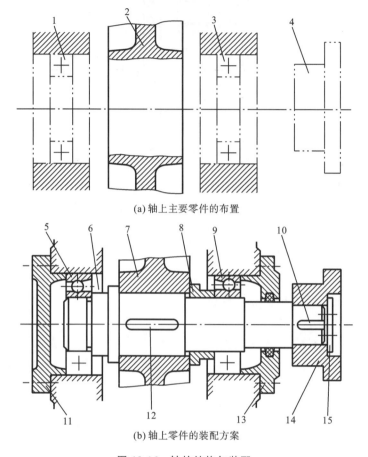

(a)轴上主要零件的布置

(b)轴上零件的装配方案

图 10-16　轴的结构与装配

1、3、5、9—滚动轴承;2、7—大齿轮;4、14—联轴器;6—轴肩;

8—套筒;10、12—键槽;11、13—轴承盖;15—压板

② 根据轴向定位的要求确定轴的各段直径和长度。

轴的结构见图 10-17,轴的各段直径和长度见表 10-4。

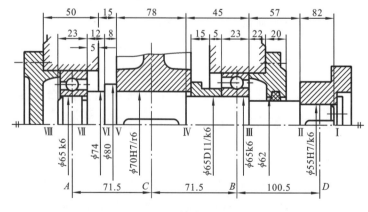

图 10-17　轴的结构设计

表 10-4　例 10-1 题中轴的各段直径和长度

轴段位置	轴段直径和长度	说　　明
装联轴器段 I-II	$d_{I-II}=55$	已在前面步骤(3)中说明
	$l_{I-II}=82$	由于半联轴器与轴配合部分的长度 $L=84$,为保证轴端压板压紧联轴器,而不会压在轴的端面上,故 l_{I-II} 略小于 L,取 $l_{I-II}=82$
装右轴承端盖轴段 II-III	$d_{II-III}=62$	联轴器的左端用轴肩定位,故取 $d_{II-III}=62$
	$l_{II-III}=57$	轴承处箱体凸缘宽度,应按箱盖与箱座连接螺栓尺寸及结构要求确定,暂取宽度为 50 mm;轴承盖的宽度取为 20 mm;轴承盖与联轴器间的距离取为 15 mm,则 $l_{II-III}=57$
装轴承轴段 III-IV VII-VIII	$d_{III-IV}=d_{VII-VIII}=65$	这两段直径由滚动轴承内孔决定。由于斜齿圆柱齿轮有轴向力及 $d_{II-III}=62$,初选 7213C 角接触球轴承,其尺寸 $d×D×B=65×120×23$,故 $d_{III-IV}=d_{VII-VIII}=65$(III 处为非定位轴肩)
	$l_{III-IV}=45$	滚动轴承的宽度 $B=23$,轴承距箱体内壁 $s=5\sim10$,取 5,箱体内壁与齿轮的距离 $a=10\sim20$,取 15,大齿轮轮毂与装配轴段的长度差为 2,故 $l_{III-IV}=23+5+15+2=45$
	$l_{VII-VIII}=23$	轴段 VII-VIII 的长度,即为滚动轴承的宽度 $B=23$
装齿轮轴段 IV-V	$d_{IV-V}=70$	考虑齿轮装拆方便,应使 $d_{IV-V}>d_{III-IV}=65$,取 $d_{IV-V}=70$
	$l_{IV-V}=78$	由齿轮轮毂宽度 $B_2=80$ 决定,为保证套筒紧靠齿轮左端使齿轮轴向固定,l_{IV-V} 应略小于 B_2,故取 $l_{IV-V}=78$
轴环段 V-VI	$d_{V-VI}=80$	考虑齿轮的左端用轴环进行轴向定位,故取 $d_{V-VI}=80$
	$l_{V-VI}=8$	轴环的宽度一般为轴肩的 1.4 倍,即 $l_{V-VI}=1.4h=1.4×(80-70)/2=7$,取 $l_{V-VI}=8$
自由段 VI-VII	$d_{VI-VII}=74$	左轴承的右端用轴肩定位,查手册由 7213C 轴承得轴肩处安装尺寸 $d_a=74$,取 $d_{VI-VII}=74$
	$l_{VI-VII}=12$	齿轮与箱体内壁的距离 $a=15$,轴承与箱体内壁的距离 $s=5$,所以 $l_{VI-VII}=a+s-l_{V-VI}=15+5-8=12$

注:表中尺寸数字单位均为 mm。

③ 轴上零件的周向定位。

齿轮、半联轴器与轴的周向定位均采用平键连接。根据轴的直径由有关设计手册查得齿轮、半联轴器处的键截面尺寸分别为 $b×h=16$ mm$×10$ mm 和 $b×h=20$ mm$×12$ mm(GB 1096—2003),键槽用键槽铣刀加工,长度均为 70 mm。齿轮、半联轴器与轴的配合分别为 H7/r6 和 H7/k6;滚动轴承与轴的周向定位是靠过盈配合来保证的,采用基孔制,轴的尺寸公差为 k6。

④ 考虑轴的结构工艺性。

考虑轴的结构工艺性,轴端倒角取 $C=2$ mm。为便于加工,齿轮、半联轴器处的键槽布置在同一母线上。

(5)轴的强度验算。

先作出轴的受力计算简图即力学模型,如图 10-18(a)所示,取集中载荷作用于齿轮及轴承的中点。

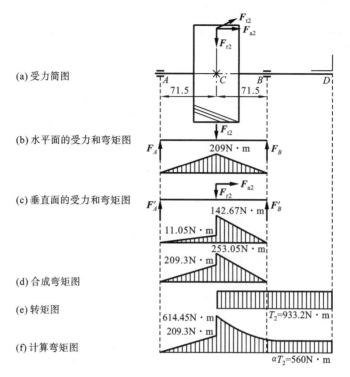

(a) 受力简图

(b) 水平面的受力和弯矩图

(c) 垂直面的受力和弯矩图

(d) 合成弯矩图

(e) 转矩图

(f) 计算弯矩图

图 10-18　轴的强度计算

① 齿轮上作用力的大小。

圆周力　　$F_{t2} = \dfrac{2T_2}{d_2} = \dfrac{2T_2\cos\beta}{m_n z_2} = \dfrac{2 \times 933200 \times \cos8°6'34''}{4 \times 79}$ N $= 5847$ N

径向力　　　　　　$F_{r2} = \dfrac{F_{t2}\tan\alpha_n}{\cos\beta} = \dfrac{5847 \times \tan20°}{\cos8°6'34''}$ N $= 2150$ N

轴向力　　　　　　$F_{a2} = F_{t2}\tan\beta = 5847 \times \tan8°6'34''$ N $= 833$ N

圆周力 F_{t2}、径向力 F_{r2} 及轴向力 F_{a2} 的方向如图 10-18(a)所示。

② 求轴承的支反力。

水平面上支反力　　　　$F_A = F_B = \dfrac{F_{t2}}{2} = \dfrac{5847}{2}$ N $= 2923.5$ N

垂直面上的支反力

$$F'_A = \dfrac{-F_{a2}\dfrac{d_2}{2} + F_{r2} \times 71.5}{71.5 + 71.5} = \dfrac{-833 \times \dfrac{4 \times 79}{2} + 2150 \times 71.5}{143} \text{ N} = 154.6 \text{ N}$$

$$F'_B = F_{r2} - F'_A = (2150 - 154.6) \text{ N} = 1995.4 \text{ N}$$

③ 画弯矩图。

弯矩图见图 10-18(b)、(c)、(d)。

截面 C 处的弯矩为

水平面上的弯矩　　$M_C = 71.5F_A \times 10^{-3} = 71.5 \times 2923.5 \times 10^{-3}$ N·m $= 209$ N·m

垂直面上的弯矩　　$M'_{C1} = 71.5F'_A \times 10^{-3} = 71.5 \times 154.6 \times 10^{-3}$ N·m $= 11.05$ N·m

$$M'_{C2} = \left(71.5F'_A + F_{a2} \times \dfrac{d_2}{2}\right) \times 10^{-3}$$

$$= \left(71.5 \times 154.6 + 833 \times \dfrac{4 \times 79}{2}\right) \times 10^{-3} \text{ N·m} = 142.67 \text{ N·m}$$

或　　　$M'_{C2} = 71.5 F'_B \times 10^{-3} = 71.5 \times 1995.4 \times 10^{-3} \text{ N} \cdot \text{m} = 142.67 \text{ N} \cdot \text{m}$

合成弯矩　$M_{C1} = \sqrt{M_C^2 + M_{C1}^2} = \sqrt{209^2 + 11.05^2} \text{ N} \cdot \text{m} = 209.3 \text{ N} \cdot \text{m}$

　　　　　　$M_{C2} = \sqrt{M_C^2 + M_{C2}^2} = \sqrt{209^2 + 142.67^2} \text{ N} \cdot \text{m} = 253.05 \text{ N} \cdot \text{m}$

④ 画扭矩图,如图 10-18(e)所示。

$$T_2 = 933.2 \text{ N} \cdot \text{m}$$

⑤ 画计算弯矩图,如图 10-18(f)所示。

因单向回转,视扭矩为脉动循环,$\alpha = \dfrac{[\sigma_{-1b}]}{[\sigma_{0b}]} \approx 0.6$,则截面 C 处的当量弯矩为

$$M'_{eC1} = \sqrt{M_{C1}^2 + (\alpha T_2)^2} = M_{C1} = 209.3 \text{ N} \cdot \text{m}$$

$$M'_{eC2} = \sqrt{M_{C2}^2 + (\alpha T_2)^2} = \sqrt{253.05^2 + (0.6 \times 933.2)^2} \text{ N} \cdot \text{m} = 614.45 \text{ N} \cdot \text{m}$$

(6)按弯扭合成应力校核轴的强度。

① 由图 10-18(f)可见截面 C 的当量弯矩最大,故截面 C 为可能的危险截面。已知 $M_C = M'_{eC2} = 614.45 \text{ N} \cdot \text{m}$,查表 10-1 得 $[\sigma_{-1b}] = 60 \text{ MPa}$,因此

$$\sigma_C = \frac{M_C}{W} = \frac{M_C}{0.1 d^3} = \frac{614.45 \times 10^3}{0.1 \times 70^3} \text{ MPa} = 17.9 \text{ MPa} < [\sigma_{-1b}]$$

② 截面 D 处虽仅受转矩,但其直径最小,则该截面亦为可能的危险截面。

$$M_D = \sqrt{(\alpha T_2)^2} = \alpha T_2 = 0.6 \times 933.2 \text{ N} \cdot \text{m} = 560 \text{ N} \cdot \text{m}$$

$$\sigma_D = \frac{M_D}{W} = \frac{M_D}{0.1 d^3} = \frac{560 \times 10^3}{0.1 \times 55^3} \text{ MPa} = 33.66 \text{ MPa} < [\sigma_{-1b}]$$

所以其强度足够。

10.5　联　轴　器

1. 联轴器的功用与分类

联轴器是用来连接不同机构中的两根轴,使之共同旋转以传递扭矩的机械零件。在高速重载的动力传动中,有些联轴器还有缓冲、减振和提高轴系动态性能的作用。联轴器由两半部分组成,分别与主动轴和从动轴连接。一般动力大都借助于联轴器与工作机相连接。

联轴器连接的两轴,由于制造误差、安装误差、承载后变形及温度变化的影响等,往往不能严格对中,而存在着一定的相对位移,如图 10-19 所示,这就要求联轴器在结构上采取不同的措施,使之适应一定范围的相对位移的性能。

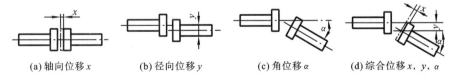

(a)轴向位移 x　　　(b)径向位移 y　　　(c)角位移 α　　　(d)综合位移 x, y, α

图 10-19　联轴器所连两轴相对位移

根据对各种相对位移有无补偿能力(即能否在发生相对位移的条件下保持连接的功能),联轴器分为刚性联轴器(无补偿能力)和挠性联轴器(有补偿能力)两大类。根据挠性联轴器是否具有弹性元件又可分为无弹性元件的挠性联轴器和有弹性元件的挠性联轴器两类。

下面介绍几种常用的联轴器。

1) 刚性联轴器

刚性联轴器中的连接元件由刚性材料制成,不能补偿两轴间的偏移和偏角,因此刚性联轴器用在两轴要求严格对中以及工作中无相对位移的场合。

(1) 套筒联轴器。

如图 10-20 所示的套筒联轴器是一种最简单的联轴器,由一个套筒和连接件(键或销)组成。

套筒联轴器结构简单,径向尺寸小,容易制造,但拆卸较困难,常用于两轴同轴度高、工作较平稳、无冲击载荷的场合。

(2) 凸缘联轴器。

凸缘联轴器(图 10-21)是由两个带毂的圆盘(又称半联轴器)和连接件(键和螺栓)组成的。两圆盘用螺栓连成一体,两圆盘又分别用键与轴相连。

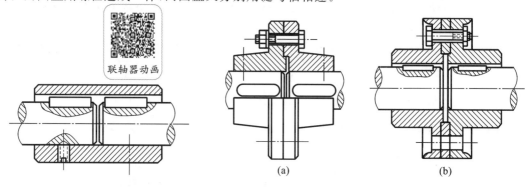

图 10-20　套筒联轴器　　　　　图 10-21　凸缘联轴器

凸缘联轴器结构简单,对中精确,能传递较大的扭矩,但被连接的两轴必须严格对中,不能缓冲和吸振,常用于振动不大、速度较低、两轴能很好对中的场合。

凸缘联轴器的结构分Ⅰ型和Ⅱ型两种。Ⅰ型(图 10-21(a))是利用两个半联轴器的凸肩和凹槽(D_1)对中,用普通螺栓连接,装拆时轴需作轴向移动,多用于不常拆卸的场合。Ⅱ型(图 10-21(b))是利用铰制孔螺栓对中,装拆较方便,但制造较麻烦,可用于经常装拆的场合。

2) 挠性联轴器

为了克服刚性联轴器的上述缺点,可采用挠性联轴器。挠性联轴器具有挠性,所以可以补偿两轴的相对位移。

(1) 无弹性元件的挠性联轴器。

因没有弹性元件,故不能缓冲减振,用于被连接两轴的轴线有偏差、倾斜或在工作中两轴有相对位移的场合。

① 十字滑块联轴器(图 10-22)是由端面开有凹槽的两个半联轴器 1、3 和一个两端具有凸块的中间圆盘 2 组成的。中间圆盘的两端凸块中线应相互垂直且通过圆盘中心,并分别与两个半联轴器的凹槽相嵌合。两个半联轴器分别和主、从动轴连接在一起。当轴转动时,如果两轴线不同心或偏斜,中间圆盘的凸块将在半联轴器的凹槽中滑动,以补偿两轴的相对位移。这种联轴器结构简单,径向尺寸小,但高速时中间圆盘的偏心将产生较大的离心力而加剧磨损,故一般用于工作平稳、有较大位移和低速(小于 250 r/min)大转矩的场合。为了减少滑动面间的摩擦和磨损,凹槽和凸块的工作面要淬硬,并且在凹槽和凸块的工作面间注入润滑油。

② 万向联轴器(图 10-23)主要是由两个分别固定在主、从动轴上的叉形接头 1、3 和一个十字接头 2 组成的。叉形接头和十字接头是用销钉连接的。

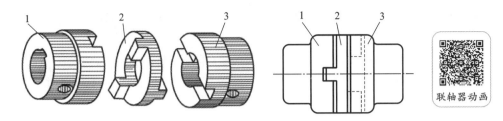

图 10-22　十字滑块联轴器

1—半联轴器；2—中间盘；3—半联轴器

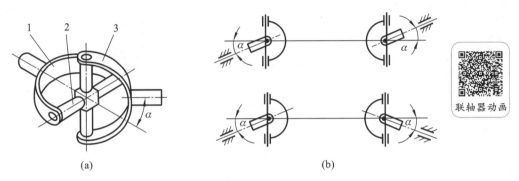

(a)　　　　　　　　　　　　　　　　　　(b)

图 10-23　万向联轴器

1、3—叉形接头；2—十字接头

万向联轴器可用于相交轴间的连接或工作时有较大角位移的场合。在实际使用中，若单用一个铰链联轴器，从动轴的转速是不均匀的。为消除这一缺点，万向联轴器常成对使用，其安装位置如图 10-23（b）所示。

万向联轴器主要应用于轧机主传动和辅机传动，也适用于起重、矿山、工程、车辆运输、石油、船舶、造纸机械及其他重型机械行业。

③ 齿式联轴器（图 10-24）由两个具有外齿的半联轴器 1 和用螺栓连接起来的具有内齿的外壳 2 组成。两个半联轴器分别和主动轴、从动轴相连接，两个外壳的凸缘用螺栓相连。壳内存有润滑油，联轴器旋转时将油甩向四周，润滑啮合轮齿，减小啮合轮齿间的摩擦和相对移动阻力，降低作用在轴和轴承上的附加载荷。齿式联轴器工作时，依靠内外轮齿啮合来传递转矩。由于半联轴器的外齿齿顶加工成球面（球面中心应位于轴线上），且使啮合齿间具有较大的齿侧间隙，从而使它具有良好的补偿两轴任何方向位移的能力。如果将外齿轮修成鼓形齿，如图 10-24 所示，则更有利于增加联轴器的补偿综合位移的能力。

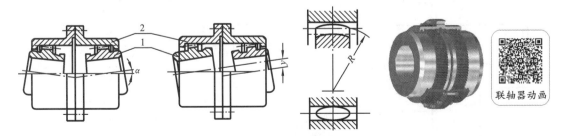

图 10-24　齿式联轴器

1—半联轴器；2—外壳

齿式联轴器同时啮合的齿多，承载能力大，并允许有较大的偏移量，安装精度要求不高，外廓尺寸较紧凑,可靠性高,但结构复杂,质量较大,制造成本高,通常在高速重载的重型机械中应用较广。

④ 滚子链联轴器(图 10-25)是利用一公共滚子链(单排或双排)同时与两个轮齿数相同的并列链轮相啮合以实现两个半联轴器的连接。为了改善润滑条件并防止污染,一般都将联轴器密封在罩壳内。

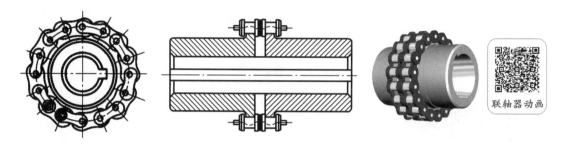

图 10-25　滚子链联轴器

该联轴器结构简单,尺寸紧凑,质量小,装拆方便,维修容易并具有一定的位移补偿和缓冲能力,且在恶劣环境下(如高温、潮湿、多尘、油污等)也能工作,成本低。但若离心力过大会加速各元件间的磨损和发热,不宜用于高速、频繁启动或立轴传动以及强烈冲击的场合。

(2) 有弹性元件的挠性联轴器。

这类联轴器包含有各种弹性零件的组成部分,其补偿制造及安装误差的能力较上述无弹性元件的挠性联轴器小,但具有较好的缓冲与减振能力。

① 弹性套柱销联轴器(图 10-26)在结构上和凸缘联轴器很近似,但是两个半联轴器的连接不用螺栓,而是用带橡胶弹性套的柱销,

这种联轴器制造容易,装拆方便,成本较低;但弹性套容易磨损,寿命较短。它适用于连接载荷平稳、常需正反转或启动频繁、传递中小转矩的轴。如电动机、水泵中轴的连接,可获得较好的缓冲减振效果。

② 弹性柱销联轴器(图 10-27)的结构与上述弹性套柱销联轴器的相似,只是用尼龙柱销代替了弹性套与钢制柱销,其性能及用途与弹性套柱销联轴器的相同。由于结构简单,制造容易,维护方便,所以常用它来代替弹性套柱销联轴器。

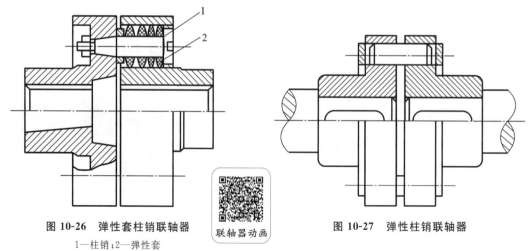

图 10-26　弹性套柱销联轴器
1—柱销;2—弹性套

图 10-27　弹性柱销联轴器

③ 轮胎式联轴器的结构如图 10-28 所示,两个半联轴器 4 分别用键与轴相连,1 为橡胶制成的特型轮胎,用压板 2 及螺钉 3 把轮胎 1 紧压在左右两个半联轴器上,通过轮胎传递转矩。

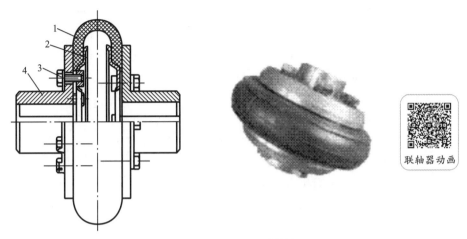

图 10-28　轮胎式联轴器

1—特型轮胎;2—压板;3—螺钉;4—联轴器

轮胎式联轴器是高弹性联轴器,柔性、阻尼大,具备较强的吸收冲击振动的能力,而且结构简单紧凑、安装方便、使用可靠、弹性大、寿命长、不需润滑、免维护,但径向尺寸大,附加轴向载荷大,这种联轴器可用于潮湿多尘、冲击载荷大、正反转多变、启动频繁、振动冲击性机械场合。

有弹性元件的挠性联轴器还有梅花形联轴器、星形弹性联轴器、整圈橡胶弹性联轴器、弹性块联轴器等多种形式,可参考有关资料。

2. 联轴器的选择

联轴器大多已标准化,因此设计时主要解决联轴器类型和型号的合理选择问题。

1) 联轴器类型的选择

联轴器类型的选择主要是根据机器的工作特点和性能要求来进行。一般情况下,对载荷平稳、无相对位移两轴的连接可选用刚性联轴器,反之应选用挠性联轴器。对高速轴,一般应选用挠性联轴器。

2) 联轴器型号的确定

在确定类型之后,可根据计算转矩、转速、轴的结构及尺寸等确定联轴器型号和尺寸,一般情况不需要对联轴器进行强度计算。

计算转矩的确定:

$$T_{ca} = K_A T$$

式中:T_{ca} 为计算转矩(N・m);K_A 为工况系数,见表 10-5;T 为名义转矩(N・m)。

表 10-5　工况系数 K_A

工　作　机	K_A			
	原动机			
	电动机、汽轮机	四缸和四缸以上内燃机	双缸内燃机	单缸内燃机
转矩变化很小(如小型发电机、通风机、离心泵)	1.3	1.5	1.8	2.2
转矩变化较小(如透平压缩机、木工机床、运输机)	1.5	1.7	2.0	2.4

续表

工作机	K_A			
	原动机			
	电动机、汽轮机	四缸和四缸以上内燃机	双缸内燃机	单缸内燃机
转矩变化中等(如搅拌机、增压泵、压缩机、冲床)	1.7	1.9	2.2	2.6
转矩变化中等且有冲击(如织布机、水泥搅拌机、拖拉机)	1.9	2.1	2.4	2.8
转矩变化和冲击载荷较大(如造纸机、挖掘机、起重机、碎石机)	2.3	2.5	2.8	3.2
转矩变化大且有强烈冲击(如压延机、活塞泵、重型初轧机)	3.1	3.3	3.6	4.0

根据已知的转速 n、计算转矩 T_{ca}、轴颈 d、空间尺寸和性能要求以及价格,可从标准或手册中选择使用的联轴器,所选型号必须同时满足

$$T_{ca} \leqslant [T], \quad n \leqslant n_{max}$$

式中:$[T]$ 为该型号联轴器的许用转矩(N·m);n_{max} 为该型号联轴器所允许的最高转速(r/min)。

如果所需要的联轴器没有相应标准规格可供选用,一般需要自行设计。设计可参照类似形式的联轴器,对联轴器的主要零件应进行强度、耐磨性计算和校核。其校核内容及方法可参照有关设计手册。

思考与练习

学习指导

学习课件

10-1 在机械中,轴的功能是什么?按照所受的载荷和应力的不同,轴可分为几种类型?各有何特点?试分析自行车的前轴、中轴和后轴的受载,说明它们各属于哪一类轴。

10-2 设计轴应该考虑哪些问题?

10-3 轴上零件为什么需要轴向固定和周向固定?试说明其定位的方法及特点。

10-4 在齿轮减速器中,为什么低速轴的直径要比高速轴粗得多?

10-5 如果一根由碳钢制造的轴刚度不够,是否可以改为采用合金钢轴以提高其刚度?

10-6 常见的轴为什么多为阶梯轴?其优点是什么?一根轴有多少个阶梯和各部分直径是如何确定的?

10-7 刚性联轴器与挠性联轴器有何差异?它们各适用于什么场合?

10-8 固定式联轴器适用于哪些场合?有什么优缺点?

10-9 凸缘式联轴器有哪两种对中方法?试比较其优缺点。

10-10 设计某搅拌机用的单级斜齿圆柱齿轮减速器中的低速轴(包括选择两端的轴承及外伸端的联轴器),如图 10-29 所示。已知电动机功率 $P=4$ kW,转速 $n_1=750$ r/min,低速轴的转速 $n_2=130$ r/min,大齿轮节圆直径 $d'_2=300$ mm,宽度 $B_2=90$ mm,轮齿螺旋角 $\beta=12°$,法面压力角 $\alpha=20°$。要求:

(1) 完成轴的全部结构设计;

(2) 根据弯扭合成理论验算轴的强度。

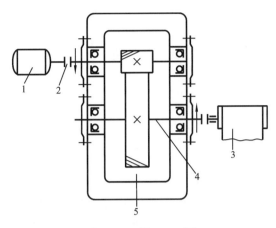

图 10-29　题 10-10 图

1—电动机；2—联轴器；3—输送带；4—低速轴；5—减速器

10-11 指出图 10-30 所示结构不合理之处并绘出正确的结构图。

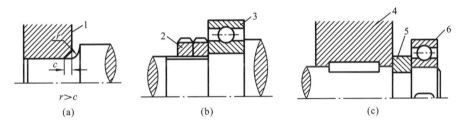

(a)　　　　　　　　　(b)　　　　　　　　　(c)

图 10-30　题 10-11 图

1—端面；2—圆螺母；3、6—轴承；4—齿轮；5—套筒

10-12 指出图 10-31 所示的轴系结构中的错误，并提出改进意见。

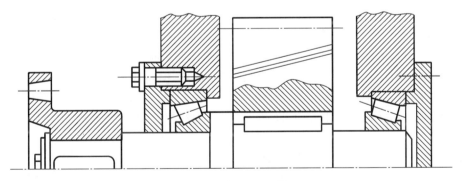

图 10-31　题 10-12 图

第 11 章 轴   承

学 习 导 引

中国是世界上最早发明轴承的国家之一。据史籍记载,早在 4500 多年前,传说黄帝就制作和使用了车子。明代科学家宋应星所著《天工开物》介绍了一种"南方独推车",车轮转动时,车轴就在轴承孔内转动,其中轴承起着支承轴的作用。公元 1280 年(元朝)在中国古代的天文仪器上也使用了圆柱滚动轴承的支承。尽管历史上中国在滚动轴承技术领域曾走在世界文明的前列,但在旧中国轴承工业却十分落后。新中国成立后,特别是 20 世纪 70 年代以来,在改革开放政策的强大推动下,我国轴承工业进入了一个崭新的高质快速发展时期。

11.1 轴承的分类

轴承的作用是支承轴及轴上的零件、保持轴的旋转精度和减少转轴与支承之间摩擦和磨损的部件。

轴承根据摩擦性质的不同分为滑动轴承和滚动轴承。轴承按轴承承受载荷的方向,又可分为承受径向载荷的向心轴承、承受轴向载荷的推力轴承和既受径向载荷又受轴向载荷的向心推力轴承。

滑动轴承按工作表面摩擦状态的不同可分为非液体摩擦轴承和液体摩擦轴承。非液体摩擦是在轴颈和轴瓦的表面之间形成一层极薄的润滑油膜,使轴颈和轴瓦表面有一部分隔开,但还有一部分直接接触。这时,滑动面的摩擦大为减轻,一般滑动轴承中的摩擦都处于这种状态。液体摩擦是在轴颈和轴瓦的表面之间形成一层较厚的油膜,将滑动表面完全隔开,所以摩擦系数很小,一般仅为 $0.001 \sim 0.008$,这是一种理想的润滑状态,它使滑动表面之间的摩擦和磨损降到很小的程度。滑动轴承承载能力高、抗振性好、噪声小、寿命长,在高速、高精度、重载、结构上要求剖分等场合下占有重要地位,因而在汽轮机、离心式压缩机、内燃机、大型电机中广泛应用。此外,在低速而带有冲击的机器,如水泥搅拌机、滚筒清砂机、破碎机等中也采用滑动轴承。

滚动轴承是机械中广泛应用的部件之一,它主要依靠元件之间的滚动接触来支承转动零件。与滑动轴承相比,滚动轴承具有旋转精度高、效率高、摩擦力小、启动灵活、润滑简便、拆装方便、互换性好等优点,而且它已经标准化,设计、使用、润滑、维护都很方便,因此在一般机器中应用较广。其缺点是抗冲击能力差,工作时有噪声,工作寿命不及液体摩擦滑动轴承。

下面首先介绍滑动轴承的设计计算。

11.2 滑动轴承的结构形式和材料

1. 滑动轴承的结构类型

滑动轴承按其承受载荷的方向不同,可分为向心(或径向)滑动轴承(承受径向载荷)、推力

(或轴向)滑动轴承(承受轴向载荷)、向心推力轴承(同时承受径向载荷和轴向载荷)。

1) 向心滑动轴承

向心滑动轴承有整体式、剖分式、调心式等。

(1) 整体式向心滑动轴承。

图 11-1 所示的是整体式向心滑动轴承。它由轴承座和整体式轴瓦组成,轴承座上设有安装润滑油杯的螺纹孔,在轴瓦上开有油孔并在轴套的内表面上开有油沟。这种轴承的优点是结构简单、成本低廉;它的缺点是轴套磨损后,轴承间隙无法调整。另外,只能从轴颈端部装拆,对于质量大的轴或具有中间轴颈的轴,装拆很不方便,甚至无法装拆。所以这种轴承多用在低速、轻载或间歇性工作的机器中。

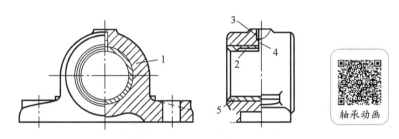

图 11-1　整体式向心滑动轴承

1—轴承座;2—油沟;3—油杯螺纹孔;4—油孔;5—轴瓦

(2) 剖分式向心滑动轴承。

剖分式向心滑动轴承由轴承座、轴承盖、剖分式轴瓦和双头螺柱等组成,如图 11-2 所示,这种轴承装拆方便,剖分面常做成阶梯形的定位止口,以便对中和防止横向错动。轴承盖应当适度压紧轴瓦,使轴瓦不能在轴承孔中转动;剖分面间放有垫片,主要是在轴瓦磨损后,可以通过调整剖分面处垫片的厚度来调整轴承间隙。轴承盖上部也开有螺纹孔,用以安装油杯。剖分式的轴瓦通常由下轴瓦承受载荷。为了节省贵重金属或其他需要,常在轴瓦内表面上浇注一层轴承衬。在轴瓦内壁非承载区开设油槽,润滑油通过油孔和油槽流进轴承间隙。轴承剖分面最好与载荷方向近似垂直,多数轴承的剖分面是水平的(图 11-2(a)),也有做成倾斜的(图 11-2(b))。

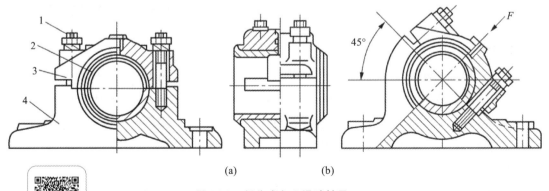

(a)　　　　　(b)

图 11-2　剖分式向心滑动轴承

1—双头螺柱;2—部分轴瓦;3—轴承盖;4—轴承座

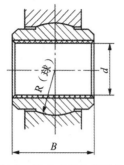

图 11-3　调心式向心滑动轴承

（3）自动调心式向心滑动轴承。

自动调心式向心滑动轴承如图 11-3 所示。轴瓦外表面做成球面形状，与轴承盖及轴承座的球状内表面相配合，轴心线偏斜时，轴瓦可自动调位以适应轴径在轴弯曲时所产生的偏斜，避免轴颈与轴瓦的局部磨损。

滑动轴承中轴承宽度 B 与轴颈直径 d 之比 B/d 称为宽径比。对于 $B/d > 1.5$ 的轴承，当出现轴的刚度较小、两轴承座孔难以保证同心、轴弯曲变形或轴孔倾斜时，易造成轴颈与轴瓦端部的局部接触，引起剧烈的磨损和发热，这时就可采用自动调心轴承。

2）推力滑动轴承

推力滑动轴承主要应用于受轴向载荷的场合，常见的推力滑动轴承轴颈形状如图 11-4 所示。

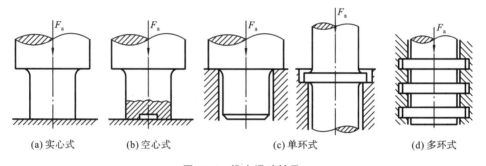

(a)实心式　　　(b)空心式　　　(c)单环式　　　(d)多环式

图 11-4　推力滑动轴承

（1）实心式：支承面上压强分布极不均匀，轴心处部分压强极大，线速度为零，对润滑很不利，端面推力轴颈工作时轴心与边缘磨损不均匀，使用较少。

（2）空心式：空心端面推力轴颈和环状轴颈部分弥补了实心端面推力轴颈的不足，支承面上压强分布较均匀，润滑条件有所改善，得到普遍采用。

（3）单环式：利用轴环的端面止推，结构简单，润滑方便，广泛用于低速轻载场合。

（4）多环式：特点同单环式推力滑动轴承，可承受较单环式推力滑动轴承更大的载荷，也能承受双向轴向载荷。

对于尺寸较大的平面推力轴承，为了改善轴承的性能，便于形成液体摩擦状态，可设计成多油楔形状结构。

2. 轴瓦结构

轴瓦在轴承中直接与轴颈接触，其结构是否合理对轴承的承载能力及使用寿命影响较大。为了改善轴瓦表面的摩擦性质，常在其内径面上浇铸一层或两层减摩材料，通常称为轴承衬，所以轴瓦又分双金属轴瓦和三金属轴瓦。在浇注轴承衬时，为使轴承衬贴附牢固，常在轴瓦内表面上制出各种形式的榫头、凹沟或螺纹，如图 11-5 所示。

轴瓦有剖分式和整体式两种结构。

（1）整体式轴瓦。整体式轴瓦（图 11-6（a））通常称为轴套，分为光滑轴套（一般不带油沟）和带纵向油槽的轴套两种形式。光滑轴套构造简单，用于轻载、低速或不经常转动和不重要的场合；带纵向油槽的轴套便于向工作面供油，应用比较广泛。

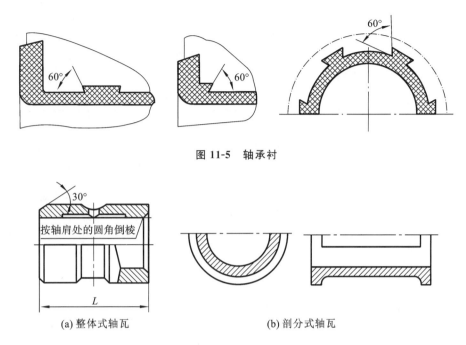

图 11-5　轴承衬

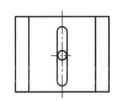

(a) 整体式轴瓦

(b) 剖分式轴瓦

图 11-6　整体式轴瓦与剖分式轴瓦

（2）剖分式轴瓦。剖分式轴瓦（图 11-6(b)）由上、下两半轴瓦组成。通常下轴瓦承受载荷，上轴瓦不承受载荷。上轴瓦开有油沟和油孔，润滑油由油孔输入后，经油沟分布到整个轴瓦表面上。油沟开设的形式有轴向和周向两种，如图 11-7 所示。油孔油沟的开设原则如下：润滑油应从油膜压力最小处输入轴承；油沟开在非承载区，否则会降低油膜的承载能力；油沟轴向不能开通，以免油从油沟端部大量流失；水平安装轴承的油沟开半周，不要延伸到非承载区，全周油沟应开在轴承端高处。油沟开设的目的是使润滑油沿轴向均匀分布，同时起到储油、稳定供油和改善轴承散热条件的作用。油沟开在非承载区，若轴颈经常正反转，也可在两侧开设。

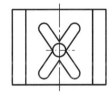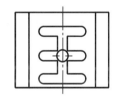

图 11-7　油沟的开设形式

3. 滑动轴承的材料

滑动轴承材料是轴瓦和轴承衬材料的统称。由于轴瓦或轴承衬与轴颈直接接触，一般轴颈部分比较耐磨，因此轴瓦的主要失效形式是磨损、胶合和疲劳破坏。轴瓦的磨损与轴颈的材料、轴瓦自身材料、润滑剂和润滑状态直接相关。对轴瓦材料的基本要求有：良好的减摩性、耐磨性、抗胶合性；良好的顺应性、嵌入性和跑合性；良好的导热性、热稳定性；具有足够的强度；对润滑油有较强的吸附能力；耐腐蚀和便于加工等。轴瓦的材料可以由一种材料组成，也可以在高强度材料的基本表面浇注或压合一层或两层减摩材料。两种或两种以上的材料组合在一起，可在性能上取长补短。将黏附上去的薄层材料称为轴承衬，轴承衬的厚度随轴承的直径而定。

　　轴承材料分为三大类:金属材料,如轴承合金、铜合金、铝基合金和铸铁等;多孔质金属材料;非金属材料,如工程塑料、碳-石墨等。常用的轴瓦和轴承衬材料分为金属材料和非金属材料两大类,其主要特性见表 11-1。

表 11-1　常用轴承材料及其主要特性

材　料　名　称		主　要　特　性
灰铸铁		灰铸铁中的游离石墨能起润滑作用,但性脆、磨合性差。耐磨灰铸铁由于石墨细小而均匀分布,耐磨性较好,适用于轻载低速的场合
轴承合金 (通称巴氏合金或白合金)		锡基轴承合金的摩擦系数小,抗胶合能力良好,对润滑油的吸附能力强,耐腐蚀性好,易磨合,适用于高速、重载的滑动轴承;铅基轴承合金的性能较前者脆,不宜承受冲击载荷,适用于中速、中载的滑动轴承。两种轴承合金的强度均较低,熔点亦较低(适用于低于 150 ℃的工况),且价格较贵,一般用作金属轴瓦的表层材料
铜合金	铸造青铜	强度高,承载能力大,耐磨性和导热性均优于轴承合金,高温工作性能好(可达 250 ℃),但可塑性差,不易磨合,与之相配的轴颈必须淬硬,适用于中速重载、中速中载和低速重载的滑动轴承
	铸造黄铜	减摩性能和强度都不如铸造青铜,但价廉,适用于轻载低速的滑动轴承
铝基合金		强度高,耐磨性和导热性良好,但要求轴颈表面有高的硬度和低的表面粗糙度,轴承的间隙也要稍大一些
陶质金属		有自润性,磨合性也较好,但韧度较小。青铜-石墨的陶质金属的化学稳定性好,可用于高速场合。铁-石墨的陶质金属易产生胶合和生锈,但价廉。可采用大量生产的加工方法制成尺寸比较准确的陶质金属的整体轴套,以部分地代替滚动轴承和青铜轴套
塑料		耐磨性好,对润滑油的吸附能力强,摩擦系数小,耐腐蚀,价廉,但导热性差,易变形

　　常用金属轴承材料的性能见表 11-2。常用非金属轴承材料和多孔质金属轴承材料的性能可参阅机械设计手册。

表 11-2　常用金属轴承材料的性能

轴承 材料	牌号	最大许用值			最高工作温度/℃	轴颈硬度/HBS	性能比较			
		$[p]$/MPa	$[v]$/(m/s)	$[pv]$/(MPa·m/s)			抗胶合性	顺应性嵌入性	耐腐蚀性	疲劳强度
锡基轴承合金	ZSnSb11Cu6 ZSnSb8Cu4	平稳载荷			150	150	1	1	1	5
		25	80	20						
		冲击载荷								
		20	60	15						

续表

轴承材料	牌号	最大许用值			最高工作温度/℃	轴颈硬度/HBS	性能比较			
		$[p]$/MPa	$[v]$/(m/s)	$[pv]$/(MPa·m/s)			抗胶合性	顺应性嵌入性	耐腐蚀性	疲劳强度
铅基轴承合金	ZPbSb16Sn16Cu2	15	12	10	150	150	1	1	3	5
	ZPbSb15Sn5Cu3Cd2	5	8	5						
锡青铜	ZCuSn10P	15	10	15	280	300～400	3	5	1	1
	ZCuSb5Sn5Zn5	8	3	15						
铅青铜	ZCuPb30	25	12	30	280	300	3	4	4	2
铝青铜	ZCuAl10Fe3	15	4	12	280	300	5	5	5	2
铝基轴承合金	2％铝锡合金	28～35	14	—	140	300	4	3	1	2
耐磨铸铁	HT300	0.1～6	3～0.75	0.3～4.5	150	<150	4	5	1	1
灰铸铁	HT150～HT250	1～4	2～0.5	—	—	—	4	5	1	1

4. 滑动轴承的润滑

滑动轴承在工作时由于轴颈与轴瓦的接触会产生摩擦,导致表面发热、磨损甚至"咬死",因此在设计滑动轴承时,应选择合适的润滑剂,并采用合适的润滑方式改善轴承的结构,以确保轴承有良好的工作性能和耐久的寿命。这是设计滑动轴承的一个重要环节。

1) 润滑剂

滑动轴承常用润滑油作为润滑剂,轴颈圆周速度较低时可用润滑脂,在速度特别高时可用气体润滑剂(如空气),当工作温度特高或特低时可使用固体润滑剂。

(1) 润滑油。

润滑油是主要的润滑剂,选择时主要考虑油的黏度和润滑性(油性)。由于润滑性尚无定量指标,故通常按黏度来选择。黏度表征液体流动的内摩擦性能,黏度越大,流动性越差。黏度随温度升高而降低,随压力升高而增大,但压力不高时变化很小,可忽略不计。润滑油选择的一般原则是:低速、重载、工作温度高时选较高黏度的润滑油,反之可选用较低黏度的润滑油。具体选择时可按轴承压强、滑动速度和工作温度选用。关于滑动轴承润滑油牌号的选取可参阅有关资料。

(2) 润滑脂。

润滑脂是用矿物油、各种稠化剂与水调和而成的。润滑脂的稠度(用针入度表示)大,承载能力大,但物理和化学性质不稳定,不宜在温度变化大的条件下使用,多用于工作要求不高、难以经常供油的滑动轴承。

选择润滑脂的一般原则是:

① 低速、重载时应选用针入度小的润滑脂,反之则选用针入度大的润滑脂;

② 所选用润滑脂的滴点一般应高于轴承工作温度 20～30 ℃或更高;

③ 在潮湿或有水淋的环境下,应选用抗水性好的钙基或锂基润滑脂;

④ 温度高时应选用耐热性好的钠基或锂基润滑脂。

具体选用时可按轴承压强、滑动速度和工作温度选用。

(3) 固体与气体润滑剂。

固体润滑剂可以在摩擦表面形成固体膜以减小摩擦阻力,一般在重载条件下,或在高温工作条件下使用,有石墨、二硫化钼和聚四氟乙烯等多种品种。气体润滑剂常用空气,多用于高速及不能使用润滑油或润滑脂处。

2) 润滑方式选择

为了获得良好的润滑,除了要正确选择润滑剂外,同时还要考虑合适的润滑方法和相应的润滑装置。润滑方式有连续润滑和间歇润滑。

(1) 连续润滑。对于比较重要的轴承应采用连续供油润滑方式,主要有以下几种:

① 滴油润滑。采用针阀式油杯(图 11-8(a))或芯捻式油杯(图 11-8(b))向润滑部位滴油。这种装置能使润滑油连续而均匀地供应,但是不宜调节供油量,在机器停车时仍供应润滑油,不适用于高速轴承。

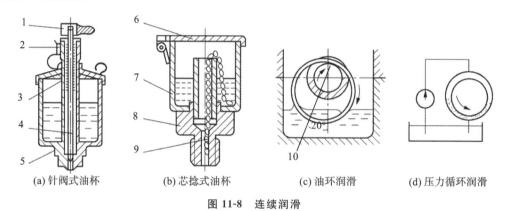

(a) 针阀式油杯　　(b) 芯捻式油杯　　(c) 油环润滑　　(d) 压力循环润滑

图 11-8　连续润滑

1—手柄;2—调节螺母;3—弹簧;4—针阀;5、7—杯体;6—盖;8—接头;9—油芯;10—油环

② 油环润滑。如图 11-8(c),在轴颈上套有油环,油环浸在油池中,轴颈转动时带动油环回转,从而将油带到轴颈表面进行润滑,轴颈的转速不宜过高或过低,否则油会被甩掉或带不起来。油环润滑一般适用于转速为 100~2000 r/min 范围内的水平轴。在水泥设备中,常采用油勺润滑装置,油勺随轴一起转动,并不断从油池中取油浇到润滑部位。

③ 飞溅润滑。利用转动件将油池中的油溅起成油滴或油雾直接润滑轴承,适用于较高速度的机器设备。

④ 压力循环润滑。如图 11-8(d),利用油泵使循环系统的润滑油达到一定压力后输送到轴承中。这种供油润滑方式供油充分、润滑可靠、冷却效果好,但润滑装置结构比较复杂,费用高。压力循环润滑多用于高速、重载和重要的滑动轴承中,利用油泵、阀及供油管,可通过计算机实现集中控制供油。

(2) 间歇供油。对于低速和间歇工作的轴承,采用间歇供油润滑方式。为了不使污物进入轴承,在油孔上应加装压配式压注油杯(图 11-9(a))、旋套式油杯(图 11-9(b))、针阀式油杯(图 11-8(a))。脂润滑只能采用间歇供油,图 11-9(c)所示的旋盖式油脂杯是应用最广泛的,杯中装满润滑脂后,旋动上盖即可将润滑脂挤入轴承中。有时也用油枪向轴承补充润滑脂。

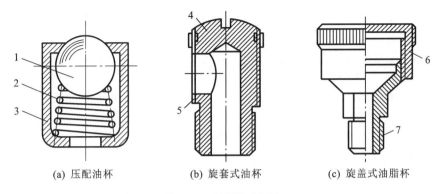

(a) 压配油杯   (b) 旋套式油杯   (c) 旋盖式油脂杯

图 11-9 间歇供油润滑

1—钢球；2—弹簧；3、5、7—杯体；4—旋套；6—杯盖

滑动轴承的润滑方式可根据系数 K 值的大小进行选择：

$$K = \sqrt{pv^3} \tag{11-1}$$

式中：p 为轴承的平均压强（MPa）；v 为轴颈的圆周速度（m/s）。

当 $K \leqslant 2$ 时，如用脂润滑，采用旋盖式油杯手工加油，如用润滑油润滑，采用压配式油杯或旋套式油杯要定期加油；$K = 2 \sim 16$ 时，采用针阀式油杯润滑或芯捻式油杯润滑；$K = 16 \sim 32$ 时，采用油环、油浴或飞溅润滑（需用水冷却）；$K > 32$ 时，采用压力供油润滑。

11.3 滚动轴承的类型和代号

常用的滚动轴承绝大多数已经标准化，并由专业工厂大量制造及供应各种常用规格的轴承。因而本章只讨论根据具体工作条件正确选择轴承的类型和计算所需的尺寸，以及与轴承的安装、调整、润滑、密封等有关的"轴承组合设计"问题。

1. 滚动轴承的结构

滚动轴承的基本结构如图 11-10 所示，它由外圈 1、内圈 2、滚动体 3 和保持架 4 四部分组成。内圈用来和轴颈装配，外圈用来和轴承座装配。通常是内圈随轴颈回转，外圈固定，但也可用于外圈回转而内圈不动，或是内、外圈同时回转的场合。当内、外圈相对转动时，滚动体即在内、外圈的滚道间滚动。常用滚动体的类型如图 11-11 所示，有球（图(a)）、圆柱滚子（图(b)）、圆锥滚子（图(c)）、滚针（图(d)）、球面滚子（图(e)）等几种。轴承内、外圈上的滚道有限制滚动体侧向位移的作用。

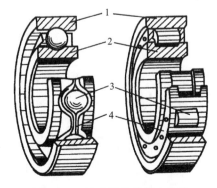

图 11-10 滚动轴承的基本结构

1—外圈；2—内圈；3—滚动体；4—保持架

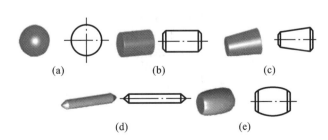

(a)   (b)   (c)

(d)   (e)

图 11-11 滚动体的类型

保持架的主要作用是均匀地隔开滚动体。如果没有保持架,则相邻滚动体转动时将会由于接触处产生较大的相对滑动速度而引起磨损。保持架有冲压的和实体的两种。冲压保持架一般用低碳钢冲压制成,它与滚动体间有较大的间隙。实体保持架常用铜合金、铝合金或塑料经切削加工制成,有较好的定心作用。

内圈、外圈和滚动体的材料通常采用强度高、耐磨性好的专用钢材,如高碳铬轴承钢、渗碳轴承钢等,淬火后硬度应达到 $61\sim65$ HRC,滚动体和滚道表面要求磨削抛光。保持架常选用减摩性较好的材料,如铜合金、铝合金、低碳钢及工程塑料等。近年来,塑料保持架的应用日益广泛。

2. 滚动轴承的主要类型

滚动轴承按所能承受的载荷方向主要分为向心轴承和推力轴承两大类。前者主要承受径向载荷,后者主要承受轴向载荷。滚动体与外圈接触处的法线与垂直于轴承轴心线的平面间的夹角称为轴承的公称接触角,用 α 表示。它是滚动轴承重要的几何参数,α 越大,轴承承受轴向载荷的能力越大。按公称接触角 α 的不同轴承的分类如表 11-3 所示。

表 11-3　滚动轴承的分类

轴承类型	向心轴承		推力轴承	
	径向接触轴承	角接触轴承	角接触轴承	轴向接触轴承
公称接触角 α	$\alpha=0°$	$0°<\alpha<45°$	$45°<\alpha<90°$	$\alpha=90°$
轴承举例	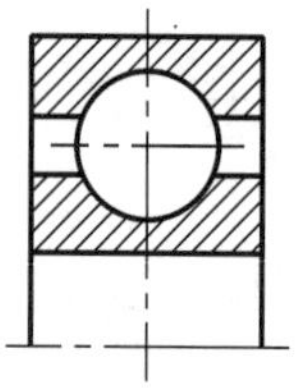	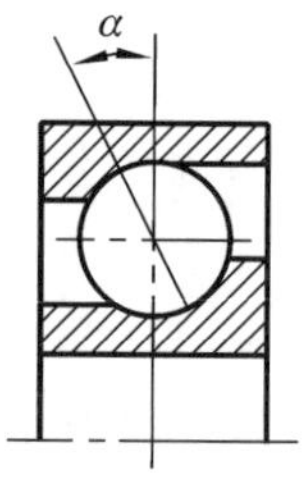	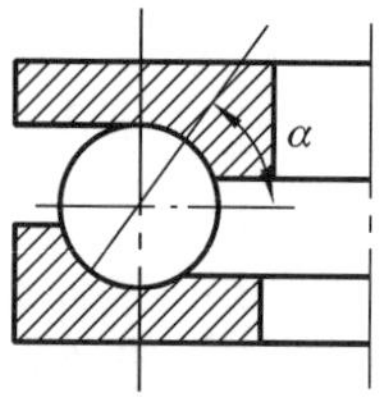	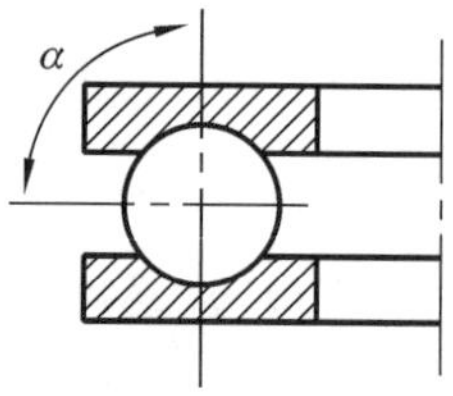
	深沟球轴承	角接触球轴承	推力角接触球轴承	单向推力球轴承

为满足机械各种工况的要求,滚动轴承有很多类型,表 11-4 列出了常用滚动轴承的类型及主要性能。

表 11-4　常用滚动轴承的类型及主要性能

轴承类型及代号	结构简图	载荷方向	极限转速	允许偏斜角	性能和应用
调心球轴承 10000	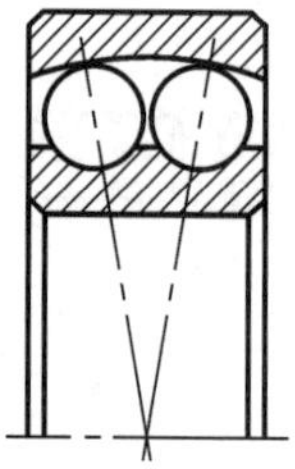		中	3°	主要承受径向载荷和较小的轴向载荷。外圈内表面为球面,故具有调心性能。适用于刚度小、对中性差的轴以及多支点的轴

续表

轴承类型及代号	结 构 简 图	载 荷 方 向	极限转速	允许偏斜角	性能和应用
调心滚子轴承 20000			低	2°～5°	性能同调心球轴承,但具有较大的承载能力。适用于其他类轴承不能胜任的重载荷场合,如轧钢机、破碎机、吊车走轮
圆锥滚子轴承 30000 $\alpha=10°～18°$; 30000B $\alpha=27°～30°$			中	2′	能同时承受较大的径向载荷和轴向载荷,内外圈可分离,装拆方便,一般成对使用。适用于刚度大、载荷大的轴,应用广泛
推力球轴承 50000	单向(51000) 双向(52000)		低	不允许	只能承受轴向载荷,轴线必须与轴承底座面垂直,极限转速低。一般与径向轴承组合使用;当仅承受轴向载荷时,可单独使用,如用于起重机吊钩等
深沟球轴承 60000			高	8′	主要承受径向载荷及较小的轴向载荷,极限转速高。适用于转速高、刚度大的轴,常用于中、小功率的轴

轴承类型及代号	结 构 简 图	载 荷 方 向	极限转速	允许偏斜角	性能和应用
角接触球轴承 70000	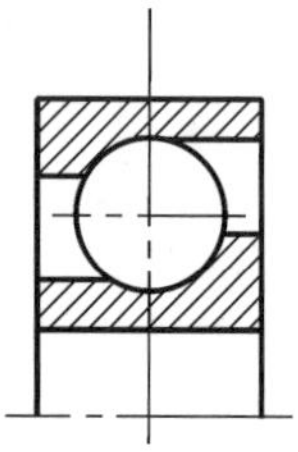		较高	2′～8′	能同时承受径向、轴向载荷,接触角 α 越大,轴向承载能力也越大,一般成对使用。适用于刚度较大、跨度不大、转速高的轴
圆柱滚子轴承 N0000	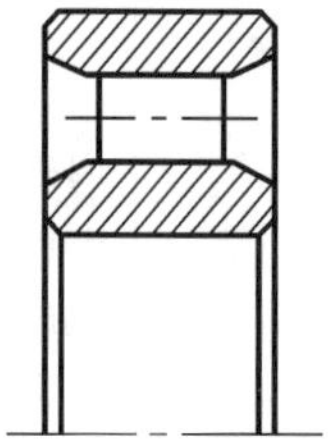		较高	2′～4′	能承受大的径向载荷,不能承受轴向载荷,内、外圈可分离。其结构形式有外圈无挡边(N)、内圈无挡边(NU)、外圈单挡边(NF)、内圈单挡边(NJ)等
滚针轴承 NA0000	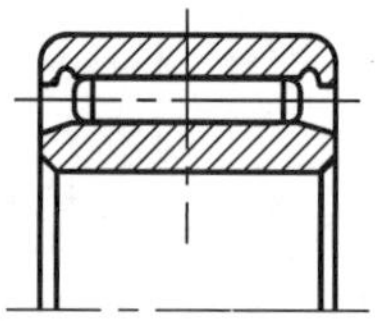		低	不允许	只能承受径向载荷,承载能力大,径向尺寸特小。带内圈或不带内圈,一般无保持架,因而滚针间有摩擦,轴承极限转速低。这类轴承不允许有角偏差

3. 滚动轴承的代号

常用滚动轴承代号由基本代号、前置代号和后置代号组成,见表11-5。

表 11-5　滚动轴承代号的构成

前置代号	基 本 代 号					后 置 代 号	
	五	四	三	二	一	内部结构代号	公差等级代号
轴承分部件代号	类型代号	尺寸系列代号		内径代号		密封与防尘结构代号	游隙代号
		宽(高)度系列代号	直径系列代号			保持架及材料代号	多轴承配置代号
						特殊轴承材料代号	其他代号

1) 基本代号

基本代号用来表示滚动轴承的类型、结构和尺寸等主要特征,是轴承代号的核心。由内径代号、尺寸系列代号及类型代号组成,按顺序自右向左依次排列,见表11-5。

（1）内径代号：用基本代号右起第一、二位数字表示，常用轴承内径的表示方法见表 11-6。其他轴承内径的表示方法可参阅轴承手册。

表 11-6　滚动轴承内径代号

内 径 代 号	00	01	02	03	04～99
轴承的内径/mm	10	12	15	17	代号数×5

（2）尺寸系列代号是轴承的直径系列代号和宽（高）度系列代号的组合代号，见表 11-7。右起第三位的直径系列是指内径相同的同类型轴承在外径和宽度方面的变化系列。右起第四位的宽度系列是指结构、内径和直径系列都相同的轴承在宽度方面的变化系列，高度系列是指内径相同的轴向接触轴承在高度方面的变化系列。

表 11-7　轴承尺寸系列代号

代　　号	7	8	9	0	1	2	3	4	5	6
宽度系列	—	特窄	—	窄	正常	宽	特宽			
高度系列	特低	—	低	—	正常	正常	—			
直径系列	超特轻		超轻		特轻		轻	中	重	—

注：①表中"—"表示不存在此种组合；②宽度系列代号为 0 时可略去（2、3 类轴承除外）。

（3）轴承类型代号：用基本代号右起第五位数字或字母表示，代号及意义见表 11-4。

2）前置代号

前置代号和后置代号是轴承在结构形状、尺寸、公差、技术要求等有改变时，在基本代号左、右添加的补充代号。

轴承的前置代号表示成套轴承分部件的代号，用字母表示。例如：L 表示可分离轴承的内圈和外圈；K 表示滚子和保持架组件等。其代号及含义可查阅机械设计手册。

3）后置代号

后置代号共有 8 组，用字母（或加数字）表示，具体表示内容见表 11-5。常用的轴承内部结构及公差等级代号见表 11-8 及表 11-9。

表 11-8　内部结构代号

代　　号	含　　义	示　　例
C	角接触球轴承　公称接触角 $\alpha=15°$	7210C
	调心滚子轴承　C 型	23122C
AC	角接触球轴承　公称接触角 $\alpha=25°$	7210AC
B	角接触球轴承　公称接触角 $\alpha=40°$	7210B
	圆锥滚子轴承　接触角加大	32310B
E	加强型（内部结构设计改进，增加了轴承承载能力）	NU207E

表 11-9　公差等级代号

代　　号	省略	/P6	/P6x	/P5	/P4	/P2
公差等级	0 级	6 级	6x 级	5 级	4 级	2 级
示例	6203	6203/P6	30210/P6x	6203/P5	6203/P4	6203/P2

注：0 级最低（称为普通级），一般可省略，2 级最高，6x 级仅用于 2、3 类轴承。

例 11-1 说明轴承代号 7315AC/P6、30208/P6x、6215、51205 的含义。

解

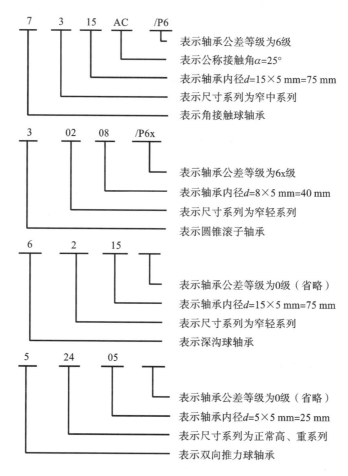

表示轴承公差等级为6级
表示公称接触角$\alpha=25°$
表示轴承内径$d=15\times5\ mm=75\ mm$
表示尺寸系列为窄中系列
表示角接触球轴承

表示轴承公差等级为6x级
表示轴承内径$d=8\times5\ mm=40\ mm$
表示尺寸系列为窄轻系列
表示圆锥滚子轴承

表示轴承公差等级为0级（省略）
表示轴承内径$d=15\times5\ mm=75\ mm$
表示尺寸系列为窄轻系列
表示深沟球轴承

表示轴承公差等级为0级（省略）
表示轴承内径$d=5\times5\ mm=25\ mm$
表示尺寸系列为正常高、重系列
表示双向推力球轴承

11.4 滚动轴承的寿命及选择计算

1. 滚动轴承的类型选择

选择滚动轴承的类型,应考虑轴承所承受载荷的性质、转速的高低、调心性能要求、轴承的装拆以及经济性等。

1）轴承的载荷

载荷较大且有冲击时,宜选用滚子轴承;载荷较轻且冲击较小时,选球轴承;同时承受径向和轴向载荷时,若轴向载荷相对较小,可选用深沟球轴承或接触角较小的角接触球轴承;若轴向载荷相对较大,应选接触角较大的角接触球轴承或圆锥滚子轴承。

2）轴承转速

轴承的工作转速应低于其极限转速。球轴承(推力球轴承除外)较滚子轴承极限转速高。当转速较高时,应优先选用球轴承。在同类型轴承中,直径系列中外径较小的轴承,宜用于高速;外径较大的轴承,宜用于低速。

3）轴承调心性能

当轴的弯曲变形大、跨距大、轴承座刚度低,或多支点轴及剖分的轴承座在安装难以对中时,应选用调心轴承。

4)轴承的安装

对需经常装拆的轴承或支承长轴的轴承,为了便于装拆,宜选用内外圈可分离轴承,如N0000、NA0000、30000 等。

5)经济性

特殊结构轴承比一般结构轴承价格高;滚子轴承比球轴承价格高;同型号而不同公差等级的轴承,价格差别很大。所以,在满足使用要求的情况下,应先选用球轴承和 0 级(普通级)公差轴承。

2. 滚动轴承的失效形式及计算准则

滚动轴承在通过轴心线的轴向载荷 F_A 作用下,可认为各滚动体所承受的载荷是相等的。当轴承受纯径向载荷 F_R 作用时,如图 11-12,情况就不同了。假设在 F_R 的作用下,内外圈不变形,那么内圈沿 F_R 方向下降一距离 δ_0,上半圈滚动体不承载,而下半圈各滚动体承受不同的载荷(由于各接触点上的弹性变形量不同)。处于 F_R 作用线最下位置的滚动体承载最大,而远离作用线的各滚动体,其承载就逐渐减小。对于 $\alpha = 0°$ 的向心轴承,可以导出

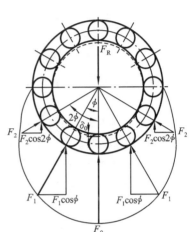

$$F_{max} = F_0 \approx \frac{5F_R}{z}$$

图 11-12　径向载荷的分布

式中:z 为轴承的滚动体的总数。

1)滚动轴承的失效形式

在安装、润滑、维护良好条件下工作的轴承,由于受到周期性变化的应力作用,滚动体与滚道接触表面会产生疲劳点蚀,此时,会产生强烈的振动、噪声和发热,使轴承的旋转精度降低,致使轴承失效。一般转速($n > 10$ r/min)轴承的主要失效形式为疲劳点蚀。

对于转速很低或间歇摆动的轴承,在过大的静载荷或冲击载荷的作用下,轴承元件接触处的局部会产生塑性变形。

轴承设计、装配、润滑、密封、维护不当等,可能导致轴承过度磨损、胶合、内外套圈断裂、滚动体和保持架破裂等失效形式。

2)滚动轴承的设计准则

为保证轴承正常工作,应针对其主要失效形式进行计算。对一般转动的轴承,疲劳点蚀是其主要失效形式,故应进行寿命计算。

对于摆动或转速极低($n \leqslant 10$ r/min)的轴承,塑性变形是其主要失效形式,故应进行静强度计算。

3. 滚动轴承的寿命计算

1)滚动轴承的寿命和基本额定寿命

单个轴承中的任一元件出现疲劳点蚀前,轴承转动的总转数或工作的小时数称为该轴承的寿命。

由于材质和热处理的不均匀及制造误差等因素,即使是同一型号、同一批生产的轴承,在同样条件下工作,其寿命也各不相同。图 11-13 为试验所得的轴承寿命分布曲线,可以看出,

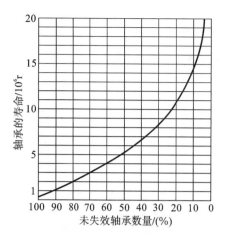

图 11-13　轴承寿命分布曲线

轴承寿命呈现很大的离散性,最高寿命与最低寿命可相差几十倍。为此,引入一种在概率条件下的基本额定寿命作为轴承计算的依据。

轴承的基本额定寿命是指一组相同的轴承,在相同条件下运转,其中 90% 的轴承不发生点蚀破坏前的总转数 L_{10}(单位为 10^6 转)或一定转速下的工作小时数,即可靠度 $R=90\%$(或失效概率 $R_S=10\%$)时的轴承寿命。

2)滚动轴承的基本额定动载荷

轴承的寿命与所受载荷的大小有关,当轴承的基本额定寿命 $L_{10}=1\times10^6$ 转时,轴承所能承受的载荷为基本额定动载荷,用 C 表示。各种型号轴承的 C 值可从轴承手册中查取。基本额定动载荷对于径向轴承是指纯径向载荷,称为径向基本额定动载荷,用 C_r 表示;对于推力轴承是指纯轴向载荷,称为轴向基本额定动载荷,用 C_a 表示。基本额定动载荷 C 表征了不同型号轴承的抗疲劳点蚀失效的能力,它是选择轴承型号的重要依据。

3)滚动轴承的当量动载荷

滚动轴承的基本额定动载荷是在一定的试验条件下得到的,如载荷条件为:向心轴承只承受纯径向载荷 F_R,推力轴承只承受纯轴向载荷 F_A。实际上,轴承在很多场合常常同时承受径向载荷 F_R 和轴向载荷 F_A。因此,在进行寿命计算时,必须将实际载荷换算成与试验条件相当的载荷后才能和基本额定动载荷进行比较。换算后的载荷是一种假想的载荷,称为当量动载荷,用 P 表示。其计算公式为

$$P=XF_R+YF_A \tag{11-2}$$

式中:X 为径向载荷系数,Y 为轴向载荷系数,取值见表 11-10。

表 11-10　径向载荷系数 X 和轴向载荷系数 Y

轴承类型	$\dfrac{F_A}{C_{0r}}$	e	$F_A/F_R>e$		$F_A/F_R\leqslant e$	
			X	Y	X	Y
深沟球轴承	0.014	0.19		2.30		
	0.028	0.22		1.99		
	0.056	0.26		1.71		
	0.084	0.28		1.55		
	0.11	0.30	0.56	1.45	1	0
	0.17	0.34		1.31		
	0.28	0.38		1.15		
	0.42	0.42		1.04		
	0.56	0.44		1.00		

轴 承 类 型		$\dfrac{F_A}{C_{0r}}$	e	$F_A/F_R>e$		$F_A/F_R\leqslant e$	
				X	Y	X	Y
角接触球轴承（单列）	$\alpha=15°$	0.015	0.38	0.44	1.47	1	0
		0.029	0.40		1.40		
		0.056	0.43		1.30		
		0.087	0.46		1.23		
		0.12	0.47		1.19		
		0.17	0.50		1.12		
		0.29	0.55		1.02		
		0.44	0.56		1.00		
		0.58	0.56		1.00		
	$\alpha=25°$	—	0.68	0.41	0.87	1	0
	$\alpha=40°$	—	1.14	0.35	0.57	1	0
圆锥滚子轴承（单列）		—	(e)[①]	0.40	(Y)[①]	1	0
调心球轴承（双列）		—	1.5tanα	0.65	0.65tanα	1	0.42tanα

注:① C_{0r} 为轴承的基本额定静载荷,查设计手册;② e 为轴向载荷的影响系数;③ 表中①的系数应根据轴承型号由手册查取;④ 对于 F_A/C_{0r} 的中间值,其 e 和 Y 值可由线性内插法求得。

4) 轴承寿命的计算公式

滚动轴承的载荷与寿命之间的关系,可用疲劳曲线表示(图 11-14)。图中纵坐标表示载荷,横坐标表示寿命,其曲线方程为

$$P^\varepsilon L_{10} = 常数 \qquad (11\text{-}3)$$

式中:P 为当量动载荷(N);L_{10} 为基本额定寿命(10^6 转);ε 为寿命指数,对球轴承,$\varepsilon=3$,对滚子轴承,$\varepsilon=10/3$。

由基本额定动载荷的定义可知,当轴承寿命 $L_{10}=1\times10^6$ 转时,轴承的载荷 $P=C$,由式(11-3)可得到滚动轴承寿命 L_{10}(10^6r)计算的基本公式为

$$L_{10} = \left(\frac{C}{P}\right)^\varepsilon \qquad (11\text{-}4)$$

以小时(h)表示的轴承寿命 L_h 计算公式为

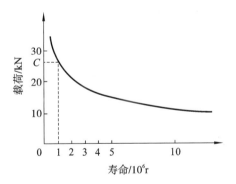

图 11-14　滚动轴承的疲劳曲线

$$L_h = \frac{10^6}{60n}\left(\frac{C}{P}\right)^\varepsilon \qquad (11\text{-}5)$$

式中:n 为轴承转速(r/min)。

标准中列出的是轴承在工作温度 $t\leqslant120\ ℃$ 下的基本额定动载荷值,当温度超过 120℃时,

将对轴承元件的材料性能产生影响,需引入温度系数 f_t(表 11-11),对轴承的基本额定动载荷值进行修正。

表 11-11　温度系数 f_t

轴承工作温度/℃	≤120	125	150	175	200	225	250	300	350
f_t	1.0	0.9	0.9	0.85	0.80	0.75	0.70	0.60	0.5

考虑到载荷性质对轴承工作的影响,引入载荷系数 f_p,见表 11-12。

表 11-12　载荷系数 f_p

载 荷 性 质	f_p	举　　例
无载荷或轻微冲击	1.0~1.2	电动机、汽轮机、通风机、水泵
中等载荷和振动	1.2~1.8	车辆、机床、传动装置、起重机、内燃机、冶金设备、减速器
强大载荷和振动	1.8~3.0	破碎机、轧钢机、石油钻机、振动筛

引入温度系数和载荷系数后式(11-4)和式(11-5)变为

$$L_{10} = \left(\frac{f_t C}{f_p P}\right)^{\varepsilon} \tag{11-6}$$

$$L_h = \frac{10^6}{60n}\left(\frac{f_t C}{f_p P}\right)^{\varepsilon} \tag{11-7}$$

若已经给定轴承的预期寿命 L'_h,并已知轴承转速 n 和当量动载荷 P,则轴承所需的基本额定动载荷(计算动载荷 C',单位为 N)可以根据下式计算得到:

$$C' = \frac{f_p P}{f_t} \sqrt[\varepsilon]{\frac{60nL'_h}{10^6}} \tag{11-8}$$

再根据 $C' \leq C$,查手册确定额定动载荷 C,从而确定轴承的型号。

各类机器中滚动轴承的预期寿命 L'_h 可参照表 11-13 确定。

表 11-13　滚动轴承的预期寿命 L'_h

机　器　种　类		预期寿命/h
不经常使用的仪器及设备		500
航空发动机		500~2000
间断使用的机械	中断使用不致引起严重后果的手动机械、农业机械等	4000~8000
	中断使用会引起严重后果,如升降机、运输机、吊车等	8000~12000
每天工作 8 h 的机械	利用率不高的齿轮传动、电动机等	12000~20000
	利用率较高的通风设备、机床等	20000~30000
连续工作 24 h 的机械	一般可靠性的空气压缩机、电动机、水泵等	50000~60000
	高可靠的电站设备、给排水装置等	>100000

4. 角接触球轴承和圆锥滚子轴承轴向载荷 F_A 的计算

1) 内部轴向力 F_S

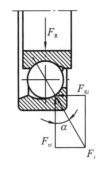

向心角接触轴承受纯径向载荷 F_R 作用时,由于存在公称接触角 α,承载区内每个滚动体的反力都是沿滚动体与套圈接触点的法线方向传递的(图 11-15)。设第 i 个滚动体的反力为 F_i,将其分解为径向分力 F_{ri} 和轴向分力 F_{Si},各受载滚动体的轴向分力之和用 F_S 表示。由于 F_S 是因轴承的内部结构特点伴随径向载荷产生的轴向力,故称其为轴承的内部轴向力。F_S 的计算公式见表 11-14。

图 11-15　向心角接触轴承的内部轴向力

表 11-14　角接触轴承的内部轴向力 F_S

轴 承 类 型	角接触球轴承			圆锥滚子轴承
	7000C	70000AC	7000B	30000
F_S	$0.5F_R$	$0.68F_R$	$1.14F_R$	$F_R/(2Y)$

注:表中 Y 值为 $F_A/F_R > e$ 时的轴向载荷系数,Y 值可查表 11-10。

内部轴向力 F_S 的方向和轴承的安装方式有关,内部轴向力总是指向内圈与滚动体相对外圈脱离的方向。F_S 通过内圈作用在轴上,为避免轴在 F_S 作用下产生轴向移动,角接触球轴承和圆锥滚子轴承通常应成对使用,对称安装。通常安装方式有两种:图 11-16(a)所示为两轴承外圈的窄边相对,称为正装或面对面安装;图 11-16(b)所示为两轴承外圈的宽边相对,称为反装或背靠背安装。图中 F_a 为轴向外载荷,计算轴承的轴向载荷 F_A 时还应将内部轴向力 F_S 考虑进去。

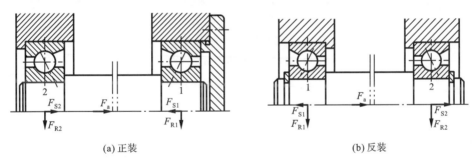

(a) 正装　　　　　　　　　　　　　　　　　　　(b) 反装

图 11-16　向心角接触轴承的安装方式

2) 轴向载荷 F_A 的计算

若把轴和内圈视为一体,并以它为脱离体考虑轴系的轴向平衡,就可确定各轴承承受的轴向载荷。下面按三种情况分析图 11-16(a)所示轴系中两轴承所受的轴向力。

(1) 若 $F_a + F_{S2} = F_{S1}$,轴系处于受力平衡状态,此时,两轴承所受的轴向力为

$$F_{A1} = F_{S1}, \quad F_{A2} = F_{S2} \tag{11-9}$$

(2) 若 $F_a + F_{S2} > F_{S1}$,则轴有向右窜动的趋势。但设计时要求轴承的固定必须保证轴不产生轴向窜动,即通过轴承的轴向固定迫使轴承 1 处于被"压紧"状态,而轴承 2 则处于被"放松"状态。由力的平衡条件得

$$F_{A1} = F_a + F_{S2}, \quad F_{A2} = F_{S2} \tag{11-10}$$

(3) 若 $F_a + F_{S2} < F_{S1}$,则轴有向左窜动的趋势。同理,轴承 2 被"压紧",轴承 1 被"放松"。由力的平衡条件得

$$F_{A1} = F_{S1}, \quad F_{A2} = F_{S1} - F_a \tag{11-11}$$

由式(11-10)、式(11-11)可知,计算向心角接触轴承轴向力的方法可归纳如下:先根据内部轴向力及外加轴向载荷的计算与分析,判断"压紧端"和"放松端"轴承;然后确定"压紧端"轴承的轴向力等于除本身内部轴向力外其余轴向力的代数和,"放松端"轴承的轴向力等于它本身的内部轴向力。

5. 滚动轴承的静强度计算

对于转速很低($n \leqslant 10$ r/min)或缓慢摆动的滚动轴承,一般不会产生疲劳点蚀,但为了防止滚动体和内、外圈产生过大的塑性变形,应进行静强度校核。

GB/T 4662—2012 规定:使受载最大的滚动体与滚道接触中心处的计算接触应力达到一定数值时的静载荷称为基本额定静载荷,用 C_0 表示,C_0 值可由设计手册查出。

轴承静强度条件为

$$C_0 \geqslant S_0 P_0 \tag{11-12}$$

式中:S_0 为轴承静强度安全系数,其值可根据使用条件参考表 11-15 确定。

表 11-15　静强度安全系数 S_0

旋转条件	载荷条件	S_0	使用条件	S_0
连续旋转轴承	普通载荷	1~2	高精度旋转场合	1.5~2.5
	冲击载荷	2~3	振动冲击场合	1.2~2.5
不需要旋转	普通载荷	0.5	普通旋转精度场合	1.0~1.2
及作摆动运动的轴承	冲击及不均匀载荷	1~1.5	允许有变形量	0.3~1.0

当轴承既受径向力又受轴向力时,应折合成一个假想静载荷,称为当量静载荷,用 P_0 表示。

$$P_0 = X_0 F_r + Y_0 F_a \tag{11-13}$$

式中:X_0 和 Y_0 分别为当量静载荷的径向和轴向静载荷系数,其值可查表 11-16。

表 11-16　静载荷系数 X_0、Y_0

轴承类型	深沟球轴承	角接触球轴承			圆锥滚子轴承
		70000C	70000AC	70000B	
X_0	0.6	0.5			0.5
Y_0	0.5	0.4	0.38	0.2	查设计手册

11.5　滚动轴承的组合设计

为使轴承正常工作,除应正确选择轴承类型和尺寸外,还应合理进行轴承的组合设计。轴承组合设计主要是正确解决轴承的支承结构、固定、配合、调整、润滑和密封等问题。

1. 滚动轴承的支承结构

滚动轴承的支承结构有以下三种基本形式:

1) 两端固定式

当轴承跨距较小($L \leqslant 350$ mm),工作温度不高时,可采用两端固定结构,图 11-17 所示为采用两个深沟球轴承的支承结构。这种结构是使两端轴承各限制轴一个方向的轴向移动,两个轴承合在一起限制了轴的双向移动。为了补偿轴的受热伸长,可在一端轴承的外圈和端盖间留出 0.2~0.4 mm 的轴向间隙 C。

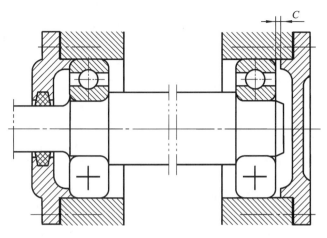

图 11-17　深沟球轴承两端固定的支承结构

2）一端固定,一端游动式

当轴的跨距较大($L>350$ mm)或工作温度较高时,轴的伸缩量较大,应采用一端固定一端游动的支承结构(图 11-18)。固定支承用来限制轴两个方向的轴向移动,可作轴向游动的支承显然不能承受轴向载荷。

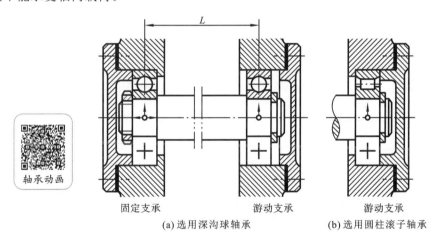

轴承动画

固定支承　　　　　　　　　游动支承　　　　　　　　游动支承

(a) 选用深沟球轴承　　　　　　　　(b) 选用圆柱滚子轴承

图 11-18　一端固定、一端游动支承

选用深沟球轴承作为游动支承时,应在轴承外圈与端盖间留适当间隙(图 11-18(a));选用圆柱滚子轴承时,则轴承外圈应作双向固定(图 11-18(b)),以免内外圈同时移动,造成过大错位。

2. 滚动轴承的轴向固定

滚动轴承的支承结构需要通过轴承内圈和外圈的轴向固定来实现。

轴承内圈在轴上通常以轴肩固定一端的位置,轴肩的高度不仅要保证与轴承端面充分接触,还要使轴承便于拆卸。若需两端固定,则另一端可用弹性挡圈、轴端挡圈、圆螺母与止动垫圈等固定(图 11-19)。弹性挡圈结构紧凑,装拆方便,用于承受较小的轴向载荷和转速不高的场合;轴端挡圈用螺钉固定在轴端,可承受中等轴向载荷;圆螺母与止动垫圈用于轴向载荷较大、转速较高的场合。

轴承外圈在座孔中的轴向位置通常采用凸肩、轴承端盖和弹性挡圈等固定(图 11-20)。

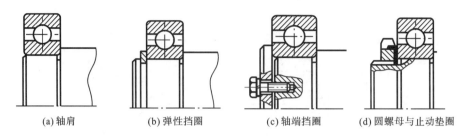

(a) 轴肩   (b) 弹性挡圈   (c) 轴端挡圈   (d) 圆螺母与止动垫圈

图 11-19　轴承内圈的固定方法

座孔凸肩和轴承端盖用于承受较大的轴向载荷,弹性挡圈用于承受较小的轴向载荷。

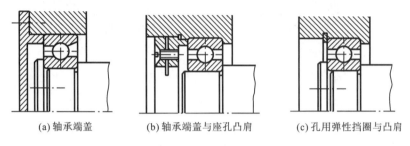

(a) 轴承端盖   (b) 轴承端盖与座孔凸肩   (c) 孔用弹性挡圈与凸肩

图 11-20　轴承外圈固定方式

3. 轴承组合位置的调整

1) 轴承间隙的调整

轴承间隙的大小将影响轴承的旋转精度、轴承寿命和传动零件工作的平稳性,故轴承间隙必须能够调整。其调整的方法如下:

(1) 如图 11-21(a),靠加减轴承端盖与机座间调整垫片的厚度进行调整;

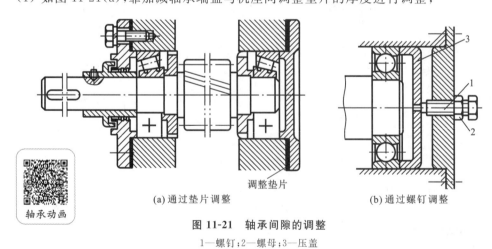

调整垫片

(a) 通过垫片调整   (b) 通过螺钉调整

图 11-21　轴承间隙的调整

1—螺钉;2—螺母;3—压盖

(2) 如图 11-21(b),通过调整螺钉 1 推动压盖 3,从而移动轴承外圈来进行间隙调整,调整后用螺母 2 锁紧防松。

2) 滚动轴承的预紧

轴承的预紧是使滚动体和内、外圈之间产生一定的预变形,用以消除游隙,增加支承的刚度,减小轴运转时的径向和轴向摆动量,提高轴承的旋转精度,减小振动和噪声。但是选择预紧力要适当,预紧力过小达不到要求的效果,过大会影响轴承寿命。

预紧的方法有两种：可以在一对轴承套圈之间加金属垫片，如图 11-22(a)；或磨窄内外圈，如图 11-22(b)。

3）轴承组合位置的调整

轴承组合位置调整的目的是使轴上零件具有准确的工作位置。如锥齿轮传动，要求两锥齿轮的节锥顶点相重合，方能保证正确啮合。图 11-23 所示为小锥齿轮轴的轴承组合结构，轴系装在轴承套杯中，通过加减套杯与机座间的垫片 1 来调整轴承套杯的轴向位置，即可调整锥齿轮的轴向位置，而垫片 2 则用来调整轴承间隙。

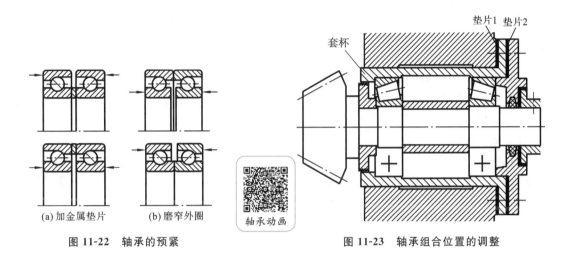

(a)加金属垫片　　(b)磨窄外圈

图 11-22　轴承的预紧

图 11-23　轴承组合位置的调整

4. 滚动轴承的装拆

设计轴承组合时，应考虑有利于轴承装拆，以便在装拆过程中不致损坏轴承和其他零件。

轴承内圈与轴颈的配合通常较紧，在安装轴承时，对中小型轴承，可在内圈端面加垫片后用锤子轻轻打入；对尺寸较大的轴承，可采用压力机在内圈上施加压力将轴承压套在轴颈上，或把轴承放入油里加热至 80～100 ℃ 胀大内圈孔，或用干冰冷却轴颈。轴承的拆卸需要专用拆卸工具，如图 11-24 所示。为使拆卸工具的钩头钩住内圈，定位轴肩的高度应低于轴承的内圈高度。轴承的定位轴肩高度可查手册。

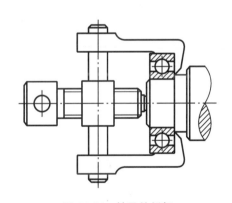

图 11-24　轴承的拆卸

5. 滚动轴承的配合

轴承的配合是指内圈与轴、外圈与座孔的配合。滚动轴承是标准件，因此轴承内圈与轴的配合采用基孔制，外圈与座孔的配合采用基轴制。

轴承配合种类的选取应根据载荷的大小、方向、性质、工作温度、旋转精度和装拆等因素来确定。对于转动的套圈（内圈或外圈），采用较紧的配合；对于固定的套圈，采用较松的配合。一般情况下，内圈随轴一起转动，外圈固定不转，故内圈与轴的配合常用 k6、m6、n6；外圈与座孔的配合则用 H7、J7 或 Js7。当轴承作游动支承时，外圈与座孔应取保证有间隙的配合，如座孔公差采用 G7。

6. 轴承的润滑和密封

1）滚动轴承的润滑

轴承润滑的目的是降低摩擦、减少磨损、散热、防锈、吸收振动、减小接触应力等。

滚动轴承常用的润滑方式有油润滑和脂润滑。特殊条件下也可以采用固体润滑剂(如二硫化钼、石墨和聚四氟乙烯等)。脂润滑中润滑脂黏度大,不易流失,便于密封和维护,且一次充填可运转较长时间,但转速较高时功率损失较大,故润滑脂的填充量不应超过轴承空间的 $1/3\sim1/2$,否则轴承容易过热。油润滑比脂润滑摩擦阻力小、润滑可靠、散热效果好,主要用于高速或工作温度较高的场合。

轴承的润滑方式一般根据轴承的速度因数 dn 值(d 为滚动轴承内径,单位为 mm；n 为轴承转速,单位为 r/min)来选择。当 $dn<(2\sim3)\times10^5$ mm · r/min 时,可采用脂润滑；若 dn 值超过此范围,应采用油润滑。

2）滚动轴承的密封

轴承密封的目的是防止润滑剂流失和灰尘、水分及其他杂物等进入。轴承的密封方法很多,通常可归纳成三类,即接触式密封、非接触式密封和组合式密封。

(1)接触式密封。

在轴承端盖内放置软材料(毛毡、橡胶圈或皮碗等),与转动轴直接接触而起密封作用。这种密封多用于转速不高的场合,同时要求与密封件接触的轴表面硬度大于 40 HRC,表面粗糙度 Ra 值小于 $0.8~\mu m$。接触式密封常见的形式有:

① 毡圈密封。如图 11-25(a),将矩形截面的毛毡圈装在轴承端盖的梯形槽内,利用毡圈与轴接触而起密封作用。这种密封结构简单,主要用于 $v<4\sim5$ m/s、工作温度低于 90 ℃ 的场合。

② 密封圈密封。如图 11-25(b),在轴承端盖内放置一个用耐油橡胶、皮革或塑料制成的唇形密封圈,密封圈唇口上套有一环形螺旋弹簧。安装时,螺旋弹簧把密封圈唇口箍紧在轴上,使密封效果增强。若密封圈的开口朝内,主要目的是防止漏油；如果主要是为了防止外物进入,则密封圈的开口应背着轴承朝外,如图 11-25(b)的左图；如果两个作用都有,最好使用两个反向放置的唇形密封圈,如图 11-25(b)的右图。这种密封方法安装方便,使用可靠,一般用于 $v<7$ m/s、工作环境有灰尘及工作温度在 $-40\sim100$ ℃ 的场合。

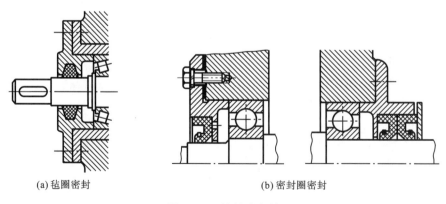

(a)毡圈密封　　　　　　　　　　(b)密封圈密封

图 11-25　接触式密封

(2)非接触式密封。

不与轴发生直接摩擦,多用于速度较高的情况。非接触式密封常见的形式有:

① 间隙密封。如图 11-26(a),利用轴与轴承端盖之间 0.1～0.3 mm 的径向间隙而获得密封。间隙越小,轴向宽度越大,密封效果越好。若在端盖内孔上再加工几个环形槽,并填充润滑脂,可提高其密封效果。这种密封要求环境干燥、清洁。

② 迷宫式密封。如图 11-26(b),将端盖与轴间的间隙制成迷宫(曲路)形式,缝隙间填充润滑脂以加强密封效果。这种密封效果相当可靠,适用于脂润滑或油润滑的轴承。

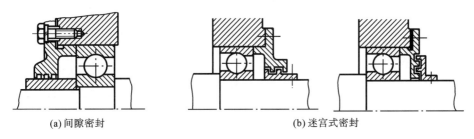

(a) 间隙密封　　　　　　　　　　　　　　(b) 迷宫式密封

图 11-26　非接触式密封

(3) 组合式密封。

这是将上述各种密封方式组合使用的密封形式,可充分发挥各种密封方式的性能,提高整体密封效果。图 11-27(a)所示为毡圈密封与迷宫式密封的组合,图 11-27(b)所示为间隙密封与迷宫式密封的组合。

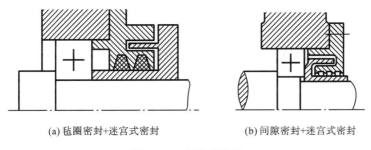

(a) 毡圈密封+迷宫式密封　　　　　　　　(b) 间隙密封+迷宫式密封

图 11-27　组合式密封

11.6　滚动轴承的设计计算与实例分析

滚动轴承是标准件,设计计算中需要解决的问题主要有:根据工作条件合理选择滚动轴承的类型;滚动轴承的承载能力计算。

例 11-2　某单级斜齿轮减速器从动轴拟采用两个 6307 的深沟球轴承支承,简图如图 11-28。已知轴承所受径向载荷 $F_{R1}=3000$ N,$F_{R2}=2200$ N,轴向外载荷 $F_a=800$ N,轴的转速 $n=500$ r/min,减速器工作时有中等冲击,工作温度正常,试求该轴承的寿命。

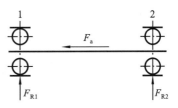

图 11-28　深沟球轴承受力分析

解　由于轴向外载荷 F_a 指向轴承 1,因此 $F_{A1}=F_a$ $=800$ N,$F_{A2}=0$,且轴承 1 的径向载荷比轴承 2 大,故只对轴承 1 进行寿命计算。计算过程见下表。

计 算 项 目	计算内容与说明	主 要 结 果
1. 求当量动载荷: $P = XF_R + YF_A$		
确定系数 X、Y	查轴承手册得,6307 轴承 $C_r = 33.2$ kN,$C_{0r} = 19.2$ kN 由 $\dfrac{F_{A1}}{C_{0r}} = \dfrac{800}{19200} = 0.042$,用内插法查表 11-10 知,$e = 0.24$ 由于 $\dfrac{F_{A1}}{F_{R1}} = \dfrac{800}{3000} = 0.27 > e$,查表 11-10 知,$X = 0.56$,$Y = 1.85$	$C_r = 33.2$ kN $C_{0r} = 19.2$ kN $e = 0.24$ $X = 0.56$ $Y = 1.85$
求当量动载荷 P	$P = XF_R + YF_A = (0.56 \times 3000 + 1.85 \times 800)$N $= 3160$ N	$P = 3160$ N
2. 求轴承的寿命: $L_h = \dfrac{10^6}{60n}\left(\dfrac{f_t C}{f_p P}\right)^\varepsilon$		
确定系数 f_t、f_p	因工作温度正常,由表 11-11 查得,$f_t = 1$ 因工作时有中等冲击,查表 11-12 知:$f_p = 1.2 \sim 1.8$,取 $f_p = 1.5$	$f_t = 1$ $f_p = 1.5$
选寿命指数 ε	因选用的球轴承,所以 $\varepsilon = 3$	$\varepsilon = 3$
求轴承的寿命	$L_h = \dfrac{10^6}{60n}\left(\dfrac{f_t C}{f_p P}\right)^\varepsilon = \dfrac{10^6}{60 \times 500} \times \left(\dfrac{1 \times 33200}{1.5 \times 3160}\right)^3$ h $= 11662.3$ h	$L_h = 11454$ h

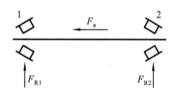

图 11-29 圆锥滚子轴承受力分析

例 11-3 某减速器主动轴选用两个圆锥滚子轴承 32210 支承,如图 11-29。已知轴的转速 $n = 1440$ r/min,轴上斜齿轮作用于轴的轴向力 $F_a = 750$ N,轴承的径向载荷分别为 $F_{R1} = 3000$ N,$F_{R2} = 5800$ N,工作时有中等冲击,预期寿命为 20000 h。试验算轴承是否合适。

解 验算的具体步骤如下表所示。

计 算 项 目	计算内容与说明	主 要 结 果
1. 确定轴承的主要参数	查轴承手册得 $C_r = 82.8$ kN,$e = 0.42$,$Y = 1.4$	$C_r = 82.8$ kN $e = 0.42$ $Y = 1.4$
2. 求内部轴向力	$F_{S1} = \dfrac{F_{R1}}{2Y} = \dfrac{3000}{2 \times 1.4}$N $= 1071$ N,$F_{S2} = \dfrac{F_{R2}}{2Y} = \dfrac{5800}{2 \times 1.4}$N $= 2071$ N,方向:F_{S1} 向右,F_{S2} 向左	$F_{S1} = 1071$ N $F_{S2} = 2071$ N
3. 求轴向载荷	$F_{S1} + F_a = 1071 + 750$ N $= 1821$ N $> F_{S2}$ 故轴承 1 为压紧端,轴承 2 为放松端,则 $F_{A1} = F_{S2} - F_a = 1321$ N,$F_{A2} = F_{S2} = 2071$ N	$F_{A1} = 1321$ N $F_{A2} = 2071$ N
4. 确定系数 X、Y	$\dfrac{F_{A1}}{F_{R1}} = \dfrac{1321}{3000} = 0.44 > e$,$\dfrac{F_{A2}}{F_{R2}} = \dfrac{2071}{5800} = 0.357 < e$ 查表 11-10 得 $X_1 = 0.42$,$Y_1 = 1.4$;查表 11-10 得 $X_2 = 1$,$Y_2 = 0$	$X_1 = 0.42$,$Y_1 = 1.4$ $X_2 = 1$,$Y_2 = 0$

续表

计算项目	计算内容与说明	主要结果
5. 求当量动载荷	$P_1 = X_1 F_{R1} + Y_1 F_{A1} = 0.42 \times 3000 + 1.4 \times 1321 \text{ N} = 3109 \text{ N}$ $P_2 = X_2 F_{R2} + Y_2 F_{A2} = 1 \times 5800 + 0 \times 2\,071 \text{ N} = 5800 \text{ N}$ 因 $P_1 < P_2$，故只需验算轴承 2 的寿命即可	$P_1 = 3109 \text{ N}$ $P_2 = 5800 \text{ N}$
6. 求轴承寿命	查表 11-11、表 11-12 得：$f_t = 1$，$f_p = 1.5$ 又因是滚子轴承，寿命系数 $\varepsilon = 10/3$ $L_h = \dfrac{10^6}{60n}\left(\dfrac{f_t C}{f_p P}\right)^{\varepsilon} = \dfrac{10^6}{60 \times 1440}\left(\dfrac{1 \times 82800}{1.5 \times 5800}\right)^{\frac{10}{3}} \text{ h} = 21144 \text{ h}$	$L_h = 21144 \text{ h}$
7. 验算	$L_h = 21144 \text{ h} > 20000 \text{ h}$	该轴承合适

思考与练习

学习指导

学习课件

11-1　什么场合下应采用滑动轴承？滑动轴承有何特点？

11-2　在滑动轴承上开设油孔和油槽应注意哪些问题？

11-3　滑动轴承常用的材料有哪些？各用在什么场合？

11-4　说明下列滚动轴承代号的含义：30207、52411、6310/P5、7308AC、N307/P2。

11-5　通常角接触球轴承和圆锥滚子轴承为什么成对使用、对称安装？

11-6　滚动轴承的主要失效形式是什么？与这些失效形式相对应，轴承的基本性能参数是什么？

11-7　某齿轮轴上装有一对型号为 30208 的轴承（反装），已知外加的轴向载荷 $F_a = 5000$ N（方向向左），$F_{左} = 8000$ N，$F_{右} = 6000$ N，试计算两轴承的轴向载荷。

11-8　常温下工作的某带传动装置的轴上拟选用深沟球轴承。已知轴颈直径 $d = 40$ mm，转速 $n = 800$ r/min，轴承的径向载荷 $F_R = 3500$ N，载荷平稳。若轴承预期寿命 $L_h = 10000$ h，试选择轴承型号。

11-9　某减速器主动轴用两个圆锥滚子轴承 30212 支承，如图 11-30 所示。已知轴的转速 $n = 960$ r/min，$F_a = 650$ N，$F_{R1} = 4800$ N，$F_{R2} = 2200$ N，常温工作，工作时有中等冲击，要求轴承的预期寿命为 15000 h。试判断该对轴承是否合适。

11-10　如图 11-31 所示，轴支承在两个 7207AC 轴承上，两轴承间的跨距为 240 mm，轴上载荷 $F_r = 2800$ N，$F_a = 750$ N，方向如图所示。试计算轴承 C、D 所受的轴向载荷 F_{AC}、F_{AD}。

11-11　图 11-32 所示为从动锥齿轮轴，从齿宽中点到两个 30000 型轴承压力中心的距离分别为 60 mm 和 195 mm，锥齿轮齿宽中点的分度圆直径 $d_m = 212.5$ mm，图中齿轮上的 $F_a = 960$ N，$F_r = 2710$ N，轻度冲击，转速 $n = 500$ r/min，轴承的预期设计寿命为 30000 h，轴颈直径 $d = 35$ mm，试选择轴承型号。

11-12　指出图 11-33 所示轴系中的结构错误，说明其错误原因并画出正确的结构（不考虑齿轮和轴承的润滑方式）。

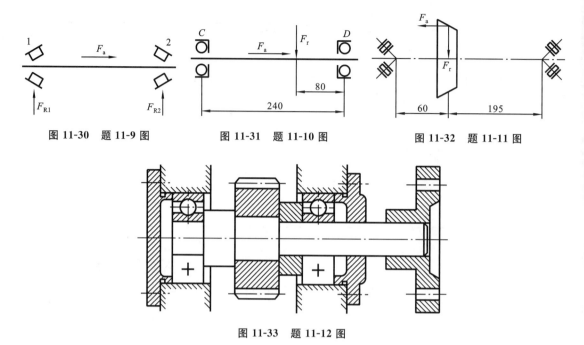

图 11-30 题 11-9 图   图 11-31 题 11-10 图   图 11-32 题 11-11 图

图 11-33 题 11-12 图

11-13 如图 11-34 所示,分析该斜齿轮轴系中的结构错误并改正之。齿轮用油润滑,轴承用脂润滑。

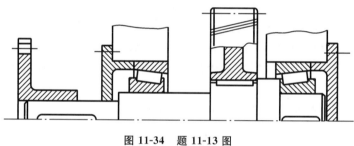

图 11-34 题 11-13 图

附录 A　物体的受力分析与平衡

学 习 导 引

人类在长期的生活和生产实际中,通过反复地观察、实验和分析,认识到物体的运动状态发生变化(包括变形),是其他物体对该物体施加力的结果。机械零件也不例外,因此研究其平衡和受力问题就非常重要。下面将介绍力学的基本概念、物体的受力分析及平衡问题。

A.1　静力学的基本概念

1. 力的概念

人们在日常生活和劳动中发现,任何两个物体在相互作用时,它们的运动状态(即它们的速度大小和方向,或二者之一)都会发生变化。随着生产力的发展、生产实践的丰富和人们认识水平的不断提高,人们逐步建立了力的科学概念。力是物体间的相互作用,这种作用使得物体的运动状态发生变化,同时物体也发生变形。如果没有物体间的相互作用,力便不可能存在。

力作用于物体,使得物体运动状态发生改变的效应称为力的外效应;而力使物体产生变形的效应称为力的内效应。

由经验知道,力对物体的作用效果取决于力的大小、方向和作用点三个要素。这三个要素称为力的三要素。在这三要素中,只要任何一个要素发生变化,力对物体的作用效果也就随之改变。

为了衡量力的大小,必须规定力的单位。力的国际单位为牛顿,简称牛,符号为 N,它是力的基本单位。

力是具有大小和方向的量,这种量称为矢量。因为力是矢量,力的大小与方向可用一个带箭头的线段来表示。线段的长短表示力的大小,箭头的指向表示力的方向,线段的起点或终点表示力的作用点,如图 A-1。通过力的作用点沿力的方向画的直线称为力的作用线。通常用 F 表示力大小。

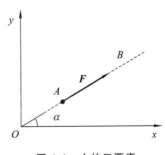

图 A-1　力的三要素

力的作用点是力作用在物体上的部位,实际上,两个物体接触处总占有一定面积,力总是分布地作用在一定的面积上的,如果力作用的面积很大,就称之为分布力。如果这个面积很小,则可将其抽象为一个点,即为力的作用点,这时的作用力称为集中力。

2. 刚体的概念

静力学中常把研究的物体看成刚体。所谓刚体,就是在力的作用下,大小和形状不发生改变的物体。实际上,绝对的刚体是不存在的,它只是在理论力学中被抽象化了的理想模型。在机械工程中,对于在受力作用下变形微小的构件,若在研究其机械运动规律时,这种微小的变形对研究结果影响很小、可以忽略不计,就称这一构件为刚体。但刚体概念的应用并不是绝对的,在理论力学中受力变形很小的物体可视为刚体,但在材料力学中这一概念就不适用了。

3. 平衡的概念

平衡是指物体相对于参照物(如地球)处于静止或做匀速直线运动的状态。显然,平衡是物体机械运动的特殊形式;因为运动是绝对的,平衡、静止是相对的。作用在刚体上使刚体处于平衡状态(即运动状态不变)的力系称为平衡力系,平衡力系应满足的条件称为平衡条件。

A.2　静力学公理

静力学的理论,建立在以下几个公理的基础上。这些公理是人类经验的积累,是大量的观察和实验结果的总结,是对于力基本性质的认识的概括。公理本身的正确性是显而易见的、被公认的,由公理推导出来的结论也为大量的实践所证实。

公理 1　两力平衡公理

要使作用在一个刚体上的两个力平衡,其必要和充分条件是:这两个力的大小相等,方向相反,且作用在同一条直线上,如图 A-2,即

$$\boldsymbol{F}_1 = -\boldsymbol{F}_2$$

这一公理揭示了作用于刚体上的最简单的力系平衡时所必须满足的条件,满足上述条件的两个力称为一对平衡力。需要说明的是,对于刚体,这个条件既必要又充分,但对于变形体,这个条件是不充分的。

只在两个力作用下而平衡的刚体称为二力构件或二力杆。根据二力平衡条件,二力杆两端所受两个力大小相等、方向相反,作用线为沿两个力的作用点的连线,如图 A-3。

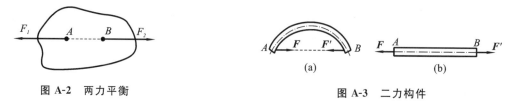

图 A-2　两力平衡　　　　　　　　　　(a)　　　　　　　(b)
　　　　　　　　　　　　　　　　　图 A-3　二力构件

公理 2　加减平衡力系公理

可在作用于刚体上的任何一个力系上加上或减去任意的平衡力系而并不改变原力系对刚体的作用效果。

推论 1　力的可传性

作用于刚体上某点的力可以沿着它的作用线滑移到刚体内任意一点,并不改变该力对刚体的作用效果。

证明　设在刚体上点 A 作用有力 $\boldsymbol{F}$,如图 A-4(a)。根据加减平衡力系公理,在该力的作用线上的任意点 B 加上平衡力 $\boldsymbol{F}_1$ 与 $\boldsymbol{F}_2$,且使 $\boldsymbol{F}_2 = -\boldsymbol{F}_1 = \boldsymbol{F}$,如图 A-4(b),由于 $\boldsymbol{F}$ 与 $\boldsymbol{F}_1$ 组成平衡力,可去除,故只剩下力 $\boldsymbol{F}_2$,如图 A-4(c),即将原来的力 $\boldsymbol{F}$ 沿其作用线移到了点 B。

由此可见,对刚体而言,力的作用点不是决定力的作用效应的要素,它已为作用线所代替。因此作用于刚体上的力的三要素是:力的大小、方向和作用线。

作用于刚体上的力可以沿着其作用线滑移,这种矢量称为滑移矢量。

公理 3　力的平行四边形法则

作用在物体上同一点的两个力,可以合成为一个合力。合力的作用点也在该点,合力的大

小和方向由以这两个力为邻边构成的平行四边形的对角线确定,如图 A-5(a)。或者说,合力矢等于这两个力矢的几何和,即

$$F_R = F_1 + F_2 \tag{A-1}$$

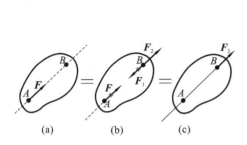

图 A-4　力的可传性

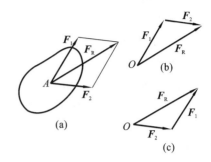

图 A-5　力的平行四边形法则

亦可另作一力三角形来求两汇交力合力矢的大小和方向,即依次将 F_1 和 F_2 首尾相接画出,最后由第一个力的起点至第二个力的终点形成三角形的封闭边即为此二力的合力矢 F_R,如图 A-5(b)、图 A-5(c),这称为力的三角形法则。

推论 2　三力平衡汇交定理

若刚体受到三个互不平行力的共面力作用而平衡,则这三个力的作用线必定交于一点。

证明　如图 A-6,设有共面、互不平行的三个力 F_1、F_2、F_3 分别作用于物体的 A、B、C 三点而平衡。根据力的可传性,将力 F_1 和 F_2 移到汇交点 O,并合成为力 F_{12},则 F_3 应与 F_{12} 平衡。根据二力平衡条件,F_3 与 F_{12} 必等值、反向、共线,所以 F_3 必通过点 O,定理得证。

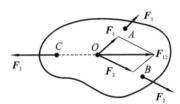

图 A-6　三力平衡汇交力系

公理 4　作用与反作用定律

一物体对另一物体有作用力时,另一物体对此物体必有一反作用力。这两个力大小相等、方向相反,且沿同一直线作用。

必须注意,作用力与反作用力不能与二力平衡公理中的一对平衡力相混淆。一对平衡力是作用在同一研究对象上的,而作用力和反作用力是分别作用在两个物体上的。

公理 5　刚化原理

变形体在某一力系作用下处于平衡,如果将此变形体刚化为刚体,其平衡状态保持不变。

这一公理提供了把变形体抽象为刚体模型的条件。如柔性绳索在等值、反向、共线的两个拉力作用下处于平衡,可将绳索刚化为刚体,其平衡状态不会改变。而绳索在两个等值、反向、共线的压力作用下则不能平衡,这时,绳索不能刚化为刚体。但刚体在上述两种力系的作用下都是平衡的。

由此可见,刚体的平衡条件是变形体平衡的必要条件,而非充分条件。刚化原理建立了刚体与变形体平衡条件的联系,提供了用刚体模型来研究变形体平衡的依据。在刚体静力学的基础上考虑变形体的特性可进一步研究变形体的平衡问题。这一公理也是研究物体系平衡问题的基础,刚化原理在力学研究中具有非常重要的地位。

A.3 约束、约束反力与受力图

1. 约束与约束反力

有些物体,如飞行中的飞机、炮弹等,能在空中任何方向运动,这类位移不受任何限制的物体称为自由体;而有些物体,如在轴承内转动的转轴、汽缸中运动的活塞等,都是以各种方式与周围的其他物体互相联系着,被这种联系限制的物体称为非自由体。对非自由体的位移起限制作用的周围物体称为约束,例如,铁轨对于机车、轴承对于电机转轴、吊车钢索对于重物等都是约束。约束限制着非自由体的运动,与非自由体接触相互产生了作用力,约束作用于非自由体上的力称为约束反力。约束反力作用于接触点,其方向总是与该约束所能限制的运动方向相反,据此可以确定约束反力的方向或作用线的位置。至于约束反力的大小却是未知的,在以后根据平衡方程求出。

2. 机械零件中常见约束的类型及其反力

1) 柔索约束

由绳索、链条、皮带等所构成的约束统称为柔索约束,它给物体的约束反力只能是拉力而不可能是压力。因此,柔索对物体的约束反力沿着柔性物体的轴线方向作用在连接点,且背离被约束物体,如图 A-7。

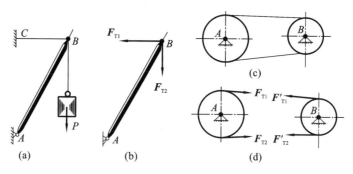

图 A-7 柔索约束

2) 光滑面约束

物体受到光滑平面或曲面的约束称作光滑面约束。这类约束不能限制物体沿约束表面切线的位移,只能限制物体沿接触表面法线并指向约束的位移。因此约束反力作用在接触点,方向沿接触表面的公法线,并指向被约束物体。如图 A-8,若不计钢轨的摩擦,则钢轨可视为光滑面约束,车轮在主动力 G 作用下有向下运动的趋势,而约束反力 N 沿公法线且垂直向上。

3) 平面铰链约束

如图 A-9(a)、(b),在两个构件 A、B 上分别有直径相同的圆孔,中间用圆柱体销钉 C 将两构件连接在一起,这种连接称为平面铰链连接,两个构件的接触面一般可以认为是光滑的,物体只可绕销钉的中心轴线任意转动而不能相对销钉沿任意径向方向运动。这种约束实质是两个光滑圆柱面的接触(图 A-9(c)),其约束反力作用线必然通过销钉中心并垂直圆孔在 D 点的切线,约束反力的指向和大小与作用在物体上的其他力有关,所以这种铰链的约束反力的大小和方向都是未知的,通常用大小未知的两个垂直分力表示,如图 A-9(d)。图 A-9(e)所示为这种铰链的简化表示法。

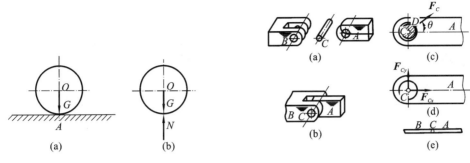

图 A-8　光滑面约束　　　　　　　　　图 A-9　平面铰链约束

固定铰链约束可认为是光滑圆柱铰链约束的演变形式,如图 A-10(a),两个构件中有一个固定在地面或机架上,其结构简图如图 A-10(b)。这种约束的约束反力的作用线也不能预先确定,可以用大小未知的两个垂直分力表示,如图 A-10(c)。

4）辊轴约束

辊轴约束的结构是在圆柱铰链的底座下安装一些圆柱形的滚子,如图 A-11(a),这种支座可以沿固定面滚动,它允许物体的支承端沿支承面移动,其结构如图 A-11(b)。因此这种约束的特点与光滑接触面约束相同,约束反力垂直于支承面指向被约束物体,如图 A-11(c)。

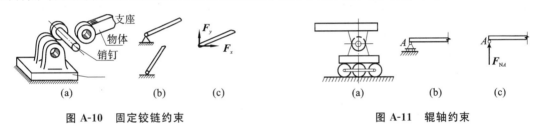

图 A-10　固定铰链约束　　　　　　　　图 A-11　辊轴约束

5）球形铰链约束

球形铰链约束是将连在物体上的圆球装在支承物球窝里构成的一种空间约束,如图 A-12(a),这种约束称为球形铰支座,简称球铰,其结构简图如图 A-12(b)。球铰能限制物体任何径向方向的位移,所以球铰的约束反力的作用线通过球心并可能指向任一方向,通常用过球心的 3 个互相垂直的分力 F_{Ax}、F_{Ay}、F_{Az} 表示,如图 A-12(c)。

6）轴承约束

轴承是机械中常见的一种约束,常见的轴承有两种形式,一种是径向轴承(图 A-13(a)),它限制转轴的径向位移,并不限制它的轴向运动和绕轴转动,其性质和圆柱铰链类似,图 A-13(b)所示为其结构简图,径向轴承的约束反力如图 A-13(c),用两个垂直于轴长方向的正交分力表示。另一种是径向止推轴承,它既限制转轴的径向位移,又限制它的轴向运动,只允许绕轴转动,其约束反力用 3 个大小未知的正交分力表示,如图 A-14。

7）固定端约束

固定端约束有时物体会受到完全固结作用,如深埋在地里的电线杆,如图 A-15(a)。这时物体的 A 端在空间各个方向上的运动(包括平移和转动)都受到限制,这类约束称为固定端约束。其简图如图 A-15(b)所示。

3. 受力图

将所研究的物体或物体系统从与其联系的周围物体或约束中分离出来,即将约束解除,而以相应的约束反力来代替约束的作用,这就是所谓约束解除原理。

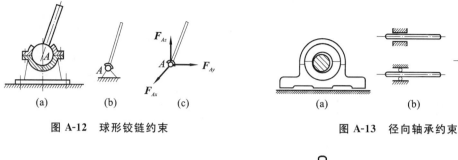

图 A-12　球形铰链约束　　　　　　　　图 A-13　径向轴承约束

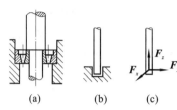

图 A-14　径向止推轴承约束

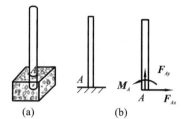

图 A-15　固定端约束

解除约束后的物体称为分离体,作用在分离体的力一般有两种,即主动力和约束力。将分离体视为受力体,在受力体上确定每个力的作用位置和力的作用方向,这一过程称为物体受力分析。物体受力分析过程包括如下两个主要步骤。

1)确定研究对象,取出分离体

待分析的某物体或物体系统称为研究对象。明确研究对象后,需要解除它受到的全部约束,将其从周围的物体或约束中分离出来,单独画出相应简图,这个步骤称为取分离体。

2)画受力图

在分离体图上,画出研究对象所受的全部主动力和所有去除约束处的约束反力,并标明各力的符号及受力位置符号。这样得到的表明物体受力状态的简明图形,称为受力图。下面举例说明受力图的画法。

例 A-1　如图 A-16 所示的三铰拱桥,由左、右两拱铰接而成,设各拱自重不计,在拱 AC 上作用一力 P,试分别画出拱 AC 和 BC 的受力图。

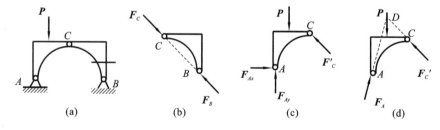

图 A-16　三铰拱桥受力分析

解　此题是物体系统的平衡问题,需分别对各个物体进行分析。

(1)取 BC 为分离体,拱 BC 受有铰链 C 和固定铰链支座 B 的约束,其约束反力 F_C 和 F_B 分别通过铰链 C、B 的中心。由于拱 BC 的自重不计,也无其他主动力的作用,即拱 BC 分别在 B、C 两处受到力的作用而平衡,为二力平衡构件,根据二力平衡条件,其 F_C 和 F_B 二力的作用线应沿 C、B 两铰中心的连线。至于力的指向,一般由平衡条件确定,此处可设拱 BC 受压,如图 A-16(b)。

(2) 取拱 AC 为分离体,由于自重不计,因此主动力只有力 $\boldsymbol{P}$,拱在铰链 C 处受到拱 BC 给它的约束反力 $\boldsymbol{F}_C'$,$\boldsymbol{F}_C'$ 与 $\boldsymbol{F}_C$ 互为作用力与反作用力。拱在 A 处受到固定铰链支座给它的约束反力 $\boldsymbol{F}_A$,由于方向未定,可用两个大小未知的正交分力 $\boldsymbol{F}_{Ax}$ 与 $\boldsymbol{F}_{Ay}$ 来表示,此时拱 AC 的受力图如图 A-16(c)。

对于拱 AC 还可做如下分析:由于拱 AC 在 $\boldsymbol{P}$、$\boldsymbol{F}_C'$、$\boldsymbol{F}_A$ 三力作用下平衡,根据三力平衡汇交定理,可确定铰链 A 处约束反力 $\boldsymbol{F}_A$ 的方向,即当拱 AC 平衡时,反力 $\boldsymbol{F}_A$ 的作用线必通过 $\boldsymbol{P}$ 和 $\boldsymbol{F}_C'$ 二力作用线的交点 D,如图 A-16(d)。至于 $\boldsymbol{F}_A$ 的指向,可由平衡条件确定。

例 A-2　试画出图 A-17(a)所示结构的整体、AB 杆、AC 杆的受力图(图中 DE 为柔绳)。

解　(1) 以结构整体为研究对象,主动力有荷载 $\boldsymbol{F}$,注意到 B、C 处为光滑面约束,约束反力方向沿接触表面的公法线,并指向被约束物体,为 $\boldsymbol{F}_B$、$\boldsymbol{F}_C$。其受力图如图 A-17(b)。

(2) 取 AB 杆为分离体,A 处为光滑圆柱铰链约束,D 处受到柔绳约束(柔绳受力图见图 A-17(e)),其受力图如图 A-17(c)。

(3) 取 AC 杆为分离体,A 处受到 AB 杆的反作用力 $\boldsymbol{F}_{Ax}'$、$\boldsymbol{F}_{Ay}'$,E 处为柔绳约束,AC 杆受力如图 A-17(d)。

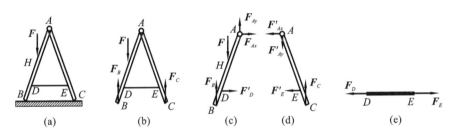

图 A-17　杆架受力分析

A.4　平面汇交力系

作用在一个物体上的多个力称为力系,力的作用线均在同一平面内的力系称为平面力系,力的作用线为空间分布的力系为空间力系,力的作用线均汇交于同一点的力系为汇交力系;诸力的作用线均在同一平面内汇交于同一点的力系称为平面汇交力系。

1. 汇交力系的几何法

设汇交于点 A 的汇交力系由 n 个力 $\boldsymbol{F}_1$,$\boldsymbol{F}_2$,$\cdots$,$\boldsymbol{F}_n$ 组成。根据力的三角形法则,将各力依次合成,即 $\boldsymbol{F}_1+\boldsymbol{F}_2=\boldsymbol{F}_{R1}$,$\boldsymbol{F}_{R1}+\boldsymbol{F}_3=\boldsymbol{F}_{R2}$,$\cdots$,$\boldsymbol{F}_{R(n-1)}+\boldsymbol{F}_n=\boldsymbol{F}_R$,$\boldsymbol{F}_R$ 为最后的合成结果,即原力系的合力。将各式合并,则汇交力系合力的矢量表达式为

$$\boldsymbol{F}_R = \boldsymbol{F}_1 + \boldsymbol{F}_2 + \cdots + \boldsymbol{F}_n = \sum \boldsymbol{F}_i \tag{A-2}$$

以平面汇交力系为例说明简化过程,如图 A-18(a),作用在刚体上的 4 个力 $\boldsymbol{F}_1$、$\boldsymbol{F}_2$、$\boldsymbol{F}_3$ 和 $\boldsymbol{F}_4$ 汇交于点 O。如图 A-18(b),为求出通过汇交点 O 的合力 $\boldsymbol{F}_R$,连续应用力的三角形法则得到开口的力多边形 $abcde$,最后力多边形的封闭边矢量 ae 就确定了合力 $\boldsymbol{F}_R$ 的大小和方向,这种通过力多边形求合力的方法称为力多边形法则。改变分力的作图顺序,力多边形改变,如图 A-18(c),但其合力 $\boldsymbol{F}_R$ 不变。

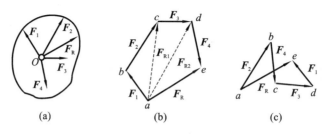

图 A-18　平面汇交力系

由此看出,汇交力系的合成结果是一合力,合力的大小和方向由各力的矢量和确定,作用线通过汇交点。对于空间汇交力系,按照力多边形法则,得到的是空间力多边形。

2. 汇交力系的解析法

汇交力系各力 F_i 在直角坐标系中的解析表达式为

$$F_i = F_{ix}i + F_{iy}j + F_{iz}k$$

根据合力投影定理,由式(a)有

$$F_{Rx} = \sum F_{ix}, \quad F_{Ry} = \sum F_{iy}, \quad F_{Rz} = \sum F_{iz}$$

由合力的三个投影可得到汇交力系合力的大小和方向余弦:

$$F_R = \sqrt{F_{Rx}^2 + F_{Ry}^2 + F_{Rz}^2} \tag{A-3}$$

$$\cos(F_R, i) = \frac{F_{Rx}}{F_R}, \quad \cos(F_R, j) = \frac{F_{Ry}}{F_R}, \quad \cos(F_R, k) = \frac{F_{Rz}}{F_R} \tag{A-4}$$

也可将合力 F_R 写成解析表达式,为

$$F_R = F_{Rx}i + F_{Ry}j + F_{Rz}k$$

3. 平面汇交力系的平衡条件

如果对作用于刚体上的平面汇交力系用力的多边形法则合成,那么各力矢所构成的力多边形恰好封闭,即第一个力矢的起点与最末一个力矢的终点恰好重合而构成一个自行封闭的力多边形,这表示力系的合力 F_R 等于零,该力系为一平衡力系;反之,要使平面汇交力系成为平衡力系,它的合力必须为零,即力多边形自行封闭。由此可知,平面汇交力系平衡的几何条件(充要条件)是:力系中力矢构成的力多边形自行封闭。以矢量式表示为

$$F_R = \sum F_i = 0 \tag{A-5}$$

平面汇交力系平衡的必要和充分解析条件是:力系中所有各力在两个坐标轴中每一轴上的投影的代数和等于零。即

$$\sum F_x = 0, \quad \sum F_y = 0 \tag{A-6}$$

例 A-3　如图 A-19(a),压路机的碾子重 $P = 20$ kN,半径 $r = 60$ cm。欲将此碾子拉过高 $h = 8$ cm 的障碍物,在其中心 O 作用一水平拉力 F,求此拉力的大小和碾子对障碍物的压力。

解　选碾子为研究对象。碾子在重力 P、地面支承力 F_{NA}、水平拉力 F 和障碍物的支反力 F_{NB} 的作用下处于平衡,如图 A-19(b),这是一个平面汇交力系,各力汇交于点 O,当碾子刚离开地面时,$F_{NA} = 0$,拉力 F 有极值,这就是碾子越过障碍物的力学条件。

列平衡方程,得

$$\sum F_y = 0, \quad F_{NB}\cos\alpha - P = 0$$

解得

$$F_{NB} = \frac{P}{\cos\alpha}$$

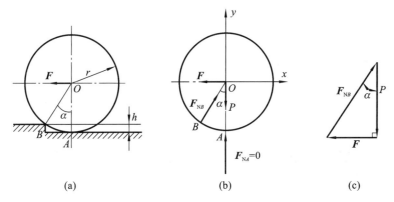

图 A-19 压路机碾子受力分析

其中
$$\cos\alpha = \frac{r-h}{r} = 0.866$$

因此
$$F_{NB} = 23.1 \text{ kN}$$

又
$$\sum F_x = 0, \quad F_{NB}\sin\alpha - F = 0$$

解得
$$F = F_{NB}\sin\alpha = P\tan\alpha$$

其中
$$\tan\alpha = \frac{\sqrt{r^2 - (r-h)^2}}{r-h} = 0.577$$

因此
$$F = 11.5 \text{ kN}$$

对于汇交力系的平衡问题还可以用几何法求解,即根据平面汇交力系平衡的必要和充分条件——该力系的合力等于零,按照各力矢依次首尾相接的规则,可以作出一个封闭的力多边形,根据力多边形的几何关系,用三角公式计算出所要求的未知量;也可以根据按比例画出的封闭的力多边形用直尺和量角器在图上量得所要求的未知量。在本例中,封闭的力多边形如图 A-19(c),根据图 A-19(c)所示的图形几何关系,有

$$F = P\tan\alpha = 11.5 \text{ kN}$$

$$F_{NB} = \frac{P}{\cos\alpha} = 23.1 \text{ kN}$$

由作用力和反作用力关系可知,碾子对障碍物的压力也等于 23.1 kN。

例 A-4 如图 A-20(a)所示,重力 $P = 20$ kN,用钢丝绳挂在绞车 D 及滑轮 B 上。A、B、C 处为光滑铰链连接。钢丝绳、杆和滑轮的自重不计,并忽略摩擦和滑轮的大小,试求平衡时杆 AB 和 BC 所受的力。

解 (1)取研究对象。由于 AB、BC 两杆都是二力杆,假设杆 AB 受拉力,杆 BC 受压力,如图 A-20(b)。为了求出这两个未知力,可求两杆对滑轮的约束力。因此选取滑轮 B 为研究对象。

(2)画受力图。滑轮受到钢丝绳的拉力 F_1 和 F_2(已知 $F_1 = F_2 = P$)。此外杆 AB 和 BC 对滑轮的约束力为 F_{BA} 和 F_{BC}。由于滑轮的大小可忽略不计,故这些力可看作汇交力系,如图 A-20(c)。

(3)列平衡方程。选取坐标轴如图 A-20(c),坐标轴应尽量取在与未知力作用线垂直的反向。这样在一个平衡方程中只有一个未知数,不必解联立方程,即

$$\sum F_x = 0, \quad -F_{BA} + F_1\cos60° - F_2\cos30° = 0$$

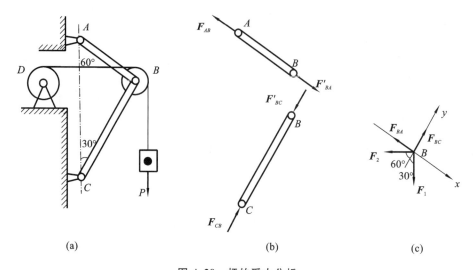

图 A-20　杆的受力分析

$$\sum F_y = 0, \quad F_{BC} - F_1\cos30° - F_2\cos60° = 0$$

（4）解方程,得

$$F_{BA} = -0.366P = -7.321 \text{ kN}$$

$$F_{BC} = 1.366P = 27.32 \text{ kN}$$

所求结果 F_{BC} 为正值,表示这力的假设方向与实际方向相同,即杆 BC 受压。F_{BA} 为负值,表示这力的假设方向与实际方向相反,即杆 AB 也受压力。

A.5　力偶和平面力偶系

1. 力对点的矩

力对物体的作用有移动效应,也有转动效应。力使物体绕某点(或某轴)转动效应的度量,称为力对点(或轴)之矩。

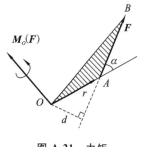

图 A-21　力矩

设力 F 作用于点 A,任取一点 O,点 O 至点 A 的矢径为 r,如图 A-21,则力 F 对点 O 之矩矢定义为

$$M_O(F) = r \times F$$

即力对点之矩矢等于点 O 至力的作用点 A 的矢径与该力的矢量积,它是力使物体绕该点转动效应的度量。点 O 称为力矩中心,简称矩心;力 F 的作用线与矩心 O 确定的平面称为力矩作用面;矩心 O 至力 F 的作用线的垂直距离 d 称为力臂。力对点之矩矢是定位矢量,该矢量通过矩心 O、垂直于力矩的作用面,其指向按右手螺旋法则确定。它的模表示力对点之矩矢的大小,即为

$$|M_O(F)| = Fr\sin\alpha = Fd \tag{A-7}$$

可见,力矩矢 $M_O(F)$ 表明了力 F 对矩心 O 之矩的三个要素：①力矩的作用面；②在力矩作用面内力 F 绕矩心 O 的转向；③力矩的大小。

需要说明的是,在平面情形下,力对点的矩定义为代数量,即

$$M_O(\boldsymbol{F}) = \pm Fd \qquad\qquad\qquad (A\text{-}8)$$

且规定力 $\boldsymbol{F}$ 绕 O 点的转向为逆时针方向时取正号，反之取负号。

2. 力偶与力偶的性质

1）力偶的概念

由大小相等、方向相反、作用线平行但不共线的两个力组成的特殊力系，称为力偶，记为

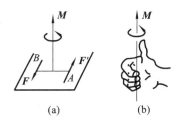

图 A-22　力偶

$(\boldsymbol{F}, \boldsymbol{F}')$，如图 A-22。组成力偶的两个力之间的垂直距离称为力偶臂，力与力偶臂的乘积 Fd 称为力偶矩，两个力所在的平面称为力偶的作用面。

由于力偶中的两个力 $\boldsymbol{F}$ 与 $\boldsymbol{F}'$ 在任意坐标轴上的投影的和等于零，因此不存在合力，且其作用线不在同一直线，也不是平衡力。所以，力偶本身既不平衡，又不能与一个力等效。力偶对刚体只有转动效应，没有移动效应。力偶是一种不可能再简化的力系，它与力一样，是一种基本力学量。

力偶对物体的转动效应决定于力偶的三要素：力偶矩的大小、力偶作用面在空间的方位及力偶在作用面内的转向。

2）力偶的性质

由于力偶对物体的转动效应完全取决于力偶矩矢，而力偶矩矢又是自由矢量，因此，力偶矩矢相等的两个力偶必然等效。据此，可推论出力偶的性质如下：

（1）力偶对任意点之矩等于力偶矩矢，力偶对任意轴之矩等于力偶矩矢在该轴上的投影。

（2）只要保持力偶矩矢不变，力偶可以在其作用面内及相互平行的平面内任意搬移而不会改变它对刚体的作用效应。例如汽车的方向盘，无论安装得高一些或低一些，只要保证两个位置的转盘平面平行，对转盘施以力偶矩相等、转向相同的力偶，其转动效应是相同的。

由此可见，只要不改变力偶矩矢 $\boldsymbol{M}$ 的大小和方向，将 $\boldsymbol{M}$ 画在同一刚体上的任何位置都一样。

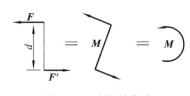

图 A-23　力偶的表达

（3）只要保持力偶的转向和力偶矩的大小（即力与力偶臂的乘积）不变，可将力偶中的力和力偶臂做相应的改变，或将力偶在其作用面内任意移转，而不会改变其对刚体的作用效应。正因为如此，常常只在力偶的作用面内画出弯箭头加 M 来表示力偶，其中 M 表示力偶矩的大小，箭头则表示力偶在作用面内的转向，如图 A-23。

需要指出的是，在平面情形下，由于力偶的作用面就是该平面，此时不必表明力偶的作用面，只需表示出力偶矩的大小及力偶的转向即可，因此可将力偶定义为代数量：

$$M = \pm Fd \qquad\qquad\qquad (A\text{-}9)$$

并且规定当力偶为逆时针转向时力偶矩为正，反之为负。

3. 力偶系的合成与平衡条件

1）力偶系的合成

若刚体上作用有由力偶矩矢 $\boldsymbol{M}_1, \boldsymbol{M}_2, \cdots, \boldsymbol{M}_n$ 组成的力偶系，如图 A-24（a）。根据力偶的等效性，保持每个力偶矩矢大小、方向不变，可以将各力偶矩矢平移至图 A-24（b）中的任一点 A 而不会改变原力偶系对刚体的作用效果，得到的力偶系与 A.4 节介绍的汇交力系同属汇交

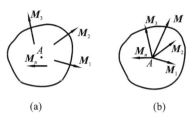

图 A-24 力偶系的合成

矢量系,其合成方式与合成结果完全类同。由此可知,力偶系合成结果为一合力偶,合力偶矩矢 M 等于各力偶矩矢的矢量和,即

$$M = \sum M_i$$

需要说明的是,由于平面力偶矩是代数量,对平面力偶系 $M_1, M_2, \cdots, M_n$,合成结果为该力偶系所在平面内的一个力偶,合力偶矩 M 为各力偶矩的代数和。

2) 力偶系平衡条件

如果刚体在力偶系的作用下处于平衡状态,则合力偶矩应等于零,即

$$\sum M_i = 0 \tag{A-10}$$

其相应的几何条件是各力偶矩矢构成封闭的矢量多边形。

如果所有力偶位于同一平面或互相平行的平面内,则各力偶矩矢是共线的,因此

$$\sum M_i = 0 \tag{A-11}$$

即各力偶矩的代数和等于零。

例 A-5 用三孔钻床在水平工件上钻孔时,每个钻头对工件加一个力偶如图 A-25,已知三个力偶的力偶矩分别为:$M_1 = M_2 = 10 \text{ N} \cdot \text{m}, M_3 = 20 \text{ N} \cdot \text{m}$,固定工件的两螺柱 A 和 B 与工件成光滑面接触,两螺柱间的距离 $l = 200 \text{ mm}$。求两螺柱所受到的水平力。

解 选工件为研究对象。工件在水平面内受到三个力偶和两个螺柱的水平约束力的作用。根据力偶系的合成定理,三个力偶合成后仍为一力偶,如果工件平衡,必有一反力偶与它相平衡。因此螺柱 A 和 B 的水平约束力 F_A 和 F_B 必组成一力偶,它们的方向假设如图 A-25 所示,则 $F_A = F_B$。由力偶系的平衡条件知

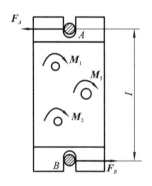

图 A-25 工件受力分析

$$\sum M_i = 0, \quad F_A l - M_1 - M_2 - M_3 = 0$$

得

$$F_A = \frac{M_1 + M_2 + M_3}{l}$$

代入已给数值,有

$$F_A = \frac{10 + 10 + 20}{200 \times 10^{-3}} \text{ N} = 200 \text{ N}$$

因为 F_A 是正值,故所设的方向是正确的,而螺柱 A、B 所受的力则应分别与 F_A、F_B 大小相等,方向相反。

A.6 平面一般力系

平面一般力系是指各力作用线在同一平面上任意分布的力系。在实际工程中,大部分问

题属于这类力系,有些问题虽不属于平面一般力系,但经过适当简化,可归结为平面一般力系来处理。因此,研究平面一般力系问题具有重要意义。

任意力系不是汇交矢量系,因而不能像汇交力系或力偶系那样直接求矢量和得到最终简化结果,但我们可以将各力的作用线向某点平移得到汇交力系以利用前面已得到的结论。为此,这里先介绍力线平移定理。

1. 力线平移定理

由于作用于刚体上的力是滑移矢量而不是自由矢量,如果将作用于刚体上的力线平行移动到任一位置而使其作用效果不变,则必须依照力线平移定理进行。

定理 可以把作用在刚体上某点的力 F 平移到任意点,但必须同时附加一个力偶,这个附加力偶的力偶矩矢等于原来的力对新作用点的力矩矢量。这称为力线平移定理。

证明 如图 A-26(a),F 为作用于刚体上 A 点的力。在刚体上任取一点 O,并在 O 点加上一对平衡力 F' 和 F'',且使 $F' = F = -F''$(图 A-26(b))。根据加减平衡力系公理可知,新的力系(F、F'、F'')与原力系 F 等效。但新力系(F、F'、F'')可视为由力 F' 和力偶(F,F'')所组成。力偶(F,F'')称为附加力偶。其力偶矩矢量 M 与力 F 对新作用点 O 的力矩矢量 $M_O(F)$ 相等,而力 F' 与 F 等值、同向。这样,已将力 F 由作用点 A 平移到了新作用点 O,在平移的同时,附加了力偶矩 $M = M_O(F)$ 的附加力偶(图 A-26(c))。

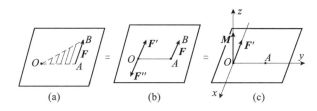

图 A-26　力线平移

2. 平面一般力系的简化

1)平面一般力系向其作用面内一点简化

设刚体上作用平面一般力系 F_1,F_2,$\cdots$,F_n(图 A-27(a))。根据力线平移定理,将各力平移至任一指定点 O(图 A-27(b)),得到与原力系等效的两个力系:汇交于 O 点的平面汇交力系 F_1',F_2',$\cdots$,F_n' 和力偶矩矢分别为 M_1,M_2,$\cdots$,M_n 的附加平面力偶系。点 O 称为简化中心。

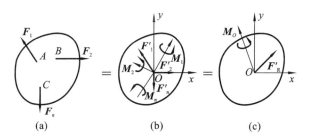

图 A-27　平面一般力系的简化

根据前面的讨论可知,这个汇交力系可以进一步简化为作用于简化中心的一个力 F_R',附加力偶系进一步简化则得到一合力偶 M_O,如图 A-27(c)。

由力线平移定理可知,平面汇交力系中的各力矢量分别与原力系中各相应的力矢量相等:

$$F'_1 = F_1, \quad F'_2 = F_2, \quad F'_n = F_n$$

所得附加力偶系中各附加力偶矩矢量分别与原力系中各相应的力对简化中心的力矩矢量相等:

$$M_1 = M_O(F_1), \quad M_2 = M_O(F_2), \quad \cdots, \quad M_n = M_O(F_n)$$

平面汇交力系合力可以合成为一个合力 F'_R,则有

$$F'_R = \sum F'_i = \sum F_i \tag{A-12}$$

$$M_O = \sum M_i = \sum M_O(F_i) \tag{A-13}$$

矢量 F'_R 等于原力系中各力矢的矢量和,将 F'_R 称为原力系的主矢量,简称主矢。显然,主矢量取决于原力系中各力的大小和方向,而与简化中心的位置无关。求主矢量的大小和方向与求平面汇交力的合力情况一样,可以直接写出主矢量 F'_R 的大小和方向的计算式:

$$\left. \begin{array}{l} F'_R = \sqrt{F'^2_{Rx} + F'^2_{Ry}} \\[2mm] \tan\alpha = \dfrac{F'_{Ry}}{F'_{Rx}} \end{array} \right\} \tag{A-14}$$

其中 F'_{Rx}、F'_{Ry} 分别表示原力系在 x、y 轴上的投影值的代数和,可由下式求得:

$$F'_{Rx} = \sum F_{ix}, \quad F'_{Ry} = \sum F_{iy} \tag{A-15}$$

α 是主矢量 F'_R 与 x 轴的夹角。

对于平面附加力偶系,可以合成为同一平面内的合力偶,其矩即为各附加力偶矩的代数和,即

$$M_O = \sum M_i = \sum M_O(F_i) \tag{A-16}$$

M_O 称为原力系对简化中心的主矩。对于给定的力系来说,主矩的大小及转向取决于简化中心的位置。

由以上讨论可知,平面任意力系向任一点简化,可得一个力和一个力偶。这个力的大小和方向构成该力系的主矢,作用线通过简化中心;这个力偶的力偶矩矢等于该力系对简化中心的主矩。并且主矢与简化中心的位置无关,主矩则一般与简化中心的位置有关。

2) 平面一般力系的简化结果

平面一般力系向一点简化后,得到一个力 F'_R 与一个力偶 M_O,简化的最后结果,可能出现下列四种情况:

(1) $F'_R = 0$,$M_O = 0$。这表明原力系是一个平衡力系。

(2) $F'_R \neq 0$,$M_O = 0$。这表明原力系可以合成为一个合力,它恰好就是作用于简化中心的主矢量。

(3) $F'_R = 0$,$M_O \neq 0$。这时得到一个与原任意力系等效的合力偶,其合力偶矩矢等于原力系对简化中心的主矩。由于力偶矩矢是自由矢量,与矩心的位置无关,因此,在这种情况下,主矩与简化中心的位置无关。

(4) $F'_R \neq 0$,$M_O \neq 0$,如图 A-28(a)。将矩为 M_O 的力偶用两个力 F_R 和 F''_R 表示,且 $F'_R = F_R = -F''_R$,如图 A-28(b)。于是可将作用于点 O 的力 F'_R 和力偶(F_R,F''_R)合成为一个作用在点 O' 的力 F_R,如图 A-28(c)。这个力 F_R 就是原力系的合力,合力矢等于主矢,合力的作用线在点 O 的哪一侧需根据主矢和主矩的方向确定,合力作用线到点 O 的距离 d 可按下式算得:

$$d = \frac{|M_O|}{F_R} \tag{A-17}$$

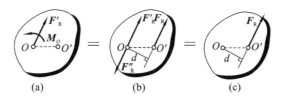

图 A-28　平面一般力系的简化结果

3. 平面力系的平衡条件与平衡方程

如果平面一般力系向任一点简化的结果是主矢量 $F'_R = 0$,主矩 $M_O = 0$,则此力系一定是一个平衡力系。根据平面任意力系的简化结果,平面任意力系平衡的必要和充分条件是:力系的主矢和力系对其作用面内任一点的主矩都等于零,即

$$F'_R = 0, \quad M_O = 0 \tag{A-18}$$

从而得到平面任意力系的平衡方程的基本形式为:

$$\sum F_x = 0, \quad \sum F_y = 0, \quad \sum M_O(F) = 0 \tag{A-19}$$

上式有 3 个独立的平衡方程,其中只有一个力矩方程,这种形式的平衡方程称为一矩式。由于投影轴和矩心是可以任意选取的,因此,在实际解题时,为了简化计算,平衡方程组中的力的投影方程可以部分或全部地用力矩方程替代,从而得到平面任意力系平衡方程的二矩式、三矩式。

1) 二矩式

平面任意力系的二力矩形式的平衡方程为

$$\sum F_x = 0, \quad \sum M_A(F) = 0, \quad \sum M_B(F) = 0 \tag{A-20}$$

其中点 A 和点 B 是平面内任意两点,但连线 AB 必须不垂直于投影轴 x 轴。这是因为力系既然满足平衡方程 $\sum M_A(F) = 0$,则表明力系不可能简化为一力偶,只能是作用线通过点 A 的一合力或平衡力系。同理,如果力系又满足方程 $\sum M_B(F) = 0$,则可以断定,该力系合成结果为经过 A、B 两点的一个合力或平衡力系。但当力系又满足方程 $\sum F_x = 0$,而连线 AB 不垂直于 x 轴时,显然力系不可能有合力,如图A-29。这就表明,只要符合以上三个方程及连线 AB 不垂直于投影轴的附加条件,则力系必平衡。

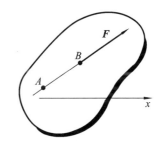

图 A-29　二矩式平面任意力系

2) 三矩式

平面任意力系的三力矩形式的平衡方程为

$$\sum M_A(F) = 0, \quad \sum M_B(F) = 0, \quad \sum M_C(F) = 0 \tag{A-21}$$

其中 A、B、C 三点不能共线。其原因读者可自行论证。

例 A-6　悬臂梁 AB 长 l(单位为 m),A 端为固定端,如图 A-30(a),已知均布载荷的集度(即单位长度上力的大小)为 q(单位为 N/m),不计梁自重,在梁的自由端还受一集中力 P(单位为 N)和一大小为 M(单位为 N·m)的力偶矩的作用,求固定端 A 的约束反力和反力偶。

解　取梁 AB 为研究对象,其受力图如图 A-30(b),均布载荷的合力 $Q = ql$,作用在 AB 中点,列平衡方程:

$$\sum F_x = 0, \quad F_{Ax} = 0$$

$$\sum F_y = 0, \quad F_A - ql - P = 0$$

$$\sum M_A(\boldsymbol{F}) = 0, \quad M_A - \frac{ql^2}{2} - Pl - M = 0$$

解以上三个一元方程,可解得

$$F_{Ax} = 0, \quad F_{Ay} = ql + P, \quad M_A = \frac{ql^2}{2} + Pl + M$$

　　平衡方程解得的结果均为正值,说明图 A-30 (b)中所设约束反力的方向均与实际方向相同。

学习课件

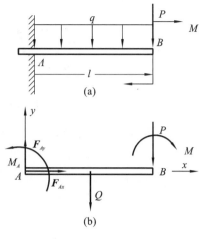

图 A-30　例 A-6 图

附录 B　机械零件的受力变形与应力分析

学 习 导 引

附录 A 对机械零件进行受力分析时,忽略了零件的变形,把零件当作刚体来处理。在外力的作用下,零件的尺寸及形状总会有不同程度的改变,这种改变称为变形。变形可分为弹性变形和塑性变形。撤去外力后,会随之消失的变形称为弹性变形;当外力超过一定限度,撤去外力后仍有残留变形的称为塑性变形。零件的强度和刚度是指材料在外力作用下抵抗破坏和变形的能力。下面主要以几种简单常用的零件为例,针对变形的产生原理及其影响,介绍机械中零件的强度、刚度、应力分析的基本概念和方法。

B.1　基 本 概 念

1. 强度

强度是指零件在载荷的作用下抵抗破坏的能力,以保证零件不会断裂或有明显的塑性变形。如机床因受到载荷过大而发生断裂,则整个机床就无法使用;如煤气罐在规定压力下不应爆破。因此,强度计算是机械零件设计非常重要的内容。强度包括拉伸、压缩、剪切、挤压、弯曲、扭转等类型。

2. 刚度

刚度是指零件抵抗变形的能力,以保证零件在受力时所产生的弹性变形在允许的限度内,使零件能正常工作。零件在外力作用下引起的变形不能超过工程上许可的范围。例如:机床主轴和车身的刚度不够,这将影响其加工精度,还会产生过大的噪声;房屋构件的刚度不够,会使居民缺乏安全感。

3. 受力与变形

1) **力的分类**

(1) 体积力和表面力。作用于零件上的外力(包括载荷和支反力)按其作用方式可分为体积力和表面力。体积力连续分布于物体内各点,如物体受到的重力就是体积力,惯性力也作为体积力处理;表面力是作用于物体表面上的力。

(2) 分布力和集中力。表面力又可分为分布力和集中力。延续作用于物体表面某一面积上的力称为分布力,例如作用于油缸内壁的油压力、作用于船体上的水压力等均为分布力。有些分布力是沿构件的轴线作用的,如楼板对屋梁的作用力,其强弱程度以其轴线每单位长度内作用多少力来度量。若外力分布的面积远小于物体的整体尺寸,或者沿构件轴线分布的长度远小于轴线的尺寸,该外力就可以看成作用于一点的集中力,例如轴承对轴的反作用力等,都可以看作集中力。

(3) 静载荷和动载荷。载荷是指零件工作时所承受的外力,按载荷随时间变化情况的不同可分成静载荷和动载荷。静载荷是指不随时间而变化或变化很小的载荷;动载荷是指随时间而变化的载荷。在静载荷和动载荷两种情况下,材料所表现出来的性能颇不相同,分析方法也有差异。因为静载荷问题比较简单,而且在静载荷下所建立的理论和分析方法又是解决动载荷问题的基础,所以首先研究静载荷问题。

2) 弹性体

这里所研究的零件,其材料的物质结构和性质是多种多样的,但却具有一个共同的特点,即它们都是固体,而且在载荷作用下会发生变形,即物体的形状和尺寸会改变,这种变化包括弹性变形和塑性变形。工程应用中,绝大多数物体的变形都被限制在弹性范围以内,这时的物体称为弹性变形体,简称为弹性体。这里就是要研究物体的受力与变形之间的关系,刚体的概念就不适用了。

在对弹性体进行强度、刚度和稳定性计算时,为了使问题简化,常常须略去材料的次要性质,并根据其主要性质作出假设,以便于分析计算。下面是对弹性体所作的三个基本假设。

(1) 材料的均匀连续性假设:认为物体在其整个体积内部毫无空隙地充满了物质,其结构是密实的,并且物体内各部分的力学性质都是完全一样的。

(2) 材料各向同性假设:认为材料沿各个方向的力学性质都是相同的。这一假设对于铸铁、铸铜、玻璃都可当作各向同性假设;而对于木材、压延钢板等,其性质是有方向性的,称为各向异性材料。

(3) 材料均匀性假设:认为弹性体内各点处的力学性能是相同的。依此假设,从弹性体内部任何部位所切取的微单元体都具有完全相同的力学性能。同时,通过大尺寸试样测得的材料性能也可以用于弹性体的任何部位。

在工程应用中,应将变形控制在零件设计时要求和允许的范围内,此时零件的变形一般属于弹性变形。

4. 内力、截面法和应力的概念

1) 内力的概念

零件因受外力而变形,其内部各部分之间因相对位置改变而引起的附加的相互作用力即"附加内力",简称内力。这样的内力随外力的增加而加大,到达某一限度时就会引起构件破坏,因而它与零件的强度是密切相关的。

2) 截面法

根据材料的连续性假设,内力在零件内连续分布。为了研究其分布规律,首先研究零件横截面上分布内力的合力,为显示内力并确定其大小和方向,通常采用下述的截面法。

设有一根如图 B-1(a)所示的拉杆,为求某一横截面 m—m 上的内力,可假想用一截面在 m—m 处把构件分成左、右两部分,如图 B-1(b)、(c)。任取其中一部分,例如取左段为研究对象,在左段上作用的外力有 F,欲使左段保持平衡,则左段必然有力作用在 m—m 截面上,以与左段所受外力平衡,如图 B-1(b)所示的 F_N。根据作用力与反作用力定律可知,右段的 m—m 截面必然也以大小相等、方向相反的力 F_N 作用于右段上,如图 B-1(c)。上述左段与右段之间相互作用的力就是构件在 m—m 截面上的内力。按照连续性假设,在 m—m 截面上各处都有内力作用,所以内力分布于截面上的一个分布力系。后面我们也把这个分布内力系的合力(有时是合力偶)称为截面上的内力。

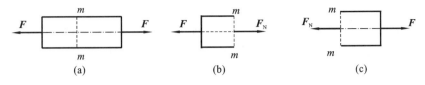

图 B-1　截面法

上述用截面假想地把构件分成两部分,以显示并确定内力的方法称为截面法,可将其归纳为以下三个步骤。

(1) 截开:欲求某一截面上的内力时,就沿该截面假想地把构件分成两部分;

(2) 代替:任意地留下一部分作为研究对象,并弃去另一部分,用作用于截面上的内力代替弃去部分对留下部分的作用力;

(3) 平衡:建立留下部分的平衡条件,确定未知的内力。

3) 应力的概念

构件的强度不仅与内力的大小有关,而且还与横截面面积有关,即取决于截面上分布内力的集度,而不是取决于分布内力的总和。这就需要引入应力的概念。

所谓应力是指作用在单位面积上的内力值。一般截面上的内力并不是均匀分布的,如在微小面积 ΔA 上作用的内力合力为 ΔF,则 $\dfrac{\Delta F}{\Delta A}$ 称为 ΔA 上的平均应力;如 ΔA 向 ΔA 面积内一点趋近,即 $\Delta A \rightarrow 0$,则极限值 $\lim\limits_{\Delta A \rightarrow 0} \dfrac{\Delta F}{\Delta A}$ 为该点的应力。垂直于横截面的应力称为正应力,记为 σ;相切于横截面的应力称为剪应力,记为 τ,其常用单位是牛顿/米^2(N/m^2),又称为帕斯卡(简称帕,记为 Pa)。实际应用时,往往取 10^6 Pa$=1$ MPa 为应力单位。

5. 杆件变形的基本形式

作用在杆上的外力是多种多样的,因此,杆的变形也是各种各样的。不过这些变形不外乎是以下四种基本变形形式之一,或者是几种基本变形形式的组合。

1) 拉伸或压缩

在一对作用线与杆轴线重合的外力 **F** 作用下,直杆的主要变形是长度的改变。这种变形形式称为轴向拉伸(图 B-2(a))或轴向压缩(图 B-2(b))。起吊重物的钢索、桁架的杆件、液压油缸的活塞杆等都属于拉伸或压缩变形。

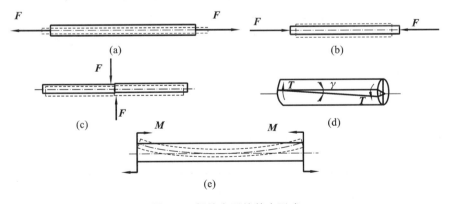

图 B-2　杆件变形的基本形式

2）剪切

在一对相距很近的大小相同、指向相反的横向外力 F 作用下,直杆的主要变形是横截面沿外力作用方向发生错动(图 B-2(c))。这种变形形式称为剪切,它常与其他变形形式共同存在。

3）扭转

在一对转向相反的作用在垂直于杆轴线的两平面内的外力偶(其矩为 T)作用下,直杆的相邻横截面将绕轴线发生相对转动,而轴线仍维持直线,这种变形形式称为扭转(图 B-2(d))。机械中的传动轴的主要变形就包括扭转。

4）弯曲

在一对转向相反的作用在杆的纵向平面(即包含杆轴线在内的平面)内的外力偶(其矩为 M)作用下,直杆的相邻两横截面将绕垂直于杆轴线的轴发生相对转动,变形后的杆轴线将弯成曲线,这种变形形式称为纯弯曲(图 B-2(e))。梁在轴向力作用下的变形就是纯弯曲与剪切的组合,通常称为横力弯曲;传动轴的变形往往是扭转与横力弯曲的组合。

还有一些杆件同时承受几种基本变形,例如车床主轴工作时承受弯曲、扭转与压缩三种基本变形,钻床立柱同时承受拉伸与弯曲两种基本变形。这种情况称为组合变形。

6. 许用应力和安全系数

1）屈服极限和强度极限

当作用在金属材料上的外力 F 不大时,金属材料会产生弹性变形。当外力 F 增加到某一值时,金属材料开始产生不能恢复原来形状的变形,这时伸长量很快地增加,而应力并不增加,这种现象称为金属的屈服。金属材料在屈服时产生的变形是塑性变形。

产生屈服时的最小应力称为屈服极限,用 σ_s 表示。因此,屈服极限是衡量材料强度的重要标志。使材料拉断前的最大应力称为强度极限,用 σ_b 表示。如碳素钢、铜、铝等金属有明显的屈服现象及较大的变形,这类材料称为塑性材料。普通灰铸铁(生铁)没有明显的屈服现象和塑性变形,所以称为脆性材料。

材料的强度极限和屈服极限都是由试验测出的。表 B-1 列出了几种材料在室温、静载荷下拉伸和压缩时的屈服极限及强度极限,可供设计时参考。

表 B-1　几种材料在拉伸和压缩时的屈服极限及强度极限(室温、静载下)

材　　料	屈服极限 σ_s/MPa	强度极限 σ_b/MPa	
		拉伸	压缩
普通碳素钢(Q235-A)	240	400	—
优质碳素钢(45)	350	610	—
合金钢(40Cr)	800	1000	—
灰铸铁(HT200)	—	200	750
球墨铸铁(QT400-18)	270	420	—
硬铝合金(Ly11)	240	420	—

2）许用应力和安全系数

在实际使用中,不能使零件的应力达到强度极限。对于塑性材料,还不允许超过屈服极限;而对于脆性材料,由于它的塑性指标很低,其强度指标只有强度极限。因此,把每种材料所

允许使用的应力称为许用应力，以[σ]表示。即

对于塑性材料 $\qquad$ $[\sigma] = \sigma_s/S$ $\qquad$ (B-1)

对于脆性材料 $\qquad$ $[\sigma] = \sigma_b/S$ $\qquad$ (B-2)

式中：S 称为安全系数，它与确定载荷的准确度、计算应力的精确度、材料性质的均匀程度以及构件破坏后造成事故的严重程度等因素有关，因此正确地选择安全系数是工程上一件非常重要的事。因为安全系数过大，会造成材料的浪费；选得过小，又会影响构件的安全使用。通常，安全系数的确定，都是由有关工业主管部门来规定的，并写进技术规范中。在实际应用中，一般规定，塑性材料的安全系数取 1.4～1.7，脆性材料的安全系数取 2～3。表 B-2 列举了几种材料在室温、静载荷作用下拉伸、压缩的许用应力数值，供学习中参考。

表 B-2 几种材料在室温、静载荷作用下拉、压许用应力

材 料	许用应力/MPa		材 料	许用应力/MPa	
	拉伸[σ]	压缩[σ]		拉伸[σ]	压缩[σ]
普通碳素钢(Q235-A)	160	160	灰铸铁(HT200)	28～80	120～150
优质碳素钢(45)	250	—	球墨铸铁(QT400-18)	170～210	170～210
合金钢(40Cr)	400	—	硬铝合金(Ly11)	80～150	80～150

B.2 轴向拉伸与压缩强度

在机器中受拉伸与压缩力作用的零件很多。在进行这类零件的强度计算时，为了保证零件能正常工作，必须使零件的工作应力不超过材料的许用应力，即

$$\sigma = \frac{F}{A} \leqslant [\sigma] \qquad \text{(B-3)}$$

式中：F 为拉或压的外载荷(N)；A 为受载面积(mm^2)；σ 为工作拉或压的应力(MPa)；[σ]为拉或压许用应力(MPa)。

根据上述条件，可以解决下面三方面问题：

(1) 已知载荷 F 和零件的横断面积 A 及材料的许用应力[σ]，校核零件的强度；

(2) 已知零件所用材料的许用应力[σ]及横断面积 A，求所能承受的载荷 F；

(3) 已知零件所用材料的许用应力[σ]和载荷 F，计算零件所需的横断面积 A。

例 B-1 电动机的吊环螺钉 M12，其小径为 10.106 mm，已知材料的许用应力[σ]为 800 MPa。请问：此螺钉最大可以悬挂多重的电动机？

解 (1)求螺钉的横断面积。

$$A = \pi \left(\frac{d}{2}\right)^2 = 3.14 \times \left(\frac{10.106}{2}\right)^2 \text{cm}^2 \approx 80.17 \text{ mm}^2$$

(2)求允许的载荷。

$$F = [\sigma] \times A = 800 \times 80.17 \text{ N} \approx 64100 \text{ N}$$

因此最大可以悬挂 64100 N 重的电动机。

例 B-2 在图 B-3(a)中，三角架 A 处悬挂重 $F = 10000$ N 的物体，水平杆 AB 的材料为 Q235-A 圆钢，问：其直径要多大？

解 (1)求 AB 所受外力。

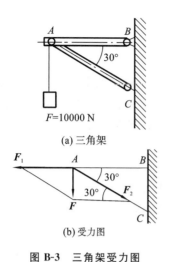

(a) 三角架

$F=10000$ N

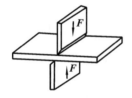

(b) 受力图

图 B-3 三角架受力图

如图 B-3(b)所示为 A 点的受力图。F_1、F_2 分别为杆 AB、杆 AC 的力。

由直角三角形可求得:

$$F_1 = \frac{F}{\tan 30°} = \frac{10000}{\tan 30°} \text{ N} \approx 17320 \text{ N}$$

即杆 AB 承受 17320 N 的拉力。

(2) 求杆 AB 的直径。

查表 B-2:Q235-A 的许用应力$[\sigma] = 160$ MPa,由式(B-3)得:

$$A \geqslant \frac{F_1}{[\sigma]} = \frac{17320}{160} \text{ mm}^2 \approx 108 \text{ mm}^2$$

$$d = \sqrt{\frac{4A}{\pi}} = \sqrt{\frac{4 \times 108}{\pi}} \text{ mm} = 11.7 \text{ mm} \approx 12 \text{ mm}$$

故杆 AB 的直径至少应为 12 mm。

B.3 剪切与挤压强度

1. 剪切强度

当用剪刀或剪板机剪切钢板时,钢板受到像图 B-4 那样两个大小相等、方向相反、互相平行而且距离很小的力的作用,这样的力称为剪力。钢板受剪力后就沿着剪力的方向互相错动,这样的变形称为剪切变形。工程上受剪力作用的实例很多,如图 B-5 所示,两块钢板用螺栓、铆钉或焊接方法连接起来,当受拉力 F 作用时,都会发生剪切变形。

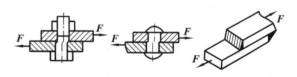

图 B-4 剪板机剪钢板

图 B-5 螺栓连接、铆接、焊接受剪变形

剪切和拉伸、压缩一样,在受剪的断面上,也会产生抵抗剪力的内力,如图 B-6。我们把剪切面上单位面积的内力称为剪应力,用 τ 表示。即

$$\tau = \frac{F}{A}$$

如果力 F 正好使材料切断,则这时算得的 τ 就是材料所能承受的最大剪切应力,称为剪切强度极限,用 τ_b 表示。τ_b 除以安全系数 S 就是许用剪应力$[\tau]$。

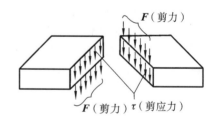

图 B-6 抵抗剪力的内力

为了保证零件不被剪断,它的工作应力必须限制在材料的许用剪应力范围内,由此可得剪切的强度计算公式如下:

$$\tau = \frac{F}{A} \leqslant [\tau] \tag{B-4}$$

式中：F 为外载荷（剪切力，N）；A 为受载面积（剪切面积，mm²）；τ 为工作应力（剪切应力，MPa）；$[\tau]$ 为许用剪切应力（MPa）。

根据实验结果可知，$[\tau]$ 与 $[\sigma]$ 之间有一定的关系，即

$$[\tau]=(0.75\sim0.8)[\sigma] \quad （对于塑性材料）$$

$$[\tau]=(0.8\sim1.0)[\sigma] \quad （对于脆性材料）$$

利用剪切强度计算公式可作三个方面的计算：

（1）已知剪切力 F 和受剪面积 A，校核零件的剪应力是否超过极限；

（2）已知许用剪应力 $[\tau]$ 和剪切力 F，求材料所需的受剪面积 A；

（3）已知许用剪应力 $[\tau]$ 和受剪面积 A，求材料所能承受的剪切力 F。

例 B-3　用 M16 的铰制孔螺栓连接两块钢板，如图 B-7 所示，螺栓所用材料为 Q235-A，如果钢板受拉力 $F=10000$ N 作用，试校核螺栓的剪切强度。

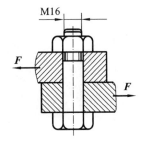

图 B-7　螺栓连接钢板

解　已知剪切力 $F=10000$ N，由表 B-2 查得 $[\sigma]=160$ MPa，因 Q235 属于塑性材料，所以许用剪应力为

$$[\tau]=0.8[\sigma]=128 \text{ MPa}$$

而受剪面积 $A=\dfrac{\pi d^2}{4}=\dfrac{\pi\times16^2}{4} \text{ mm}^2=201.06 \text{ mm}^2$

由此得

$$\tau=\frac{F}{A}=\frac{10000}{201.06}=49.47\leqslant[\tau]$$

结果表明，螺栓强度足够。

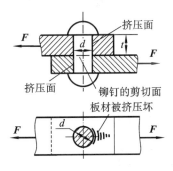

图 B-8　铆接的挤压强度

2. 挤压强度

图 B-8 所示为一个铆钉连接受外力 F 作用的情况。除了铆钉的横断面受剪切以外，板材同时要承受挤压。此时，板材承受挤压的面积是 dt，d 是铆钉的直径，t 是板材的厚度。挤压应力用 σ_p（MPa）表示，则可得

$$\sigma_p=\frac{F}{A} \tag{B-5}$$

式中：F 为作用在挤压面上的力（N）；A 为承受挤压的面积（mm²）。对于图 B-8 所示的铆接，挤压应力（MPa）的计算公式为

$$\sigma_p=\frac{F}{dt}$$

从上例可以看出，零件的挤压强度是指两个零件在面接触时表面受压被压溃的强度。

B.4　扭　转　强　度

机器中的齿轮、带轮等都是装在转轴上以实现旋转运动的，图 B-9 所示为电动机通过轴上带轮传递动力的情况。转轴在工作时转矩过大，将产生过大的变形，以致被扭断。为了保证轴的安全工作，下面介绍圆轴受转矩作用所产生的应力以及计算扭转强度的方法。

当圆轴扭转时,其内部也产生抵抗扭转的内力。如图 B-10(a),在轴的表面上画了许多互相平行的直线,一端固定,在另一端用一力偶矩将它扭转,结果如图 B-10(b),轴的粗细和长短不变,只是表面上的直线沿受力方向扭转了一个角度,例如由 AB 扭转到 AB_1。可见轴在扭转时,不产生拉伸和压缩变形(当然也就不产生轴向拉、压应力)。因为轴上相互接近的任意两个横断面受扭而互相错动,所以扭转变形类似于剪切变形。为了研究轴在扭转时的应力,假想用一个垂直于轴心线的平面,在任意位置将轴切开,留下左段,如图 B-11。此时,在轴的断面上一定要产生一个与外力偶矩大小相等、方向相反的内力偶矩以抵抗轴的变形和破坏,保持轴的平衡,这就是轴的扭转内力,通常称为扭矩,以 T 表示。

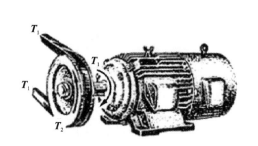

图 B-9　电机轴受扭力作用

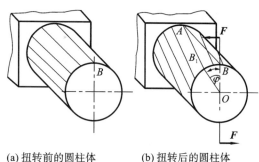

(a) 扭转前的圆柱体　　　(b) 扭转后的圆柱体

图 B-10　圆柱体扭转变形

从图 B-10(b)可以看出,圆轴受扭矩作用后,其端面所有各点的位置将发生移动。其移动距离的大小随距圆心的远近而不同。离圆心较近的点移动较小,离圆心较远的点移动较大,中心点不动。因此,在轴的横断面上距圆心远近不同的点,其应力也不一样。圆周上的应力最大,中心附近应力较小,中心点应力为零,应力分布如图 B-12 所示。可见抵抗扭转的任务主要是由靠近圆柱表面那一部分材料承担,靠近中心的材料作用较小。为了节省材料、减轻重量,人们常把转轴做成空心的(图 B-13)。

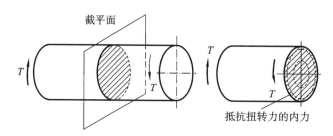

图 B-11　受扭圆柱的内力

图 B-12　圆轴横断面上剪应力的分布情况

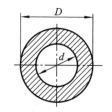

图 B-13　空心轴的横断面

根据扭转轴的横断面上剪应力分布规律以及力矩的平衡条件,可以推导出轴的横断面上最大剪应力的计算公式:

$$\tau = \frac{T}{W_T} \tag{B-6}$$

式中:τ 为轴表面的最大扭转剪应力(MPa);T 为外转矩(N·mm);W_T 为抗扭断面系数(mm³)。

抗扭断面系数 W_T 表示断面形状和尺寸大小抵抗扭转变形的能力。W_T 大,则 τ 小,说明抵抗扭转的能力大;如 W_T 小,则 τ 大,说明抵抗扭转的能力小。W_T 的计算如下。

实心轴:
$$W_T = \frac{\pi D^3}{16} \approx 0.2D^3$$

空心轴(图 B-13):
$$W_T = \frac{\pi(D^4 - d^4)}{16D} \approx 0.2\frac{D^4 - d^4}{D}$$

当轴受扭转作用时,表面的扭转剪应力最大。若要保证轴不被扭坏,必须使 τ_{max} 小于材料的许用扭转剪应力 $[\tau]$。由此可得圆轴扭转强度计算公式为

$$\tau_{max} = \frac{T}{W_T} \leqslant [\tau] \tag{B-7}$$

对于塑性材料,式中 $[\tau] = 0.5 \sim 0.6[\sigma]$;对灰铸铁等脆性材料,$[\tau]$ 值较低,因此受扭圆轴很少使用铸铁制造。

利用扭转强度计算公式可作三个方面的计算:

(1) 已知转矩 T、轴的直径 D 和所用材料的许用扭转剪应力 $[\tau]$,校核扭转强度是否超过极限;

(2) 已知许用扭转剪应力 $[\tau]$ 和转矩 T,求轴的直径 D;

(3) 已知许用扭转剪应力 $[\tau]$ 和轴的直径 D,求轴所能承受的转矩 T。

例 B-4　设轴受到的转矩 $T = 1000$ N·m,直径 $D = 50$ mm,所用材料的许用应力 $[\tau] = 50$ N/mm²。试校核该轴的强度。

解　工作时轴的表面最大扭转剪应力为

$$\tau_{max} = \frac{T}{W_T} = \frac{T}{0.2D^3} = \frac{1000 \times 1000}{0.2 \times 50^3} \text{ MPa} = 40 \text{ MPa} < [\tau]$$

可见轴的强度足够。

例 B-5　由功率为 2 kW 的电动机带动的车床,问:转速 $n_1 = 1000$ r/min 和 $n_2 = 200$ r/min 时的转矩各有多大?

解　由公式 $T = 9550\dfrac{P}{n}$ N·m $= 9.55 \times 10^6 \dfrac{P}{n}$ N·mm 有:

$$T_1 = 9550\frac{P}{n_1} = 9550 \times \frac{2}{1000} \text{ N·m} = 19.1 \text{ N·m}$$

$$T_2 = 9550\frac{P}{n_2} = 9550 \times \frac{2}{200} \text{ N·m} = 95.5 \text{ N·m}$$

B.5　弯曲强度

弯曲变形是工程中常见的一种基本变形,吊车在起吊重物时大梁变弯,车刀车削工件时产生的变形,都属于弯曲变形。此外,如带轮和齿轮的轴,工作时也会产生弯曲变形。产生弯曲

变形的零件(或杆件)在力学中称为梁。在作图进行分析计算时,为了方便,又用一条直线(梁的轴线)代表梁。

两端可作微小活动的梁称为简单支承的梁,或称简支梁,图 B-14(a)中的吊车主梁就是简支梁,图 B-14(b)是它的受力简图。梁一端固定,另一端可以自由活动的称为悬臂梁,图 B-15(a)中的车刀就是悬臂梁,图 B-15(b)是它的受力简图。

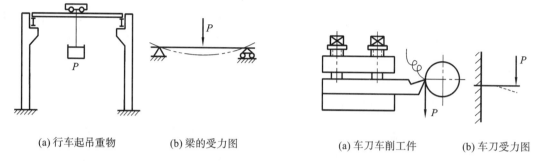

(a)行车起吊重物   (b)梁的受力图   (a)车刀车削工件   (b)车刀受力图

图 B-14   吊车大梁的变形   **图 B-15   车刀的变形**

当梁弯曲时,其内部也会产生抵抗弯曲的内力。假定有一横断面为长方形的橡皮,在橡皮表面画上许多互相平行的水平线和铅垂线(图 B-16(a)),然后双手用力使它弯曲,其结果如图

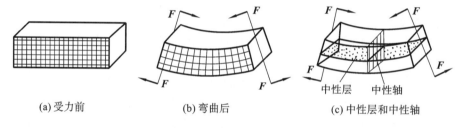

(a)受力前   (b)弯曲后   (c)中性层和中性轴

图 B-16   橡皮杆弯曲试验

B-16(b)所示,铅垂线仍然是直线,但转动了一个角度,原来这些直线是互相平行的,弯曲后变得不平行了;水平线变为弧线,下半部的直线受拉而伸长,上半部的直线受压而缩短。在上下这两部分弧线之间,有一条线既没伸长,也没缩短。这就是说,梁在弯曲后,当中有一层材料的长短不改变,把它称为中性层。中性层与横断面的交线称为中性轴,如图 B-16(c)。这样,以中性层为界,上面的材料受压缩,下面的材料受拉伸,而且拉伸与压缩的程度也各处不同。所以梁横断面上的内力是不相等的,梁的上下边缘距中性层最远,变形最大,应力也最大,中性层的应力等于零(图 B-17)。如果材料上半部的压力,其合力用 C 表示;下半部的拉力,其合力用 T 表示,则 C 与 T 大小相等,方向相反,构成一个力偶,这个力偶矩就是弯梁横断面上的内力偶矩,它与外力偶矩 M 大小相等,方向相反。

工程上受弯曲力作用的零件或杆件,往往使材料集中在横断面的边缘,例如做成工字形或回字形,原因就是边缘应力较大。这样做可以充分发挥材料的抗弯作用并减轻重量。

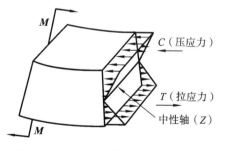

图 B-17   梁的横断面上应力分布情况

知道应力的分布规律,就可以推导出直梁(横断面都相等的梁称为直梁)的应力计算公式:

$$\sigma_b = \frac{M}{W} \tag{B-8}$$

式中：σ_b 为最大弯曲应力（MPa）；M 为外载荷（弯矩，$\mathrm{N \cdot mm}$）；W 为抗弯截面系数（mm^3）。

抗弯截面系数 W 表示断面形状和尺寸大小抵抗弯曲变形的能力。W 大，则 σ_b 小，说明抵抗弯曲的能力强，弯曲应力 σ_b 小；W 小，则 σ_b 大，说明抵抗弯曲的能力差，弯曲应力 σ_b 就大。表 B-3 列出几种常见断面的抗弯截面系数 W 的计算公式。

表 B-3　几种常见断面的抗弯截面系数 W

横断面形状					
W/mm^3		$W = \dfrac{bh^2}{6}$	$W = \dfrac{\pi d^3}{32}$ $\approx 0.1 d^3$	$W = \dfrac{\pi}{32D}(D^4 - d^4)$ $\approx 0.1 \dfrac{(D^4 - d^4)}{D}$	$W = \dfrac{1}{6H} \times \left[BH^3 - (B-b)h^3 \right]$

利用表 B-3 计算梁的抗弯截面系数 W 时，要注意中性轴的位置。例如矩形断面的梁，若 h 为高、b 为宽，则 $W = \dfrac{bh^2}{6}$；若同样尺寸的矩形断面，横过来放，即断面的 h 为宽、b 为高，这时 $W = \dfrac{hb^2}{6}$，所以该式应当理解为 $W = $ 宽 $\times$ 高$^2/6$。对于工字梁也同样有这个问题。同样大小的断面积 A，例如 $A = 4 \times 6 \ \mathrm{mm}^2 = 24 \ \mathrm{mm}^2$，竖放时（以 4 为宽，以 6 为高），$W = \dfrac{4 \times 6^2}{6} \ \mathrm{mm}^2 = 24 \ \mathrm{mm}^3$；横放时（以 6 为宽，以 4 为高），$W = \dfrac{6 \times 4^2}{6} \ \mathrm{mm}^2 = 16 \ \mathrm{mm}^3$，可见其抗弯截面系数有很大差别。由于 $\sigma_b = \dfrac{M}{W}$，在 M 为定值时，W 与 σ_b 成反比，增大 W 可减小所受的应力，因此，通常见到的梁，无论是矩形断面或工字形断面，都设计成 口 形或 I 形，而很少见到 □ 形或 H 形，这样做的目的是增大 W。

利用公式（B-8）求最大弯曲应力 σ_b 时，在知道 W 以后，还要知道最大的弯矩 M。在同一梁的离支点位置不同的横断面上，弯曲力矩大小不同，计算时要找出梁内最大弯矩的横断面，这个断面称为危险断面。在危险断面上应力最大，我们应当按照这个断面计算。只要危险断面强度够了，其他断面当然就不会断裂。

要保证梁安全工作，必须进行弯曲强度的计算，使最大弯曲应力 σ_b 小于或等于许用弯曲应力 $[\sigma_b]$，由此可得弯曲强度计算式如下：

$$\sigma_b = \frac{M}{W} \leqslant [\sigma_b] \tag{B-9}$$

利用弯曲强度公式可作三方面计算：

(1) 已知所用材料的许用弯曲应力 $[\sigma_b]$、横断面的尺寸及所受外力，校核梁的强度；

(2) 已知所用材料的许用弯曲应力 $[\sigma_b]$ 及所受应力，可求出梁所需横断面的尺寸；

(3) 已知所用材料的许用弯曲应力 $[\sigma_b]$ 及横断面尺寸，可求出梁所能承受的外力。

表 B-4 列举了几种材料在室温、静载荷作用下的许用弯曲应力值,供学习中参考。

表 B-4　几种材料在室温、静载荷作用下的许用弯曲应力

材　　料	许用弯曲应力[σ_b]/MPa
普通碳素钢(Q235-A)	150
优质碳素钢(45)	200
合金钢(40Cr)	300
灰铸铁(HT300)	65

例 B-6　简易起重机的梁用图 B-18(a)所示工字钢制成,跨度 5 m,材料的许用弯曲应力为 100 MPa,起重量为 20000 N,试校核此梁的强度(梁的自重不计)。

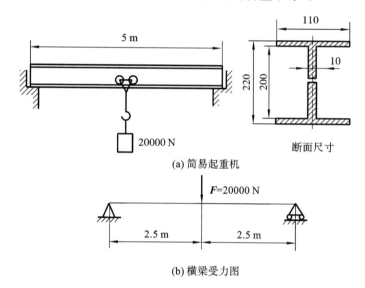

(a) 简易起重机

(b) 横梁受力图

图 B-18　起重机梁的强度计算实例

解　(1)画出梁的受力简图。

梁的受力简图如图 B-18(b)所示。

(2)求最大弯曲力矩。

$$M = \frac{Fl}{4} = \frac{20000 \times 5000}{4} \text{ N} \cdot \text{mm} = 25000000 \text{ N} \cdot \text{mm}$$

(3)求抗弯断面系数。

由表 B-3 有

$$W = \frac{1}{6H}[BH^3 - (B-b)h^3]$$

以 $H = 220$ mm,$h = 200$ mm,$B = 110$ mm,$b = 10$ mm 代入,则

$$W = \frac{1}{6 \times 220}[110 \times 220^3 - (110-10) \times 200^3] \text{ mm}^3 = 281273 \text{ mm}^3$$

(4)强度校核。

$$\sigma_b = \frac{M}{W} = \frac{25000000}{281273} \text{ MPa} = 88.88 \text{ MPa} < [\sigma_b]$$

核算结果表明,工字梁的最大弯曲应力小于其所用材料的许用弯曲应力,梁是安全的。

例 B-7　如图 B-19(a)所示,车刀刀杆的横断面为长方形,高 24 mm,宽 16 mm,所用材料的许用弯曲应力为 80 MPa,问:刀杆能承受多大的垂直切削力?

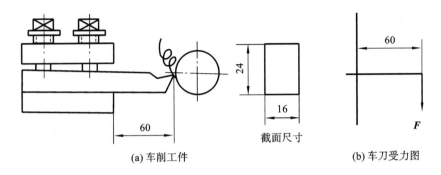

(a) 车削工件　　　　　　　　　　　　　　　　　(b) 车刀受力图

图 B-19　车刀强度计算实例

解　(1)画出受力图。

受力图如图 B-19(b)所示。

(2)求抗弯断面系数

由表 B-3 有

$$W = \frac{bh^2}{6} = \frac{16 \times 24^2}{6} \text{ mm}^3 = 1536 \text{ mm}^3$$

(3)求垂直切削力。

$$M = Fl = 60F$$

由弯曲强度条件有

$$\sigma_b = \frac{M}{W} = \frac{60F}{1536} < [\sigma_b]$$

故求得

$$F < \frac{80 \times 1536}{60} \text{ N} = 2048 \text{ N}$$

即刀杆最大可以承受 2048 N 的垂直切削力。

B.6　接触强度

如果两个零件的表面形状不是平面而是曲面,相互之间又承受压力,那么接触区会产生很大的接触应力。图 B-20 所示为几种典型的承受接触应力的零件。图 B-20(a)所示为球轴承的球和滚道接触的状况,这是点接触。当承受外载荷 **P** 时,A 点要产生变形,使接触点变成一个很小的接触面积,在这个很小的接触面积上,压应力是很大的。图 B-20(b)所示为滚子轴承的滚子和滚道接触状况,这是线接触。图 B-20(c)所示为齿轮之间的接触状况,也是线接触。在承受外载荷 **P** 时,接触线 AB 要产生变形,成为一个很窄的长方形接触面积。在这个很小的接触面积上压应力很大。

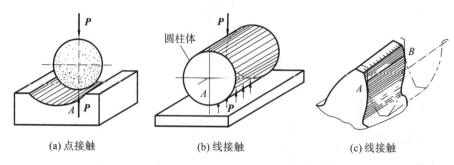

图 B-20　几种承受接触应力的零件

这一类表面是曲面的零件,当承受压力时,接触区所产生的压应力称为接触应力,用 σ_H 表示,它的数值是很大的。这种接触应力和前面所讲的压应力 σ 是不同的。σ 是零件受压以后材料内部的压应力,是均匀地分布在承受压力的整个截面上的。

B.7　耐 磨 强 度

两个零件的表面承受压力时,如果零件的表面形状是平面,并且这两个表面不断地相互摩擦,那么,这两个表面就可能产生磨损。图 B-21 所示的是最常见的几种例子。图 B-21(a)所示为导向平键连接。轮子在轴上左右滑动,靠导键导向。同时,导键还要传递转矩。因此,在图上的打点面积上,一方面要承受压力,另一方面要产生磨损。图 B-21(b)所示为滑动轴承,当轴上作用压力 F 时,轴在轴瓦中旋转,就会产生磨损,这时轴和轴瓦之间产生磨损的面积是投影面积 Ld(见图中打点部分,L 是轴颈的长度,d 是轴的直径)。图 B-21(c)所示为摩擦离合器,当轴上作用压力 F 时,同时轴在旋转,那么在摩擦离合器的表面上会产生磨损,产生磨损的面积是摩擦片的圆面积(见图中打点部分)。

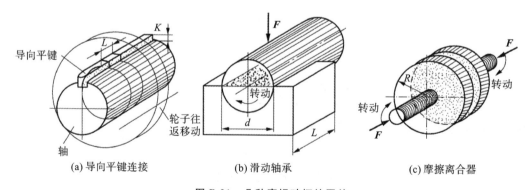

图 B-21　几种磨损破坏的零件

关于零件抵抗磨损的计算是比较复杂的。这种计算称为耐磨计算。目前多采用近似的、条件性的计算方法,也就是采用计算磨损面积上压力的方法来计算零件的耐磨强度。这种计算耐磨强度的压力,称为比压,用符号 p 表示。比压 p(MPa)的含义是

$$p = \frac{F}{A} \tag{B-10}$$

式中:F 为磨损面积上的载荷(N);A 为承受磨损的面积(mm²)。

换句话说,p 就是单位面积上的压力强度。对于滑动轴承,承受磨损的面积是 Ld。对于

导键,承受磨损的面积是 LK(L 是轮宽,K 是键高)。对于摩擦离合器,承受磨损的面积是 πR^2 (R 是摩擦片的半径)。因此可得:

(1) 计算滑动轴承的耐磨强度(MPa)的公式为

$$p = \frac{F}{Ld}$$

(2) 计算导键的耐磨强度(MPa)的公式为

$$p = \frac{F}{LK}$$

(3) 计算摩擦离合器的耐磨强度(MPa)的公式为

$$p = \frac{F}{\pi R^2}$$

轴承的比压 p 的许用值 $[p]$ 是比较小的,以防止磨损表面间的润滑油被挤出来,同时也可防止磨损表面不会被磨损得太快。

B.8　疲　劳　强　度

从图 B-16 及图 B-17 中可看出,一根梁在承受弯矩 $\boldsymbol{M}$ 时,上半部承受压应力,下半部承受拉应力。如果这根梁是一根轴,那么它是可以旋转的。当轴上一点 a 转到下半部时,其承受拉应力(图 B-22(a));同一点 a,转到上半部时,则其承受压应力(图 B-22(b))。在弯矩 $\boldsymbol{M}$ 的大小及方向都不改变的条件下,由于轴的旋转,轴表面上的任意一点,拉应力及压应力不断地交替改变。轴旋转一段时间以后,当轴上一点受拉应力及压应力交替变化的次数达到相当数量的时候,轴就会折断。这种折断现象,不是因为应力太大和一次作用而发生的,而是应力不太大但多次作用并不断改变大小和方向而发生的。这种破坏称为零件的疲劳破坏。

在日常生活中,也常常遇到疲劳破坏现象。例如一根细铁丝,我们无法用手一次将它折断,但是当我们不断往复将铁丝弯曲时,就可以将它折断。又如自行车轮胎,它的表面往往是磨损坏的。但是它里面的衬布和橡胶脱开则是因为轮胎上任意一点在和地面接触时不断地受压然后又松开,久而久之造成的,这就是疲劳破坏。

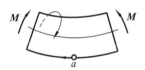

(a) a点在下,受拉应力

(b) a点在上,受压应力

图 B-22　弯曲应力的变化

零件的疲劳破坏是多种多样的。除了轴的弯曲疲劳以外,在带传动中,带上某一点在绕过带轮时要弯曲一次,离开带轮时恢复平直。经过一段时间以后,带经过不断地弯曲和恢复平直的过程后也会发生弯曲疲劳破坏。又如内燃机的汽缸盖螺钉,当汽缸内的燃料爆发时,产生较大的拉应力;而当汽缸内的气体排出时,螺钉中的拉应力消失。因此,汽缸盖螺钉不断地承受最大拉力和最小拉力的变载荷作用,在达到一定的次数时,就可能产生疲劳拉断。另外,齿轮表面的接触应力也是一种变应力。当两个齿相接触时,产生一次接触,然后又马上消失。运转一段时间以后,表面上某点不断承受这种接触应力,就可能产生接触疲劳破坏,形成小的凹坑,称为点蚀。滚动轴承及凸轮表面也会产生这样的破坏。

由上面的分析可以看出,零件的疲劳破坏有以下两个特征。第一个特征是零件一定要承受多次的应力。一个零件从全新的零件到疲劳破坏为止,所能承受应力的总次数称为零件的疲劳寿命。一般钢材的疲劳寿命,少的有几千次,多的可达百万次(10^6)甚至千万次(10^7)。另一个特征是零件所承受的应力是变化的,或者改变大小,或者改变方向,例如受拉改变为受压。零件承受的变载荷下的应力称为疲劳应力。零件的疲劳应力的极限值,称为疲劳极限。也就是说,当零件承受的应力小到某一程度时,应力次数再增加,也不会破坏。

学习课件

参 考 文 献

[1] 杨可桢,程光蕴.机械设计基础[M].7 版.北京:高等教育出版社,2020.

[2] 濮良贵,纪名刚.机械设计[M].10 版.北京:高等教育出版社,2019.

[3] 罗迎社,喻小明.工程力学[M].北京:北京大学出版社,2006.

[4] 孙桓,葛文杰.机械原理[M].9 版.北京:高等教育出版社,2021.

[5] 申永胜.机械原理教程[M].3 版.北京:清华大学出版社,2015.

[6] 全国齿轮标准化技术委员会.齿轮承载能力计算方法:GB/T 3480—2019[S].北京:中国标准出版社,2019.

[7] 范钦珊,王琪.工程力学[M].3 版.北京:高等教育出版社,2018.

[8] 王铎,程靳.理论力学[M].8 版.北京:高等教育出版社,2016.

[9] 王大康,韩泽光.机械设计基础[M].北京:机械工业出版社,2012.

[10] 马爱兵,陈新民.机械设计基础[M].北京:北京理工大学出版社,2012.

[11] 李光煜,罗凤利,孙桂兰.机械设计基础[M].哈尔滨:哈尔滨地图出版社,2006.

[12] 栾学光,韩芸芳.机械设计基础[M].4 版.北京:高等教育出版社,2020.

[13] 唐昌松.机械设计基础[M].北京:机械工业出版社,2019.

[14] 刘孝民,机械设计基础[M].广州:华南理工大学出版社,2006.

[15] 郭伟.机械设计基础[M].北京:机械工业出版社,2022.

[16] 王金凤.机械制造工程概论[M].北京:航空工业出版社,2005.

[17] 周郴知.机械制造概论[M].北京:北京理工大学出版社,2004.

[18] 全国齿轮标准化技术委员会.渐开线圆柱齿轮图样上应注明的尺寸数据:GB/T 6443—1986[S].北京:中国标准出版社,2004.

[19] 郭瑞峰,史丽晨.机械设计基础导教·导学·导考[M].西安:西北工业大学出版社,2005.

[20] 杨家军,张卫国.机械设计基础[M].2 版.武汉:华中科技大学出版社,2014.

[21] 谭庆昌,赵洪志.机械设计[M].北京:高等教育出版社,2006.

[22] 邱宣怀,等.机械设计[M].北京:高等教育出版社,2004.

[23] 吴克坚,余晓红,等.机械设计[M].北京:高等教育出版社,2003.

[24] 李威,穆玺清.机械设计基础[M].北京:机械工业出版社,2008.

[25] 李秀珍.机械设计基础[M].北京:机械工业出版社,2006.

[26] 卢玉明.机械设计基础[M].6 版.北京:高等教育出版社,2003.

[27] 刘向峰.机械设计教程[M].北京:清华大学出版社,2008.

[28] 黄华梁,彭文生.机械设计基础[M].4 版.北京:高等教育出版社,2007.

[29] 朱龙根.机械系统设计[M].北京:机械工业出版社,2006.

[30] 张策.机械原理与机械设计(上、下册)[M].3 版.北京:机械工业出版社,2018.

[31] 邹慧君,郭卫忠.机械原理[M].3 版.北京:高等教育出版社,2016.

[32] 郑甲红,朱建儒,刘喜平.机械原理[M].北京:机械工业出版社,2006.

［33］ 隋明阳.机械设计基础［M］.2 版.北京:机械工业出版社,2008.

［34］ 张莹.机械设计基础(下册)［M］.北京:机械工业出版社,1997.

［35］ 汪建晓,王为.机械设计［M］.4 版.武汉:华中科技大学出版社,2021.

［36］ 魏兵.机械原理［M］.4 版.武汉:华中科技大学出版社,2022.

［37］ 成大先.机械设计手册［M］.6 版.北京:化学工业出版社,2016.

［38］ 魏春梅,魏兵.机械设计基础［M］.北京:人民邮电出版社,2016.

［39］ 魏兵,王为.机械基础［M］.北京:高等教育出版社,2008.